厉飞芹　等　著

创新空间体极化效应提升
与科技创新人才要素循环研究

——基于浙江的考察

浙江工商大学出版社
ZHEJIANG GONGSHANG UNIVERSITY PRESS

图书在版编目(CIP)数据

创新空间体极化效应提升与科技创新人才要素循环研究:基于浙江的考察 / 厉飞芹等著. — 杭州:浙江工商大学出版社,2022.10

ISBN 978-7-5178-5157-8

Ⅰ.①创… Ⅱ.①厉… Ⅲ.①技术人才－人才培养－研究－浙江 Ⅳ.①G316

中国版本图书馆CIP数据核字(2022)第196389号

创新空间体极化效应提升与科技创新人才要素循环研究
——基于浙江的考察

CHUANGXIN KONGJIANTI JIHUA XIAOYING TISHENG YU KEJI CHUANGXIN
RENCAI YAOSU XUNHUAN YANJIU——JIYU ZHEJIANG DE KAOCHA

厉飞芹　等　著

责任编辑	谭娟娟
责任校对	何小玲
封面设计	云水文化
责任印制	包建辉
出版发行	浙江工商大学出版社
	(杭州市教工路198号　邮政编码310012)
	(E-mail:zjgsupress@163.com)
	(网址:http://www.zjgsupress.com)
	电话:0571-88904980,88831806(传真)
排　　版	杭州朝曦图文设计有限公司
印　　刷	杭州高腾印务有限公司
开　　本	710 mm×1000 mm　1/16
印　　张	18
字　　数	267千
版 印 次	2022年10月第1版　2022年10月第1次印刷
书　　号	ISBN 978-7-5178-5157-8
定　　价	59.00元

前　言

党的十八大报告明确提出"科技创新是提高社会生产力和综合国力的战略支撑，必须摆在国家发展全局的核心位置"，强调要坚持走中国特色自主创新道路、实施创新驱动发展战略。科技创新是社会经济发展的持续动力，是推动国家竞争实力提升、产业提档升维、企业高质量发展的关键性因素。多年来，围绕"创新"这一主题，学术领域高度关注机理、内核、模式等研究，实践领域则强调机制、路径、策略探讨，由此形成了创新研究的良好基础。

从省域层面看，在国家创新驱动发展战略的导向下，浙江省坚持创新驱动，以数字化改革为牵引，加快建设省域现代化先行省。2022年6月，浙江省第十五次党代会报告明确指出，要创新制胜，全面实施科技创新和人才强省首位战略。基于此，本书以浙江省创新实践为考察，以创新载体、创新要素和创新环境为研究对象，重点关注创新载体的极化效应提升、创新要素的畅通流动及创新环境的优化营造。进一步看，本书将创新载体即"创新空间体"聚焦于浙江大湾区、特色小镇两大主体，将创新要素聚焦于"科技创新人才"这一关键性要素，将创新环境聚焦于"创业教育"这一重要环节。

本书共分为4篇：第一篇以大湾区为研究对象，重点研究其创新极化效应的发挥机理及提升路径；第二篇以特色小镇为研究对象，重点研究其创新发展的内在机理和路径对策；第三篇以科技创新人才为研究对象，重点研究科技创新人才的流动、引育机制和路径；第四篇以创业教育与创新人才为研究对象，重点研究创业教育的优化机制与对策。本书的创新点主要包括以下两个方面：一是理论创新，例如将经济学领域的极化理论应用于创新空间体的创新极化研究过程中，丰富了极化理论的应用情境；二是实践创新，立足于浙江省实践特色，以案例为总结，以经验为指导，在规律中创新思考对策。

本书在撰写过程中，参阅、借鉴和引用了国内外专家学者关于极化效应、特色小镇、人才引育等领域的文献成果，基本上都进行了注释，如有疏漏，敬请谅解！在此，对这些材料和研究成果的作者表示感谢！本书由多位作者合作完成，第一篇由厉飞芹、易开刚主笔完成；第二篇由厉飞芹、易开刚主笔完成，其中浙江工商大学杭州商学院的学生团队参与了资料梳理和案例部分的撰写工作；第三篇由古家军、马淑文、厉飞芹、施琳霞主笔完成；第四篇由严毛新、易开刚、厉飞芹主笔完成。

此外，本书得到教育部人文社会科学项目"创新驱动战略视阈下提升湾区创新极化效应的机理研究：以粤港澳大湾区与浙江大湾区为例"（编号：18YJCZH091）和浙江省软科学计划重点项目"长三角一体化战略视阈下畅通区域科技创新人才要素循环的机制与路径研究"（编号：2022C25009）的资助。此外，本书还得到浙江省高校重大人文社科攻关计划青年项目（编号：2018QN049）、浙江省软科学研究计划重点项目（编号：2018C25017）和浙江省软科学研究计划重大项目（编号：2020C15005）等课题的大力支持。

由于时间精力和研究水平有限，本书中的错误和不妥之处在所难免，欢迎大家批评指正！

厉飞芹

于浙江工商大学杭州商学院

2022 年 7 月 15 日

目 录 Contents

第四篇　创业教育与创新人才培养研究

第一篇

大湾区的创新极化效应提升研究

一、大湾区"创新空间体"极化效应的研究背景

（一）研究背景

　　浙江大湾区战略的演化路径已明确提出。2018年,李克强总理在《政府工作报告》中提出,出台并实施粤港澳大湾区发展规划,全面推进内地同香港、澳门的互利合作。经过2017年宏观层面的酝酿,粤港澳大湾区进入实质性建设阶段,在"一带一路"倡议中扮演重要角色。与此同时,浙江省也提出"谋划实施大湾区建设行动纲要"战略部署,以杭州湾为核心大力发展湾区经济。2017年6月,浙江省第十四次党代会提出,"谋划实施'大湾区'建设行动纲要"战略部署,加强全省重点湾区互联互通,推进沿海大平台建设,大力发展湾区经济,高水平谱写实现"两个一百年"奋斗目标的浙江篇章。7月,浙江省委书记车俊在省委常委会议上再次明确表示,要谋划实施大湾区建设行动纲要,重点建设杭州湾经济区,大力发展湾区经济。然而,大湾区建设并非平地一声雷,大湾区战略的提出有着深刻的历史渊源、发展根基和现实意义,其是时代要求。事实上,早在2003年,浙江省人民政府印发的《浙江省环杭州湾产业带发展规划》就已提出"环杭州湾大湾区"的概念;2004年,《浙江省环杭州湾地区城市群空间发展规划》明确了将环杭州湾地区城市群建设成"三、三、四、六"的总体框架;2015年,台州市四届四次党代会报告,即浙江省地方政府报告中首次提出"发展湾区经济";2016年,浙江省"十三五"规划中有专门章节对"发展湾区经济"进行了陈述;2017年,浙江省第十四次党代会提出"谋划实施'大湾区'建设行动纲要"。至此,"大湾区"建设正式开启,浙江省已经把发展湾区作为未来城乡区域统筹和下一步区域经济发展的战略重心。

　　"湾区经济"的"创新"本质与浙江大湾区"创新极"建设目标。什么是湾

区经济？湾区经济是以海港为依托、以湾区自然地理条件为基础,发展形成的一种区域经济形态,因具有开放的经济结构、高效的资源配置能力、强大的集聚外溢功能和发达的国际交往网络,成为带动区域经济发展的重要增长极和引领技术变革的领头羊。[①]可以说,湾区是区域创新中心的代名词,是战略性新兴产业和未来产业的集聚地,是新经济的策源地,它是从一个或若干个增长极开始,从"点"到"带"到"片"而形成的。目前,湾区已经成为全球高端要素竞争的主战场,全球三大知名湾区——旧金山湾、纽约湾和东京湾,依托良好的海湾资源,推动着周边乃至全球经济发展。典型湾区发展历程分为港口经济—工业经济—服务经济—创新型经济4个阶段,当前三大湾区基本处于从服务经济向创新型经济转型的过程中。[②]

由此可见,创新是"湾区经济"的重要本质与内核。湾区本身是一个"创新空间体",如何理顺空间体内各个创新要素的关系,以提升湾区的吸引力和辐射力,使"创新空间体"升级为"创新极",是湾区发展必须思考的问题。浙江"大湾区"包括六大重点湾区:杭州湾、象山港、三门湾、台州湾、乐清湾和瓯江口,覆盖杭甬温三大都市区,拥有杭州湾新区、大江东产业集聚区、瓯江口产业集聚区、台州湾产业集聚区、舟山江海联运服务中心、义甬舟开放大通道等引领经济增长的重大产业平台。杭州湾是全国第二大湾区、全国唯一河口型海湾、钱塘江入海口,地处长三角南翼黄金区域,经济总量约占浙江省六成,集中了浙江省8个国家级高新区中的6个,高新技术产业产值约占浙江省的75%,在浙江省经济发展中有着举足轻重的作用,是世界六大城市群的重要一翼。[③]2017年11月29日,在浙江省政府主办、浙江省发改委承办的浙江大湾区建设重大项目推介会上,浙江省副省长熊建平表示,要致力于以杭州湾经济区为核心,打造绿色、智慧、和谐、美丽的世界级大湾

---

① 资料来源:中国第二个"大湾区"究竟花落谁家?《中国新闻周刊》,https://baijiahao.baidu.com/s?id=1704076461777168259&wfr=spider&for=pc。

② 资料来源:粤港澳、沪杭甬,中国两大湾区谁更强? https://www.sohu.com/a/441248109_120729244。

③ 资料来源:浙江的"大湾区"终于站到风口,https://nb.focus.cn/zixun/18d93557a73f35f1.html。

区。[1]2022年6月,浙江省第十五次党代会强调,要加快建设世界级大湾区,集中布局高能级平台、高端产业、引领性项目,谋划建设未来园区,迭代建设环杭州湾、温台沿海和金衢丽三大现代产业带。

(二)研究意义

随着浙江大湾区建设工作的不断推进,这一"创新空间体"产生的极化效应将越来越显著,该创新极将不断吸引创新人才、创业项目、科创资金等高端要素的集聚,从而逐步构建起一个全方位、立体式、充满生机的创新创业生态系统。同时,随着"大湾区"创新综合能力的大幅度提升,该创新极也将对浙江省、全国乃至全球产生一定的辐射影响,从而带动周边创新创业工作的协调发展(杨晶晶、厉飞芹、池晨宇,2022)。从这一层面上说,将浙江大湾区建设成为引领全省创新发展的"大创新极",关键在于找到充分发挥该"大创新极"极化效应的有效机制和路径,促使各类创业创新要素在极化过程中共生互助、聚合裂变,释放出更为强大的能量,从而使"大湾区"成为一个生命力旺盛、根植力强大的"创新空间体"和复合生态系统。

1957年,瑞典经济学家K. G. Myrdal认为:极化效应是当一个地区的经济发展达到一定水平,具备一种自我发展能力,吸引周围区域的劳动力、资金等要素转移到核心区域,从而提升该地区综合能力与辐射能力的过程。由此可见,极化效应是一个复杂且重要的研究课题,如何在浙江大湾区建设过程中厘清六大重点湾区的关系,尤其是浙江湾区战略与长三角地区的关系、杭州湾与其他湾区及腹地的关系;如何正确把握创新极极化效应的产生过程,探索提升浙江大湾区"创新空间体"极化效应的机制和路径,是大湾区可持续发展中急需解决的现实问题。

基于对浙江大湾区"创新空间体"极化效应的理解与认识,本研究重在通过文献梳理和理论思考,构建"创新空间体"极化效应的理论分析框架,明

---

[1] 资料来源:中国第二个大湾区? 浙江大湾区建设路径首次曝光,http://nj.fzg360.com/news/view/id/25649.html。

确极化效应的产生机理和内在过程；通过实地调研与分析，厘清大湾区"创新空间体"极化效应发挥的前提与条件，解构大湾区"创新空间体"的创新维度、创新节点与创新要素；结合大湾区的发展现状与建设目标，探索强化大湾区"创新空间体"极化效应的机制；通过对现状与目标的有效匹配，提出提升大湾区"创新空间体"极化效应的对策措施。本研究将极化效应的经济地理学理论运用于大湾区建设中，通过对极化效应全过程、全方位的定性、定量分析，将为大湾区的发展和极化效应的研究创造一定的学术价值与应用价值。

从学术价值看，通过文献梳理，本研究发现目前学术界有关极化效应的研究集中于概念、作用、理论基础等内容的探讨，较少将极化效应应用于现实情境，分析具体情境下极化效应的产生机制与提升机制。另外，现有极化效应的应用研究主要围绕经济圈、产业集群等主体，而较少涉及湾区、创新中心的极化效应研究。在借鉴前人研究成果的基础上，本研究以浙江大湾区为研究对象，重在从理论层面探讨"创新空间体"极化效应的机理机制，系统化补充极化效应的理论体系，进一步完善"湾区理论"。

从应用价值看，浙江大湾区建设是落实浙江省创新驱动战略的重要载体，也是带动浙江省经济转型升级的新动力与新引擎。"大创新极"的出现无疑会带动多元创新创业要素的快速流动，促进大湾区创新综合能力、辐射带动力、可持续发展能力的提升。本研究视大湾区为"创新空间体"，预见到了大湾区创新极化效应产生的必然性，以"提升创新极化效应的机制与路径"为视角，对大湾区创新极化效应产生的原因、过程、结果及后续对策进行全方位分析，旨在真正助力现代化世界级大湾区的建设发展。

二、大湾区"创新空间体"极化效应的理论基础

(一)国内外有关"湾区经济"的相关研究

湾区经济的内涵解读。"湾区"一词多用于描述围绕沿海口岸分布的众多海港和城镇所构成的港口群与城镇群,而衍生的经济效应则被称为"湾区经济"。学者们对"湾区""湾区经济"的定义并没有统一的认识,但一致认为湾区应具备有超级大港、是所在区域的创新高地、金融功能发达和交通枢纽便利等几大要素。湾区经济不仅是有限湾区内的经济活动,更是借助湾区龙头作用,以及湾区与周边经济腹地及与海外资金、文化、信息等要素的互动而形成的发展模式(孙会娟,2017)。

湾区经济的主要形态。代表性的湾区经济主要有3类:一是以旅游经济为核心的自然生态型湾区,如悉尼的双湾、香港的浅水湾、新西兰的霍克湾,这一类湾区依靠独特的生态和海湾资源成为富人集聚区与世界旅游目的地,但这类湾区对自然资源的依赖度高、经济辐射的空间尺度较小;二是以港口贸易、金融等国际功能性中心为重点的经济型湾区,这一类湾区以东京湾、纽约湾为代表,经济辐射空间尺度较大;三是以知识型经济为核心,强调科技创新的知识型湾区,以旧金山湾为典型代表,这一类湾区经济的发展对港口的依赖度相对较低,对生态和科技资源的依赖度高(潘毅刚,2017)。

湾区经济的重要特征。湾区发展成为国家或区域战略中心时都具备六大重要特征:(1)湾区是个大都市圈。从经济概念理解,"湾"是自然形态的海湾及沿湾的区域,是湾区经济发展的核心部分;"区"是利用湾区有利条件形成的大都市或大城市群所能辐射的广大腹地。(2)湾区是个大产业集群。(3)湾区是个"大创新极"。(4)湾区是个大文化中心。(5)湾区是个大生态圈。(6)湾区是个大协作网络(潘毅刚,2017)。

湾区经济的发展路径。首先,推动湾区向世界高度开放。湾区海运发达,其港口城市成为交通枢纽与对外开放的门户,国际投资、贸易便利,经济开放性较强,汇集一批跨国公司和企业总部及国际经济组织,制定行业的国际标准、发布行业发展报告等,形成全球产业要素集聚区,成为世界级的经济、贸易、金融中心。其次,推动湾区持续创新引领。由于湾区经济的高度开放,更容易汇集全球资金、人才与信息,催生创新成果,推动新产业衍生与集聚,成为湾区经济发展的根本动力。再次,推动湾区内部融合发展。湾区核心城市与周边城市形成良好的职能分工协作,各城市在高端服务、教育科研、生产制造、生态旅游上各具特色,要素流动通畅。最后,打造湾区宜居宜业创新环境。湾区城市大多自然环境优美,依山临海,适宜居住,环境优势加上文化氛围开放,易于吸引投资和推动新兴产业发展(黄宝连,2017)。

(二)国内外有关极化效应的相关研究

1. 极化效应的理论基础研究

极化效应(polarization effect)是经济地理学中的重要概念,源于20世纪50年代初学界对"经济增长极"的研究,最早由瑞典经济学家 K. G. Myrdal(1957)和美国经济学家 A. O. Hirschman(1958)提出。K. G. Myrdal 认为:在极化效应作用过程中,首先出现经济活动和经济要素的极化,然后形成地理上的极化,由此获得各种集聚经济,集聚经济反过来又进一步强化增长极的极化效应,从而加快其增长速度、扩大其吸引范围。这一过程可简化为:迅速发展的推动性产业吸引和拉动其他经济活动,使其不断趋向增长极(易开刚,2014)。由此可见,极化效应具备前提、过程、结果等要素,与增长极理论密切相关,需要从极化效应理论发展中提炼出关键要素,把握住极化效应的关键环节,构建起极化效应的理论分析框架,为本研究奠定理论基础;同时,为加深对极化效应理论的进一步理解,需要将其置于具体情境中,以总结目前极化效应应用研究中的重点、特点与发展趋势,为本研究奠定基础。

极化效应是区域极化发展理论的重要组成部分,形成于区域极化发展理论与区域均衡增长理论的辩证互动过程中。随着时间的推移,该理论得到了不断的丰富与完善。本研究对各阶段的理论进行了梳理总结(见表1-1),以把握极化效应理论的发展脉络。

表1-1 极化效应理论的发展脉络

时间	学者	代表理论与观点
20世纪50年代初	F. Perroux	早期的极化理论:产业发展的极化
1957年;1966年	J. Boudeville	增长极概念的泛化:地理空间的极化
1957年;1958年	K. G. Myrdal& A. O. Hirschman	运行机制的研究:极化效应与扩散效应
1966年	J. R. Friedman	核心—边缘理论:极化理论在空间组织上的表现
1966年	R. Vernon	梯度推移理论:产业区域极化发展的动态演变
20世纪60年代	J. G. Williamson	倒U型假说:实证性研究
1991年;1999年	Krugman	区域经济集聚的形成发展机制
1996年	Venables	金钱外部性:竞争效应
1997年;1999年;2001年	Baldwin, Martin & Ottaviano	技术外部性:技术外溢有助于集聚强化;本地溢出模型
1992年;1994年	Foster & Wolfson	极化指数(沃夫森指数)
2002年	Fujida & Thisse	影响力系数、感应力系数
2004年;2006年	Esteban & Ray	区域极化的度量方法

资料来源:该表格由研究组根据文献资料整理获得。

20世纪50年代初,法国经济学家Perroux首次提出了"增长极"概念,由此引起了学界对增长极理论的热烈讨论。他指出,增长并非同时出现在所有地方,它以不同的强度首先出现在一些增长点或增长极上,然后通过不同的渠道向外扩散,并对整个世界经济产生不同的最终影响。Perroux的增长极概念,从抽象的经济空间出发,诠释了经济要素之间的联系,强调了推动型产业对区域经济增长的作用,体现了产业发展的极化。但是,Perroux的增长极概念仅把"极"视为推动型产业部门计划的结果,即产业增长极,并没有集中考虑区域经济发展过程中的空间极化过程,致使增长极概念局限化。由此,法国地理学家Boudeville于1957年将"极"引入区域和空间联系范围中,并指出增长极的发展伴生于城市体系的集聚,增长极是在城市区配置不断扩大的工业综合体,并在其影响范围内引导经济活动的进一步发展。至此,增长极包括了双重含义:一是经济空间中的推动型产业(产业增长极);二是作为地理空间上产生集聚的城镇(空间增长极)。

增长极概念明确后,增长极与周边区域的作用关系成为研究的新视角。Myrdal(1957)和 Hirschman(1958)将极化理论扩大到空间单位的发展研究中,提出了区域极化理念及导致极化发展的机制。他们认为,增长极对周围区域的发展会产生两种影响效果:极化效应与扩散效应。极化效应是由于增长极主导产业的发展产生向心力,使周围区域的劳动力、资金等要素转移到核心区域,剥夺了周围区域的发展机会,使核心地区与周围区域经济发展差距扩大;扩散效应是由于核心地区的快速发展,带动产品、资本、技术的双向流动,对其他地区产生促进作用。美国区域规划专家 J. R. Friedman 于1966年用极化效应和扩散效应来解释核心区域与边缘区域的演变机制,指出区域空间结构和形态的变化与经济发展阶段相互联系。

极化理论发展的下一阶段开始关注极化发展的动态演变过程及长期发展所产生的影响。区域经济学家 Vernon 于1966年将"工业生产生命循环论"应用于区域经济学研究中,提出了区域经济发展的梯度推移理论。该理论认为:每个地区都处在一定的经济发展梯度上,每出现的新行业、新产品、新技术都会随时间推移由高梯度区向低梯度区传递,这种梯度转移过程主要通过多层次的城市系统扩展开来。20世纪60年代,美国经济学家 J. G. Williamson 基于对区域经济发展不平衡的认识,对区域间经济发展的长远趋势做了实证性研究,提出了著名的倒 U 型假说。假说的基本观点为,在经济发展早期,区域间的不平衡增长是显著的,而随着经济的发展,区域间的不平衡状态将趋于稳定,当达到发展成熟阶段,区域间的增长差异会渐趋缩小,区域经济将趋向均衡增长。这一假说承认区域经济差距由扩大到缩小是区域经济发展过程中的必然现象。

自20世纪90年代开始,极化理论的相关研究较为集中于对极化效应的量化分析。Krugman(1991,1999)将运输成本引入了区域经济集聚的形成发展机制中。Venables(1996)基于市场价格调节的集聚传递过程提出了"金钱外部性"观点,认为竞争效应会使地区竞争加剧、需求与利润减少,从而将厂商挤出本地区。在具体的量化研究中,Foster和Wolfson(1992,1994)利用基尼系数推导出极化指数的计算方法,将单区域的极化指数命名为"沃夫森指数",而香港学者王友庆和崔启元(2000)在沃夫森指数的基础上,开发了研究多区域极化现象的"TW指数"。Esteban和Ray(2004,2006)认为,沃夫森指数和TW指数会将经济极化概念与收入不平衡混同,且指标过于单一,由此提出了度量区域经济极化程度的新指数,并在度量技术创新极化和技术扩散、城市集聚程度问题上得到有效应用。此外,英国学者Fujida和Thisse(2002)使用影响力系数与感应力系数对集聚程度进行了测度。Baldwin、Martin和Ottaviano(2001)在分析技术外部性的基础上,提出了本地溢出模型,通过对居民收入、经济增长、工业化程度、贸易和交易成本的建模分析,讨论区域产业集聚和扩散的发展过程及其均衡条件。

通过对极化理论的梳理学习,可以基本掌握极化理论的发展脉络。事实上,极化效应是一个复杂且动态的发展过程,其前提是目标区域形成增长极,具备主导产业和空间集聚能力,继而对周边地区产生向心力,吸引要素流入并促进其发展,在增长极综合能力提升到一定阶段后,对周边地区产生辐射力,带动相关区域的协调发展(易开刚,2014)。

2.极化效应的产生机制研究

由图1-1可知,极化效应这一复杂过程涵盖了两个主体、一个前提条件、一个作用过程和两个作用效果。两个主体即主导地区(增长极)与影响地区(受辐射);一个前提条件即主导地区需具备相应的能力基础;一个作用过程即主导地区对影响地区产生强大引力;两个作用效果即主导地区的综合实力得到强化、对周边地区的辐射带动能力得到提升,从而最终促进区域的协调和可持续发展。

极化效应的理论框架如图1-1所示。

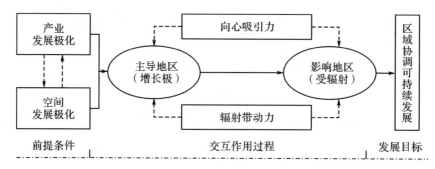

图 1-1　极化效应的理论框架

极化—扩散效应的动态发展过程可分为如下 4 个阶段(易开刚,2014):

一是增长极的形成。对于一个区域的经济发展来说,其中各地的自然条件、资源禀赋、生产要素、经济结构等方面都存在差异,因而经济增长是非均衡的。若某个地区具有丰富的经济要素资源和文化资源、天然的地理区位优势和良好的政策支持等核心竞争优势,那么生产要素聚集在某个区域便形成增长极。

二是要素的集聚。增长极一经形成,会对区域内经济活动的分布格局产生重大影响。由于增长极主导产业的发展具有相对利益,主导地区对周围区域会产生吸引力和向心力,吸引周围区域的资本、技术、劳动力、信息等要素转移到核心区域,从而形成产业集中和地理集中。集聚是一个量变的过程,集聚到一定程度就会引起质变,产生极化效应,使主导地区与周围地区之间的差距不断扩大。

三是要素的扩散。扩散是集聚的逆过程,当集聚所产生的极化效应使得增长极具备一定的引力后,反过来增长极也会向周围地区进行要素和经济活动的输出,经济要素从主导地区向外围扩散、延展,从而刺激和推动周围地区的经济发展,带动整个区域经济的发展。

四是综合实力的提升。经过极化—扩散(集聚—辐射)这一动态过程,主导地区的综合发展实力得到了提升,主导地区对周围地区的辐射能力促进了地区之间的协同良性发展,从而有利于整个区域的长远协调和可持续发展。

3.极化效应的应用路径研究

国内对极化效应的研究体现了改革开放的发展历程与阶段特点,形成了具有中国特色的经济圈极化效应、产业群极化效应研究。本研究对现有文献成果进行了列表分析(见表1-2),这些具体情境下的极化效应研究将为本研究提供实践应用的特点与重点总结,为浙江大湾区创新极化效应的研究提供思考方向。

表1-2　国内极化效应代表性研究成果一览表

年份	学者	代表理论与观点
2003	陈建军、姚先国	"极化—扩散"效应的实证研究:上海与浙江的区域关系
2009	朱舜、高丽娜	"一极两带"极化效应下泛长三角区的空间结构演化机制
2009	吕萍	我国社会—经济空间极化的动力机制:国家政策、城市功能等
2009	段学军、虞孝感	极化区的概念、特征、功能、基本要求和管制
2009	刘清春、朱永彬、王铮等	应用Gini系数与Wolfson系数实证我国区域经济的极化程度
2009	宋丽思、陈向东	京津冀、长三角、珠三角和成渝创新空间极化趋势的比较研究
2011	马国霞、田玉军、石勇	GIS构建模型:京津冀都市圈经济增长空间极化
2011	虞孝感、王磊	极化区功能识别、评价指标
2011	刘兆德、杨琦	城市群空间极化影响因素:原有经济基础、产业结构转换能力和经济全球化水平
2013	芦惠、欧向军、李想等	定量分析中国区域经济差异与极化的演变过程和格局
2014	赵磊、方成、丁烨	运用差异系数与极化指数模型对浙江省县域经济发展空间极化过程进行定量分析
2014	魏后凯	中国城镇化进程中市场极化效应的形成机理
2015	李荣	构建了国家高新区极化与扩散叠加溢出效应指数
2016	于晧乾	包容的中原城市群集聚效应与极化效应
2016	高丽娜、朱舜、李洁	创新能力、空间依赖与长三角城市群增长核心演化

年份	学者	代表理论与观点
2017	王悦、马树才	中国劳动力"极化"对经济增长影响中的空间效应研究
2020	罗巍、杨玄酯、唐震	构建科技创新集中度及极化度模型,从区域、省域双重层面对中部科技创新空间极化效应进行分析
2020	罗巍、杨玄酯、杨永芳	构建面向高质量发展的黄河流域科技创新集中度与极化度模型
2021	赵斌斌	探索安徽省战略性新兴产业在发展过程中的极化效应
2021	周磊、孙宁华、缪烨峰等	分析长三角城市群的极化—扩散效应对长江中游城市群经济增长及区域均衡发展的促进作用

资料来源:该表格由研究组根据文献资料整理获得。

在经济圈的极化效应研究方面,学者吕拉昌(2000)重点分析了珠三角极化效应的发展情况,指出珠三角"以劳动力密集产品为核心"的极化效应应该转向"以技术密集型为核心"的产业及地理极化。陈世斌(2005)分析了长三角内部的极化效应,表现为浙江和江苏生产要素向上海移动,找出了促进极化的三大因素:一是我国社会发展的历史阶段及世界范围的经济结构调整;二是上海对生产要素的吸引;三是周边省份的生产扩张。此外,戴桂林和刘娜娜(2008)围绕"经济圈的极化效应"对山东区域发展面临的竞争格局进行了分析,指出山东应认清形势,主动吸收经济圈内先进地区的经济因素,正视区域发展的差异,采取适度倾斜与均衡发展的战略,优化产业结构,带动各区域全面发展。段学军和虞孝感(2009)在辨识极化区特征、功能的基础上指出,长三角的极化效应范围应由16个城市扩大到37个城市。马国霞、田玉君和石勇(2011)应用 GIS 构建了京津冀都市圈的极化发展模型。于晗乾(2016)对中原城市群的集聚效应与极化效应进行原因分析并提出政策建议。高丽娜、朱舜和李洁(2016)发现,长三角城市群中的核心城市的极化效应呈现出下降趋势,对其主要影响因素的实证分析结果表明:创新分工过程中创新要素集聚与创新溢出、空间依赖都对城市极化效应具有显著影响。因此,政策导向应从强化城市间创新分工、充分利用创新过程的空间外部性、推进城市群协同发展的制度创新等方面着手。周磊、孙宁华和缪烨峰等(2021)从长三角一体化视角出发,使用 Dagum 基尼系数、经济增长的空间外部性理论模型、空间滞后计量模型等考察了长三角与长江中游两大城市群均衡发展的演化趋势,分析了长三角城市群的极化—扩散效应对长江中游城市群经济增长及区域均衡发展的促进作用。

在产业群的极化效应研究方面,学者王诏怡和刘艳(2004)分析了东部产业集群的极化效应对西部的影响,指出西部地区应采取相应策略培植本地区的竞争力,尽量减少东部集群极化效应带来的不利影响。吴江洲(2011)研究了旅游产业的极化效应,重点分析了旅游极化效应的原理、形成条件及评价因子。此外,夏励嘉(2011)在实证研究的基础上指出,广东经济均衡发展的根本路径在于创建粤东、粤西和粤北经济增长极,吸引外商投资和发展内源性企业集群。李荣(2015)选取高新技术企业为参照样本,运用凯尼尔斯空间溢出模型,测量了2008—2013年国家高新区相对高新技术企业的溢出效应,并从整体、空间和维度的角度进行了分析。结果显示:国家高新区的省域空间溢出效应呈 N 型波动特征,金融危机后其扩散效应增强;溢出效应在区域上沿内陆—沿海、北方—南方、西部—中部—东北—东部方向延长,在维度上向经济带动—社会贡献—创新驱动方向延长;东部地区的创新驱动溢出效应呈倒 U 型转换特征。罗巍、杨玄酯和唐震(2020)立足中部科技创新现状,结合省会城市作为本省单极核心城市的特征,构建科技创新集中度及极化度模型,从区域、省域双重层面对中部科技创新空间极化效应进行分析。赵斌斌(2021)以安徽战略性新兴产业为研究对象,探索安徽战略性新兴产业在发展过程中的极化效应。同时,通过计算 TW 指数、极化度变化速率,以及产业集中度,对2013—2019年战略性新兴产业发展的空间极化趋势进行研究。结果表明,安徽战略性新兴产业的空间极化在2003—2019年呈明显的交替性上升下降态势,总体呈下降趋势并趋于平稳,但整体上产业集中度仍在较高水平。

（三）大湾区"创新空间体"极化效应的理论机理

1. 理论依据

通过梳理湾区经济的内涵、特征、类型等文献可以发现，湾区经济已成为区域发展的"增长极"和"发动机"（李磊明，2017）。当代湾区经济发展的新趋势是区位效应弱化、网络效应强化，港口作用弱化、城市作用提升，产业功能弱化、创新功能增强，创新资产、空间资产、网络资产构筑了当代湾区经济发展的三大支撑（盛世豪，2017）。大湾区的龙头作用及其与周边经济腹地的互动，让其在经济、人口、科技、产业等领域都体现出了无可比拟的聚集优势。创新引领发展必须要集聚大量创新产业和创新要素，其核心是能吸引大量人才汇集，由此形成湾区的极化效应。可见，"创新"是湾区经济的本质属性。湾区本身是一个由各维度构成的"创新空间体"，有必要对这一"创新空间体"从创新节点、节点关联等角度进行解构，因此，有必要对这一"创新空间体"形成的极化效应过程进行理性分析，以此强化创新节点与平台之间的协同创新，强化"创新空间体"的吸引力与辐射力，将"创新空间体"打造为"创新极"。刘亭（2017）认为，传统工业化社会的湾区经济，主要是大规模的工业制造、大范围的国际贸易，以东京湾、纽约湾为代表。在世界三大湾区中，更应关注以旧金山湾为代表的新兴信息化社会下的湾区经济模式：高密度的创新经济集聚，高能量的创新经济辐射，基于信息网络和信息传播的创新活动的活跃。

从极化效应的研究看，国内学者对极化效应的研究始终以国外极化效应的理论研究为基础，经济圈的极化效应以空间极化为基础，产业群的极化效应以产业极化为基础。但是，在具体情境中，极化效应又彰显了中国特色：首先，除了主导产业拉动力和空间区位优势，政府政策支持是强化增长极吸引力和辐射力的重要条件；其次，极化效应的发挥需要明确增长极的核心定位，即主导地区的经济发展性质及极化效应的关键竞争力。基于上述认识，本研究将浙江大湾区视为一个"创新空间体"，重点关注以杭州湾为主导的六大湾区之间的创新联系，在深入研究浙江大湾区"创新空间体"极化效应的过程中,牢牢把握"创新极"这一核心定位,在创新语境下谈极化,在打造全方位、立体式创新创业生态系统的情境下谈极化过程,同时必须综合考虑浙江大湾区的政策规划、区位优势、发展现状和建设目标。

2. 理论机理

创新极化效应的实现是一个过程,遵循"产生—强化—实现"的内在逻辑,具体如图 1-2 所示。随着浙江大湾区建设工作的推进,创新极化效应会进一步增强,最终实现确立的目标,形成强大的创新经济空间体,并对周边地区产生辐射影响。

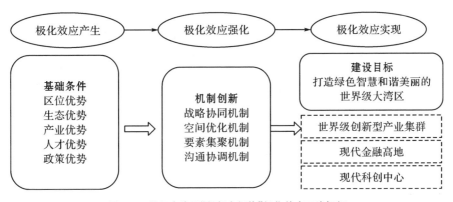

图 1-2　浙江大湾区"创新空间体"极化效应理论框架

全要素流通、区域分工合作明确的湾区,带来的另一个集聚效益就是创新。浙江目前已拟定大湾区建设的两大阶段性目标:到 2022 年,大湾区空间结构更加优化,湾区功能更加完备,人才科技新产业加快集聚,科技创新能级加快跃升,人口和经济密度进一步提高,国际化现代化水平明显提升,以杭州湾经济区为核心的大湾区成为全球产业科技创新高地、开放高地、高端要素集聚高地、体制创新高地。到 2035 年,以杭州湾经济区为核心的大湾区,在经济、城市建设、生态环境、开放格局、人民生活等各方面率先高水平完成基本实现社会主义现代化目标,并努力将大湾区建设成为绿色、智慧、和谐、美丽的现代化世界级大湾区。

从大湾区建设的具体目标上看:

一是培育世界级创新型产业集群。加快集聚创新要素,超前谋划布局一批重量级未来产业,打通产业链、创新链、资金链、服务链,打造世界级创新型产业集群,努力跻身全球科技创新湾区第一方阵。

二是打造现代金融高地。加快钱塘江金融港湾的功能培育,打造集互联网金融、创业投资、绿色金融、财富管理、保险创新等于一体的新金融产业链和生态圈,建成具有国际影响力的新兴金融中心。同时,将创业投资作为湾区建设的重要战略产业,引进一批高水平创业投资机构和高层次人才,打造中国最活跃的创业投资基地之一。

三是打造现代科创中心。以创新为主导,深度嵌入世界创新网络,高水平建设自主创新示范区,建设一批国家级制造业创新中心和新模式创新应用示范基地,建设一批国际化大院名校集聚区和国际人才集聚区,建设国家实验室,重中之重是建设之江实验室,布局未来网络计算、泛化人工智能、泛在信息安全、无障碍感知互联、智能制造与机器人等方向,建设大科学装置,会聚一批全球顶尖的研发人员。

从发展路径上看,浙江大湾区建设路径主要涉及:以全区的智慧交通体系建设为先导,促进大湾区生产力的优化布局;以重大平台建设为载体,促进大湾区、大产业、大项目的落地;以都市区国际化、现代化建设为依托,促进高端要素的集聚;以创新为第一动力,引领提升发展质量和水平;以体制机制改革为手段,促进开放发展、一体化发展。同时,浙江大湾区建设还将从空间格局上,依托沿海跨湾陆海多条重大交通通道,形成"一核三引擎四廊带十平台"大湾区空间形态格局。具体来说,一核,即以杭州湾经济区为核心;三引擎,即以杭州、宁波、温州三大都市区为主引擎;四廊带,即联动发展沪嘉杭湖科创大走廊、杭绍甬智能制造产业大走廊、沪甬舟海洋经济大走廊、甬台温临港产业带;十平台,即打造杭州江滨国际智造新区、宁波环湾智能经济新区、争创自由贸易港等十大高能级平台。①

---

① 资料来源:中国第二个大湾区？浙江大湾区建设路径首次曝光,https://www.sohu.com/a/207913395_721022。

三、大湾区"创新空间体"极化效应的产生条件

(一)浙江大湾区极化效应的基础调查

访谈设计：为全面掌握浙江大湾区极化效应的基本情况，本研究以"浙江大湾区整体创新创业环境"为调研主题，于2019年6—8月，开展了针对性座谈。具体访谈对象共有20人，包括浙江大学等高校人员（5人）、孵化器创业者和工作人员（12人）、之江实验室人员（1人）、政府部门人员（2人），详见表1-3。

表1-3 访谈组织及主要内容

时间	访谈对象	访谈主题	访谈方式
2019年6月15日至18日	浙江大学创新创业学院相关人员	高校内创新创业氛围情况	集体访谈
	浙江大学等高校在校创业者	目前的创业项目进度 创新政策和创新环境满意度	单独访谈
2019年7月23日至24日	浙江大湾区相关政府部门人员	浙江大湾区建设规划 浙江大湾区建设中的成果和问题	集体访谈
	孵化器创业者和工作人员	创新创业政策和创新环境满意度	集体访谈
2019年8月5日	之江实验室相关人员	实验室的园区建设现状和体制机制创新	单独访谈

访谈组织：运用内容分析等方法，研究组对被访谈者提到的有关大湾区创新要素的相关信息进行了编码和提取，汇总结果见表1-4，表中的分析结果将进一步结合到与浙江大湾区的比较优势分析中。

表1-4 访谈词频分析和编码

访谈对象	词频分析和编码	汇总分析
高校人员1	环境好A1,交通便利B1,政策优惠C1	
高校人员2	绿化好A2,交通方便B2,信息畅通D1	
高校人员3	创业服务好C2,税费减免C3,基础设施完善E1	
高校人员4	空气好A3,孵化器、科技园的支持有效D2	
高校人员5	政策宽松C4,资金扶持充足C5,交通方便B3	
创业者1	自然环境好A4,区域基础设施完善E2,政策好C6	
创业者2	生态环境好A5,政府服务好C7,科技人才资源充足F1	·环境好A:13次 ·交通便利B:6次
创业者3	入驻费用低C8,有创业服务C9	·创业政策好C:16次
创业者4	环境优美、安静A6,孵化器有很大帮助,资源互动性良好D3	·孵化器提供的服务好D:4次
创业者5	政府办事流程简化C10,融资便利G1	·基础设施完善E:4次
创业者6	靠近湿地A7,产业群有集聚优势H1,孵化器提供优质服务D4	·科技人才资源丰富F:8次
创业者7	基础设施完善E3,对企业扶持力度大C11,交通方便B4	·融资便利G:2次
创业者8	政府服务好C12,人才资源丰富F2	·产业发展好H:2次
创业者9	生活环境好A8,出行便利B5,产业群基础设施完善E4	·创业氛围好I:1次
创业者10	环境好A9;对新创企业友好,有税费补贴C13;创业服务完善C14	
创业者11	靠近湿地,空气质量好A10;融资渠道多G2	
创业者12	生态宜居A11;高校和科研场所众多F3;科技资源丰富,人才多F4	
之江实验室人员1	产业基础好H2,科技创新因素多F5,政策灵活宽松C15,人才资源丰富F6	
政府部门人员1	空气清新A12,交通条件好B6,创业氛围好I1	
政府部门人员2	环境好A13,高校、科研院所集聚F7,高新技术产业发达F8,资金扶持力度大C16	

资料来源:研究组根据访谈资料整理获得。

（二）浙江大湾区极化效应的比较优势

根据上述访谈结果,结合研究组的实地走访和资料调查,本研究总结了浙江大湾区极化效应的五大优势:区位优势、生态优势、产业优势、人才优势和政策优势。上述五大优势构建了浙江大湾区的极化效应基础。浙江大湾区拥有优越的区位条件、优美的生态环境等先天优势,以及夯实的产业基础、丰富的人才资源、灵活的政策支持等后发优势,这些力量和条件有机聚合在一起,既形成了有空间、有产业、有人才、有政策、有环境的创新创业生态系统,同时成为浙江大湾区创新极化效应产生与形成的基础(见图1-3)。

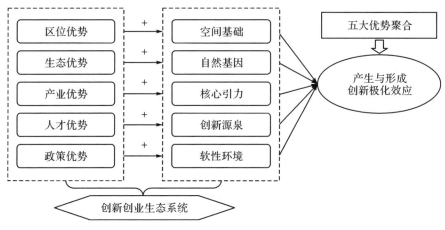

图1-3　浙江大湾区创新极化效应产生与形成的过程

1. 区位优势:架构创新极化效应的空间基础

各方面的区位条件形成了创新极化效应的多面空间维度,维度之间交叉互融构架成为创新极化效应的立体空间,这一空间兼具生态空间体和经济空间体属性(厉飞芹,2018)。浙江战略区位优越明显,位于长三角世界级城市群核心地带,是我国南北海运大通道与长江黄金水道的T字型交汇区域,是国家"一带一路"倡议与长江经济带国家战略的"枢纽功能区"。沿海滩涂和深水岸线资源丰富,宁波舟山港为世界第一大港,货物吞吐量连续8

年居世界首位。[①]

从整体区位看,浙江大湾区,是大湾区大花园大通道大都市区建设工作之一,大湾区的总体布局是"一环、一带、一通道",即环杭州湾经济区、甬台温临港产业带和义甬舟开放大通道。(1)空间布局合理:优势聚集,外联内合。其中,设立杭州钱塘区、湖州南太湖新区、宁波前湾新区、绍兴滨海新区、金华金义新区、台州湾新区是浙江在全面实施大湾区建设背景下做出的重大空间调整,对浙江深入接轨长三角、打破空间治理行政壁垒、整合杭州湾区资源等具有重大意义。六大新区总体围绕浙江大湾区"一环、一带、一通道"的空间布局设立,空间总面积达2590.96平方千米。从空间构成看,六大新区空间基底主要由国家级、省级高能级产业集聚平台构成,集中了浙江经济社会发展的重要优势资源。从新区间关系看,各新区通过高铁、高速公路、国道、省道等相贯通,构成了一个有机结合的空间整体。从外部联动看,六大新区是浙江对外联系的重要节点,已成为浙江融入国内经济大循环和国际国内双循环的重要门户。(2)区位禀赋优厚:交通便捷、资源较丰。作为浙江经济高质量发展主阵地,六大新区的区位条件与资源优势得天独厚。区位交通方面,钱塘区毗邻萧山国际机场、杭州东站,拥有杭州湾出海码头;南太湖新区是湖州高铁枢纽门户;前湾新区拥有面向沪杭甬苏四地的区域"四向三通道"对外交通网络;滨海新区境内两侧各有5000吨级海运码头;金义新区毗邻铁路金华站、义乌站和义乌机场;台州湾新区毗邻台州机场、甬台温铁路。资源要素方面,南太湖新区拥有广阔的太湖水域、浙江唯一综合评定为5A级的天然温泉和长田漾原生态湿地,但可拓展土地空间较少,而其他五大新区拥有较多可拓展的用地空间(王立军、俞国军,2021)。

从局部区位看,环杭州湾经济区是浙江大湾区建设的重点,联动发展甬台温临港产业带和义甬舟开放大通道。从区位上看,杭州湾新区处于长三角的中心位置,环上海区域钱塘江入海口;临近中国经济最为发达的城市——上海,开车从跨海大桥经G15、G60即到上海,至上海虹桥车行距离约

---

① 资料来源:浙江首推1.5万亿元建设项目　中国又一大湾区积极酝酿,https://www.sohu.com/a/207953905_273859。

140千米,通过G15沈海高速到宁波南站的车行距离约为80千米,通过杭甬高速至杭州东站的车行距离约为130千米。杭州湾新区不仅比邻上海,是上海、杭州、宁波、苏州长三角四大都市圈的"几何中心",是上海"南下临海"、杭州"东进向湾"、宁波"北上拥湾"三大区域战略的融合交会之地,还坐拥四大国际空港、两大海港,还有规划中的杭州湾跨海第二通道、杭甬高速复线、宁波至新区城际铁路。[①]这些优越的区位条件,为浙江大湾区吸引人才、资金、技术,形成创新极化效应提供了保证。

2. 生态优势:形成创新极化效应的自然基因

自然生态环境是构成创新创业生态环境的基础基因,也是形成创新极化效应的自然吸引物(厉飞芹,2018)。随着公众对生活环境、工作环境愈加重视,优美的生态环境日益成为吸引人才创业、办公的重要影响因素。与嘈杂的都市CBD相比,新一代创客更愿意寻求创业过程中的"内心安静"(根据对众创空间、孵化器内创客访谈得出的结论)。

从整体环境看,生态环境创先,产业绿化、环境优化。坚持走生态优先发展之路是六大新区发展的基本底线。一是推动产业绿色化发展。如前湾新区铁腕推进漂印染园区整治,将区内39家存在重污染隐患的漂印染企业全部关停,并通过改造转型升级为众创园区。二是推动环境优化进程。例如,钱塘区累计完成"三改"360万平方米、拆违161万平方米,关停或淘汰高污染、高能耗企业97家;前湾新区对杭州湾湿地规划范围由43.5平方千米扩容为63.8平方千米,湿地鸟类从保护前的50多种增加到现在的220多种;金义新区全面完成省级生态文明建设示范区全域创建工作,全区水体达到或优于Ⅲ类水体的比例稳定在100%(王立军、俞国军,2021)。

从局部环境看,《宁波杭州湾新区总体规划》通过对杭州湾新区独有的海塘文化和水文化进行分析梳理,提出了"理水成网、筑湖成城、塑塘成廊"的规划理念,着力打造以水环境为特色的生态新城。按照建设生态城市和国际化城市的要求,该规划充分利用现有的滩涂水网等可供进行绿化建设

---

① 资料来源:杭州湾新区介绍,https://www.sohu.com/a/463949828_120804183。

的空间资源,确定与城市用地布局相适应的多级园林绿地结构。同时完善城市功能组团分隔,营造自然与人工相结合的立体绿化网络,满足城市对绿地的各种功能要求,使杭州湾新区成为绿地分布合理、景观优美、功能齐全、特色突出的生态绿化城市。[①]此外,杭州湾西区域为湿地休闲区,西南面有相当于10个西湖面积的杭州湾国家湿地公园,是东亚地区最大的海涂湿地之一,常年有220种鸟类在此生活,是知名的观鸟胜地。紧邻湿地的是方特东方神画乐园,其内有大型的室内VR主题乐园,被誉为"中国的迪士尼",开业两年接待游客530万人次,也吸引了《奔跑吧》等综艺节目来此采景。[②]良好的自然环境为浙江大湾区创新极化效应的形成提供了先天优势。

3.产业优势:凝聚创新极化效应的核心引力

产业是创新极化效应产生的根本力量,是集聚人才、资本、技术的核心吸引物(厉飞芹,2018)。区域内的信息经济优势、民营经济优势,也是促进浙江大湾区发展的重要因素。区域内云计算、大数据、信息安全等多领域的信息化发展技术创新能力为国内领先,并拥有中国(浙江)自由贸易试验区、跨境电子商务综合试验区、舟山群岛新区等国家级试点平台。

从整体产业看,2019年是杭州大湾区建设年,大湾区内8个市共完成项目投资7713亿元,地区生产总量为54743亿元,同比增长7%,占长三角三省一市经济总量近23.1%。[③](1)产业基础扎实:未来导向、高端发展。钱塘区重点发展半导体、生命健康、智能汽车及智能装备、航空航天、新材料和研发检测、电子商务、科技金融、软件信息、文化旅游产业;南太湖新区重点发展数字经济、新能源、生物医药和现代金融、现代物流、旅游休闲等产业;前湾新区重点发展汽车制造、高端装备、生命健康、新材料、电子信息等产业;滨海新区重点发展集成电路、现代医疗、高端装备、新材料等战略性新兴产业;

---

① 资料来源:杭州湾新区的总体规划(—2030年),杭州湾新区向粤港澳大湾区看齐前进,https://www.sohu.com/a/430189823_120883693。
② 资料来源:杭州湾新区介绍,https://www.sohu.com/a/463949828_120804183。
③ 资料来源:浙江今年要加快大湾区建设 重点突出环杭州湾经济区,http://zj.sina.com.cn/news/m/2020-05-23/detail-iirczymk3098350.shtml。

金义新区重点发展数字经济、智能制造、跨境贸易等产业;台州湾新区重点发展航空航天、汽车、高端智能装备、新材料、数字经济、电子信息、生命健康、智慧物流、科技金融及总部经济等产业。2020年,浙江省级新区实现地区生产总值3402.05亿元。(2)创新驱动明显:研发先导、项目推动。一是产学研合作加快推进。如钱塘区推动区内企业与高校建立深入合作交流机制,加强企业创新研发能力;南太湖新区累计引进中科院系创新中心14个、校地合作平台33个。二是优质项目加快落地。如南太湖新区聚焦新能源汽车及关键零部件、数字经济核心、生命健康和休闲旅游等产业,截至2020年,累计签约亿元以上项目92个,总投资超过1300亿元;前湾新区已集聚了吉利汽车、上汽大众两大整车龙头企业和200多家汽车零部件企业,汽车产业集群正加快形成。三是项目技改加快推进。如台州湾新区完成规上企业数字化改造60家,新增规上服务业企业8家、国家高新技术企业24家、省级科技型中小企业37家(王立军、俞国军,2021)。

从局部产业看,2020年杭州湾经济区生产总值为43003亿元,占浙江省生产值的69%,可见其在浙江推进长三角区域一体化发展中的主平台作用更加明显。杭州湾新区是"中国制造2025"首批示范试点城市,是全国58个产城融合示范区之一。杭州湾新区高端产业区采用"6+4"产业新体系,"6"即六大先进制造业(汽车产业、通用航空产业、智能电器制造业、新材料产业、生命健康产业、高端装备制造业),"4"即四大现代服务业(旅游休闲业、体育产业、专业服务业、新型金融业)。目前杭州湾新区高端产业区中的世界500强企业达到18家,涉及大众汽车、吉利汽车、法国福吉亚、库伯耐吉、联合利华等10多家,高端企业达到400多家。新区现在主要以汽车制造、智能家电、生物制药、新材料及航空产业为主。目前新区要打造两个千亿级项目,涉及汽车产业和航空产业。汽车产业以吉利汽车、大众汽车为主要代表,大众全球4.0标杆工厂就坐落在杭州新区,上汽大众宁波工厂是大众全球最先进、自动化率最高的工厂之一,也是大众集团工业4.0全球样板工厂和标杆工厂。其供应链布局、自动化程度、节能环保程度、每万元产值的能耗及总体的制造技术状态,都处于国内领先、国际一流的水平;车身车间自动化率达到86%,平均每分钟就有一辆整车下线。①

4. 人才优势:汇集创新极化效应的原始动力

人才是产生创新的原动力,优秀人才能够"自带流量",一方面引发创新创业项目的形成和落地,另一方面能对身边人才和周边人才产生"虹吸效应",形成"人才带人才,人才引人才"的良性循环,从而产生创新聚变、裂变的显著效果(厉飞芹,2018)。城市化发展阶段从高速扩张向提升质量变化的过程中,浙江常住人口城市化率达到68%,大湾区是69%,已经十分接近70%的分界线,与高度发达国家(如英国、美国)的城市化率只剩10个百分点的差距。同时,浙商遍布世界各地,他们对全球资本和市场网络的汇聚动员能力,是浙江大湾区建设的独特资源。从杭州湾新区看,2015年,常住人口约17.7万人,2018年近23万人,2020年达到32万余人。②由于有众多高端产业,目前杭州湾新区每年高层次人才猛增3万人以上,千亿元产业集群入驻带来高端人才的流入,杭州湾地区经济产业、新进人口和企业入驻情况无疑非常有优势。③针对人才引进,杭州湾新区还建有多个创新基地,如复旦大学宁波研究院、康龙化成产业园、麟沣医疗产业园、吉利研究院、宁波杭州湾新区众创园等。④

5. 政策优势:营造创新极化效应的软性环境

有力的政策支持是创新创业发展的重要软性环境,也是形成创新极化效应的有力保障(厉飞芹,2018)。为深入实施创新驱动发展战略,省区市已出台一系列有关的产业政策、人才政策等(见表1-5),这为吸引人才、项目、投资创造了良好的条件。

---

① 资料来源:杭州湾新区介绍,https://www.sohu.com/a/463949828_120804183。

② 资料来源:到2035年,杭州湾经济区就将成为现代化的世界级大湾区,https://www.sohu.com/a/458800404_121051451。

③ 资料来源:国家战略背书,杭州湾新区经济发展迅速,被给予了厚望!https://new.qq.com/rain/a/20210804A00DVB00。

④ 资料来源:26家世界500强企业入驻的杭州湾新区有没有发展前景?https://new.qq.com/omn/20211123/20211123A05D7U00.html。

表1-5　扶持浙江大湾区建设的规划和政策举例

规划、行动纲要层面	·《浙江省"大湾区"建设行动纲要》 ·《浙江省大湾区空间规划(2018—2035年)》 ·《宁波杭州湾新区总体规划》	
政策、行动方案层面	《浙江省大湾区建设十大标志性工程推进方案》	·以融入长三角一体化为重点的基础设施互联互通工程 ·以三大科创走廊为重点的重大科创平台建设工程 ·以集聚高端产业为重点的"万亩千亿"新产业平台培育工程 ·以新金融为重点的金融港湾建设工程 ·以供应链提升为重点的湾区现代物流体系建设工程 ·以打造油气全产业链为重点的国际油气贸易中心建设工程 ·以城市大脑为重点的"数字湾区"建设工程 ·以应用支撑为重点的智慧海洋建设工程 ·以高品质生活为重点的未来社区建设工程 ·以美丽海湾建设为重点的生态海岸带建设工程
	《浙江省数字大湾区建设行动方案》	·通过加快建设现代智慧、大湾区数字基础设施网络,到2022年实现大湾区县级以上城市和重点区域5G网络全覆盖;试点建设"城市大脑",率先建成杭州城区一体覆盖的"城市大脑"。到2022年,大湾区数字经济总量较2017年翻一番,达3.5万亿元以上

资料来源:研究组根据访谈、文献资料整理获得。

　　从浙江层面看,浙江出台了《浙江省人民政府关于支持大众创业促进就业的意见》《中共浙江省委、浙江省人民政府关于加快提高自主创新能力建设创新型省份和科技强省的若干意见》等,针对在校大学生、城乡劳动者创办企业有相应的补助政策。浙江省财政部门积极筹措资金,从"支持科技型中小企业、成果转化、设立创投引导基金、支持集聚区建设、人才引进"5个方面,推动"大众创业、万众创新"。

　　从大湾区层面看,为支持大湾区建设,已出台《浙江省"大湾区"建设行动纲要》《浙江省大湾区空间规划(2018—2035年)》《浙江省大湾区建设十大标志性工程推进方案》《浙江省数字大湾区建设行动方案》等多个重要文件,它们基于空间、产业等多角度明确建设方向。为重点探索构建数字经济新型生产关系,加快政府数字化转型,创新数字经济多元协同治理体系,助力长三角一体化发展,2019年11月,浙江省政府正式对外发布了《浙江省数字大湾区建设行动方案》(以下简称《方案》)。《方案》提出,到2022年,浙江数字大湾区经济总量较2017年实现翻一番,总量达到3.5万亿元以上的目标。根据《方案》,未来浙江数字大湾区建设,将通过大力培育数字产业发展平台、打造数字经济核心产业集群、深入推进传统制造业数字化转型,以及实施"数字技术+先进制造"示范工程等,在区域内打造相关数字产业集群。在培育数字经济核心产业集群方面,《方案》提出到2022年,培育3个左右的世界级产业集群。在推进传统制造业数字化转型方面,《方案》提出到2022年,浙江大湾区要实现重点传统制造业上云企业数量达到10万家,培育服务型示范试点企业和个性化定制示范试点企业各200家。此外,《方案》还强调,要打造全球知名的新兴金融科技中心,包括温州综合金改等金融创新试验区建设持续推进,基本建成之江文化产业带,钱塘江金融港湾初具规模,集聚一批创业、产业投资机构,创建杭州国家创投综合改革试验区等。[①]

(三)浙江大湾区极化效应的相对劣势

1. 浙江大湾区与三大国际湾区对比

国际一流湾区如纽约湾区、旧金山湾区、东京湾区,已经成为带动全球经济发展的重要增长极和引领技术变革的领头羊。综观上述这些世界级大湾区,都是从重要的港口码头起步,逐渐延伸至港口仓储、物流与加工等产业,最后才形成较为完整的湾区经济格局。其中,纽约湾区是国际湾区之首,华尔街所在地,代表企业有IBM、花旗、AIG等。旧金山湾区是高科技研发基地硅谷的所在地,代表企业有苹果、谷歌、微软等。东京湾区是世界上首个人工规划的湾区,代表企业有索尼、丰田、三菱等。[②]如表1-6所示,浙江大湾区在面积、人口方面与四大湾区相比优势显著,但人均地区生产总值

---

① 资料来源:浙江省发布《浙江省数字大湾区建设行动方案》,https://www.financial-news.com.cn/qy/qyjj/201911/t20191108_170977.html。

② 资料来源:解密世界500强抢滩杭州湾新区的背后,https://new.qq.com/rain/a/20210519A03OK500。

大幅低于前三大湾区,表明当前浙江大湾区的创新极化效应尚未发挥出"创新空间极"的吸引能力。

表 1-6　浙江大湾区与四大湾区的比较

比较项目	纽约湾区	旧金山湾区	东京湾区	粤港澳大湾区	浙江大湾区
面积/万平方千米	2.15	1.80	3.70	5.60	7.39
人口/万人	2340	760	4383	6800	7945
地区生产总值/万亿美元	1.40	0.80	1.80	1.34	1.36
人均地区生产总值/美元/年	59829	105263	41067	20419	17132
代表产业	金融业	互联网业	汽车石化业	金融高新技术业	金融信息经济业

资料来源:研究组根据访谈、文献资料整理获得。

由中国科学院科技战略咨询研究院和中国科学学与科技政策研究会发布的《浙江"大湾区"建设研究》中,提出浙江建设大湾区仍然面临3个方面的短缺与不足:一是缺乏世界一流的科学研究载体和重大科技基础设施集群;二是缺少世界一流的高校资源;三是缺少世界级的产业创新集群,浙江大湾区内的产业多集中于纺织等传统产业,整体水平并不高。

三大国际湾区(纽约湾区、旧金山湾区、东京湾区)的建设经验如下(唐坚,2020):

一是跨区域的顶层设计和协同发展。世界级的港口要想长久保持蓬勃发展的态势,就必须有广阔腹地的货运量作为重要支撑,因此,客观上就要求湾区城市群必须协同发展,相互促进,并且湾区核心城市的金融、贸易、物流等服务行业的发展也离不开广阔腹地。为适应湾区协同发展的需要,政府通过制定统一的政策、法律法规,帮助湾区城市与广阔腹地良性互动,促进区域协同发展。通过跨区域的顶层设计和对区域内城市进行合理规划与分工,有效避免城市间的无序竞争和重复建设,从而提升湾区经济的竞争力。

二是港口经济助推湾区融入全球化发展。世界三大湾区都拥有狭长的海岸线,港口布局良好。三大湾区港口利用各自区位优势,以自由港的形态,连接湾区内城市交通网络,形成交通和对外物流枢纽,带动湾区港口经济建设融入全球化发展中;利用国际、国内两大市场资源,对跨国资源进行高效配置,为企业实现全球化的大生产、大物流、大销售创造良好条件。纽约湾区和旧金山湾区都是依托港口贸易起家的,并构建了全球化的网络,在全球化科技和产业化革新的进程中抢占先机,带动产业结构的升级和优化。

三是构建高效的集疏运体系建设。湾区的交通在没开发之前,海湾和岛屿形成的天然屏障,导致湾区内的交通不畅,造成货物运输、人员交流的不便利。三大湾区为提高经济发展速度,都把加大对基础设施互联互通建设的投入作为抓手,如纽约湾区的布鲁克林大桥、韦拉扎诺海峡大桥,旧金山湾区的金门大桥、奥克兰海湾大桥,东京湾区的濑户大桥和京门大桥等重要的桥梁为湾区内各城市架起了联系的纽带,从而构建了高效的集疏运体系,并通过加强信息基础设施建设,实现了大湾区一体化发展的目标,使人流、物流、商务交流实现便捷流动。

四是人才聚集是湾区实现科技创新驱动的源泉。世界三大湾区都拥有一批世界知名的高水平大学及科研院所,人才荟萃。三大湾区内的大学及科研院所是湾区产业链与科技知识链的初始起源,不仅是引领高新技术研发、形成产业链的重要支撑,还是转变传统制造业、优化产业结构的有力推动者。正是大湾区内知名大学及科研院所的存在,让湾区核心区域成为聚集人才、技术、资金等要素的重要基地,让众多新技术从实验室转化成科新成果,实现产业化发展。湾区雄厚的人才资源是湾区实现科技创新驱动的源泉,基于他们对前沿科技动态信息的实时掌握,为企业在科技变革中抢占发展先机,从而推动产业蓬勃发展。

五是金融中心为湾区快速发展提供强劲动力。纽约、旧金山、东京作为三大湾区的核心区,是湾区重要的金融枢纽和区域金融中心,都具有强大的金融资源配置能力。金融中心对国内外资本有巨大的虹吸效应,即能吸引大量资金流入湾区,推动金融机构集群式发展,不断创新和开发投资融资、服务新模式,为湾区产业快速发展提供强大保障。随着科学技术的不断进步,科技金融公司在湾区内不断涌现,与高新科技产业相互依存,其利用高新技术和金融手段着力为中小型科技企业解决投融资难的问题,同时为它们提供资金管理流程的规划与设计服务,为湾区的经济迅猛发展注入强劲动力。

六是开放包容的环境是湾区创新发展的保障。纽约湾区和旧金山湾区始终保持全球科技创新的引领地位,与美国开放包容的移民文化和加强民族文化融合是分不开的。湾区的发展吸引了大量外来人口,美国政府不管在制度上还是在文化氛围上对外来人口的排斥性都非常小,具有强大的包容性。湾区对创新发展失败持宽容的态度,这种理念也深入人心,促进大众敢于探索、创新、尝试,这为湾区内的创新创业注入活力,从而产生许多创新成果。创新成果又带动湾区城市的经济发展,推动新产业的衍生与集聚,形成产业链,因此,创新是湾区经济发展的根本动力。东京湾区则利用政府力量进行全面引导,破解湾区内各城市各自为政的瓶颈,从而为区域功能进行合理规划和产业的优化升级起到推动作用。三大湾区非常重视环境制度建设,尤其是在科技研发、知识产权保护等方面加大投入,从而为产业的稳定、健康发展提供公平公正的市场环境。

七是政府与市场充分发挥各自作用提升协作效能。三大湾区在经济发展过程中,充分发挥政府与市场各自的优势和作用,提升协作效能。政府在打破行政区域壁垒、健全相关法律法规、构建服务平台、保护知识产权等领域起到积极的推动作用。市场通过让微观主体积极探索如何更好发展自身来推动构建由下至上的良好的科技创新生态体系。同时,坚持市场为导向,尤其注重市场对资源配置的重要影响和决定性作用。

2. 浙江大湾区与粤港澳大湾区对此

粤港澳大湾区和浙江大湾区各具特点。具体来看,粤港澳大湾区是中国经济最发达的区域之一,经济实力雄厚;而浙江大湾区,则是中国经济最具有发展潜力的经济板块。①

---

① 资料来源:湾区经济来了!下一个粤港澳会是杭州湾吗? https://zj.zjol.com.cn/news/686224.html。

区位情况对比:粤港澳大湾区以香港、广州、澳门形成三个顶点,浙江大湾区以上海、杭州、宁波作为3个顶点(见图1-4)。从各个城市的相对位置来看,两大湾区十分相似,杭州和广州分别是区域内老牌的中心城市,上海同香港、深圳都是湾区内最耀眼的区域,宁波与珠海、澳门类似,均在湾区左下角。区域内大体上都存在3个核心区和两个介于三大核心区之间的走廊地带,把浙江大湾区地图顺时针旋转90度,大致就是粤港澳。杭州湾区城市包括上海、杭州、宁波、嘉兴、绍兴和舟山。粤港澳大湾区城市包括广州、深圳、珠海、东莞、惠州、肇庆、佛山、中山、江门及香港和澳门特别行政区。①

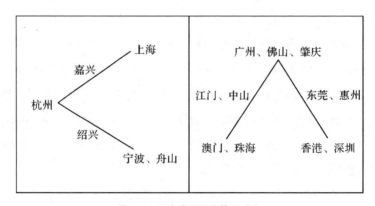

图1-4　两大湾区区位情况对比

人口面积对比:如表1-6所示,浙江大湾区的面积为7.39万平方千米,粤港澳大湾区面积为5.6万平方千米;前者人口为7945万人,后者人口为6800万人。进一步看,浙江大湾区人口优势主要体现在上海和宁波地区,而粤港澳大湾区相比对标的广佛肇的吸引力较弱,两翼的人口相比浙江大湾区翼位也缺乏基数基础。户籍人口占总人口比重这个指标代表着城市人口流动性。不难发现,浙江大湾区的3个核心城市(上海、杭州和宁波)对标粤港澳大湾区的3个内地核心城市(深圳、广州和珠海)的本土化程度和人口黏性更强。②

---

① 资料来源:环杭州湾大湾区(杭州湾新区)与粤港澳湾区的对比分析,https://www.sohu.com/a/410205172_120745358。
② 资料来源:环杭州湾大湾区系列专题报告 l 环杭州湾大湾区与粤港澳湾区的对比分析,https://www.sohu.com/a/166767632_555060。

主导产业对比:粤港澳大湾区是中国科技和金融中心、"一带一路"重要枢纽,代表企业有华为、腾讯、中兴、比亚迪等。粤港澳大湾区和浙江大湾区的主导产业有一定的相似性。2008年的调查结果显示,粤港澳大湾区和浙江大湾区的主导产业都包括化学原料与化学制品制造业、交通运输设备制造业、电气机械和器材制造业。2013年,粤港澳大湾区和浙江大湾区在电气机械与器材制造业、造纸和纸制品业、金属制品业、橡胶和塑料制品业等都具有发展优势(黄蕊、周航凯、姜丽佳等,2019)。如表1-7所示,基于《财富》在2021年公布的世界500强榜单分析,浙江大湾区上榜16家,粤港澳大湾区有25家,多出9家。

表1-7　2021年两大湾区《财富》世界500强榜单企业数量

浙江大湾区		粤港澳大湾区	
城市	数量	城市	数量
杭州	7	香港	9
		深圳	8
上海	9	广州	5
		佛山	2
		珠海	1
合计	16	合计	25

资料来源:研究组根据文献资料整理获得。

港口效能对比:交通运输部发布2021年全年全国港口货物、集装箱吞吐量数据显示,宁波舟山港位列2021年全国港口集装箱吞吐量前2,位列货物吞吐量第1,2021年宁波舟山港完成货物吞吐量12.2亿吨,连续13年领跑全球。在新冠疫情的冲击与航运市场的波动背景下,宁波舟山港多措并举,持续织密集装箱航线网络,开通航线287条,较2020年末净增27条。广州港在上述两项排名中均位列第4。[①]而浙江大湾区中的杭州港、嘉兴港效能

---

① 资料来源:2021年全国港口吞吐量排名出炉,http://www.yueyang.gov.cn/bmdt/62417/content_1906971.html。

相对较低。

粤港澳大湾区的建设经验如下(陈刚,2018):

一是解决同质竞争问题。针对珠三角城市间在金融、航运、制造等领域存在的重复建设和不良竞争现象,粤港澳大湾区的建设首先着眼于经济结构高度相似地区的协同发展。在宏观上,寻求错位发展。基于原有城市的比较优势,优化空间发展格局。如在湾区东岸深圳、东莞等地重点布局人工智能、电子通信、互联网等知识密集型产业,在湾区西岸佛山、中山、珠海等地重点布局装备制造、新能源、生物医药等技术密集型产业,在湾区南部沿海地带的惠州、江门、深圳、珠海,重点布局以先进制造业、现代服务业为代表的生态环保型产业。微观上,借助产业链条延伸和区位拓展,开创粤港澳三地合作。如利用珠江口西岸广阔的发展空间,有助于拓展香港向西发展的空间;横琴借助澳门延伸产业链条,实现娱乐服务业多元化,包括拓展金融服务和商务服务、休闲旅游、文化创意、中医保健,形成错位优势。

二是实现区域之间分工合作。实现区域之间的协调发展和分工合作,表现在两个方面:第一,推动湾区城市之间的分工合作,促进粤港澳大湾区的全面升级。例如,由深圳全面主导深汕特别合作区,合作区人事权归深圳。合作区形成以深圳为总部、汕头为基地的发展模式,强化深圳主导产业配套,突出先进制造、新兴海港等产业发展重点。第二,为密切湾区城市群之间的经济、物资、交通的联系,粤港澳大湾区将从海、陆、空三个层次规划交通布局。当前主要在规划实施港珠澳大桥、深中通道、虎门二桥、赣深高铁、广汕高铁,密切湾区城市群之间的交流与合作。

三是促进创新要素高度集中。针对集聚度低、协力合作攻坚不足等短板,粤港澳大湾区建设突出强调实现创新要素的集中,并由创新集中走向创新集群。通过推进广深科技创新走廊、深港创新圈建设,将湾区经济定位于为区域科技发展提供强大的创新动力和完善的生态支撑。以广深科技创新走廊的打造为例,广深城区持续集聚大量龙头企业、科研机构等创新要素,但与此同时,部分创新平台呈现创新要素外溢的趋势。为此,广东通过环境品质的提升和交通联系的优化,促进广深沿线科技创新走廊建设,形成了广深两端深度嵌入全球创新网络、广深沿线创新要素集聚的新型格局。同时,借助香港在高等教育、高端人才、先进服务业等方面的优势,整合两地科技产业、金融服务业、航运物流和制造业中心,实现创新链、产业链和供应链的全面完善与升级,促进创新要素的高度集中、创新生态高度成熟。

四是破解资源环境约束难题。资源环境约束制约了区域综合竞争力的提升。为破解此难题,在建设粤港澳大湾区时强调利用海域空间大力发展滨海旅游业;发挥粤港澳大湾区政策性金融机构的独特优势,充分利用现有国际多边、双边合作机构和"一带一路"专项基金等,对创新项目予以支持;构建粤港澳大湾区智力支撑体系,建设新型智库,创新和完善人才培养机制,培养具有国际视野、掌握国际规则的复合型人才等,如广东鼓励港澳人员赴粤投资及创业就业,为港澳居民发展提供更多机会,并为港澳居民在内地生活提供更多便利条件;构建支持湾区经济发展的智库合作模式。广东组织广东港澳办、广东省发改委、广东省社科院、南方财经全媒体集团合作成立了粤港澳大湾区研究院,探索建立"政府+媒体+金融+智库"的新型合作机制,为粤港澳大湾区的建设提供智力支持。

3.浙江大湾区极化效应的客观劣势

浙江大湾区在浙江省已处于领先水平,但受开发年限、产业类别、区位环境等因素的综合影响,在形成和扩大极化效应的过程中还存在薄弱环节,这些薄弱环节一定程度上弱化了浙江大湾区的辐射能力。

一是资源有限和目标多元的矛盾。政府手中掌握的有限资源,如土地、资源、干部,怎么用? 怎么投? 四大建设的整体战略已经给出了答案,四大建设就是浙江进行生产力的重新布局,其中大花园建设可以着眼均衡,大湾区建设应当是一种打造区域核心竞争力的极化战略,要集中所有优势兵力打好发展这个"歼灭战",而不能希望用一服药治好所有病。从产业选择来看,要聚焦在"2+9"上,尤其是要坚定对数字和生物两个产业的信心。从发展平台看,要集中在"一港两极三廊四新区"上,当前重点做好"四新区"建设,选好主导产业,找准发展方向,集全省之力打造,这是湾区建设的示范样本,事关大湾区建设的成败。从城市建设看,要集中建设杭州、宁波两大极核,尤其是杭州,要在城市国际化上下功夫,形成对高端要素独特的吸引力,才能在长三角占据一席之地(陈觅,2018)。

二是公共服务的供给和需求脱节。区域竞争最终是人的竞争,城市要增加对人的黏性,特别是对于年轻人和高知识群体,要去分析他们的需求,打造针对他们的公共服务供给能力。从新区建设看,首要任务是补齐公众服务的短板,这从工业区招工难、招工贵问题中可以看出,如人们不愿住在大江东,关键是没有好的学校、医院和商业综合体。从标志性工程建设看,要着力打造未来社区,引领未来生活方式,吸引年轻群体在大湾区定居(陈觅,2018)。

三是传统体制机制带来的束缚。浙江过去的发展,县域经济模式功不可没,在新形势下仍然要坚持县域的竞争主体地位,但也要看到暴露出的一些问题,如无序竞争、邻避效应等。因此,要对地方竞争机制做些有益的修正。首先要完善考核机制,为有合作意向、有互补优势的区域创造跨行政区的合作机制,如鼓励全省各地到大湾区组建飞地产业园。其次要完善指标体系,可以参考硅谷指数、深圳可持续发展计划等,更加关注创新、风险投资等领域,同时加强对营商环境、吸引人口落户等指标的考核。最后要加强省级统筹。一方面要加大省政府层面的制度供给,提升政府自身的治理能力;另一方面可以充分授权有能力的社会组织,建立省级基金,把土地和资金交给它们运作,利益分成(陈觅,2018)。

四是高端创新要素集聚能级偏低,创新的集聚度有待提升。尽管省级新区是浙江未来高质量发展的主要平台,但是目前除钱塘区外,各大新区尚未得到明显的政策倾斜支持。如前湾新区目前仍处于大量要素投入推动发展阶段,创新驱动能力不足,尤其是与产业需求相衔接的科创能力薄弱,缺少一流的科研院所、高校机构、研发团队和平台载体支撑。金义新区尽管正在推动建设一批重大创新平台,但起点不高,项目吸引能力仍有待提升(王立军、俞国军,2021)。浙江大湾区的创新集聚目前主要呈现间接性的空间分散状态,创新的综合集聚度并不高,创新资源分散突出表现在浙江省国家实验室、双一流、"985"和"211"高校存在数量上的短板,科研平台效应不突出,科技资源不能得到有效的整合和高效的配置;平台优势创新资源的分布也处于不平衡状态,需要进行通道梳理和区块整合;科技、创新资源面临被分流的威胁,这突出表现在大湾区在形成创新极的过程中,面临其他区域更为强大的增长极的辐射影响。从全国层面看,它与同属于国家自主创新示范区的上海市、苏南等地存在资源竞争关系。尤其是上海市对人才、技术、资金等创新要素的虹吸效应更为显著(陈刚,2019)。

五是产业发展布局雷同趋势明显,区域创新协同体系有待完善。按照省政府的批复要求及六大新区产业基础,六大新区都有各自的产业发展侧重。但是,按照产业规划来看,各新区产业发展布局雷同趋势较为明显,未来可能造成同质化竞争。如各新区在汽车产业、生物医药、集成电路、数字经济、通用航空、新材料、文旅产业等方面都有所布局(王立军、俞国军,2021)。目前集资源环境、技术支撑、创新服务于一体的湾区服务功能型平台还有待强化,各类创新主体协同创新的服务网络还有待完善,制约原始创新能力的诸多限制依然存在,如异地成果本地孵化和异地孵化成果本地产业化等需要在行政体制上进一步改革,要突破重大科技难题和前沿科技瓶颈(陈刚,2019)。

六是人才集聚不足,人力资本欠缺。高质量发展建设六大新区需要大量的高端人才支撑。目前,各大新区仍处于从传统产业向新兴产业转型升级的过程中,高素质人才集聚仍然有限。除钱塘区拥有较多省内重点院校、科研院所外,其他新区的一流科研院所、高校机构、研发团队和平台载体仍较少,难以吸引高端人才和高端创新团队。同时,由于人口红利消退、大量劳动力向中西部地区转移等,未来普通劳动力短缺也是主要制约因素之一(王立军、俞国军,2021)。从全国范围看,在区域工业总产值、科技创新活动、创新创业投入、创新人才队伍等方面,与北京中关村、上海张江、武汉东湖等地相比,仍存在较大差距。要提升大湾区的创新产出能力,浙江还需要不断强化高层次人才队伍的引进和培育力度(陈刚,2019)。

四、大湾区"创新空间体"极化效应的强化机制

极化效应理论显示,极化效应的发挥需要明确增长极的核心定位,即增长极的经济发展性质及极化效应的关键竞争力。除了主导产业拉动力和空间区位优势,政府支持是强化增长极吸引力和辐射力的重要条件。本部分以浙江大湾区的发展现状为基础,依据"强化相对优势、规避相对劣势"的思路,综合考虑浙江大湾区的政策规划和建设目标(详见本篇第二部分),由此提出了强化浙江大湾区创新极化效应的四大机制,四大机制有效协同,将有力提升浙江大湾区的吸引力,扩大创新极化效应的影响,具体如图1-5所示。

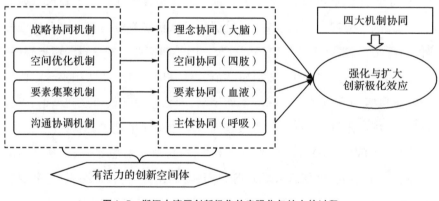

图1-5 浙江大湾区创新极化效应强化与扩大的过程

(一)战略协同机制:提升创新极化效应的战略牵引力

极化效应对增长极和受影响地区均会产生全局性、长远性的影响。如果增长极与受影响地区本身存在战略冲突,或是不同主体"各自为政",或增长极内部要素之间有矛盾冲突,极化效应将难以发挥。因此,首先必须构建

战略协同机制,使增长极和受影响地区从顶层设计、发展战略、发展思路上保持协调一致(易开刚,2014;厉飞芹,2018)。目前尚缺乏站在全省层面针对六大重点湾区的统一规划,各湾区现有规划编制多以属地政府城市总规为基础,导致同一湾区在产业发展、基础设施建设、生态环境保护等方面低水平重复建设,且保护不同步、资源不共享。因此,对浙江大湾区而言,战略协同机制的构建尤为必要。

1. 强化国家到地方的各级战略协同

要强化国家战略、省级战略、大湾区战略、市级战略的有效协同。创新驱动发展战略是"十四五"期间,从国家到地方各个层面必须践行的重要发展战略。浙江大湾区的战略定位与建设思路的确定必须综合考虑国家战略发展的需要、长三角地区经济社会发展的需要、浙江省创新经济发展及杭州市创新发展的需要。进一步深化对国家层面的《中华人民共和国国民经济和社会发展第十四个五年规划纲要》《国家创新驱动发展战略纲要》《"十四五"国家科技创新规划》,省级层面的《浙江省科技创新发展"十四五"规划》《中共浙江省委关于全面实施创新驱动发展战略加快建设创新型省份的决定》,湾区层面的《浙江省"大湾区"建设行动纲要》《浙江省大湾区空间规划(2018—2035年)》《浙江省大湾区建设十大标志性工程推进方案》《方案》,市级层面的《杭州市科技创新"十四五"规划》《宁波杭州湾新区总体规划》等的战略思考,合理定位发展目标与发展思路。

《浙江省国民经济和社会发展第十四个五年规划和二〇三五年远景目标纲要》提出,"强化环杭州湾核心引领地位,聚焦创新驱动主引擎功能,大力推进科创大走廊建设,高水平打造杭州钱塘新区、湖州南太湖新区、宁波前湾新区、绍兴滨海新区、台州湾新区、金华金义新区,有序创建大湾区高能级战略平台"。要深入实施创新驱动发展战略,向创新要红利,向改革要动力,向人才要后劲。

2. 强化社会到经济的多面战略协同

要强化经济发展战略、社会发展战略、生态发展战略、文化发展战略的有效协同。浙江大湾区不仅是一个经济空间体,而且是一个兼具生产、生活、生态功能的综合性空间体。从这一层面来说,要贯彻落实《浙江省大湾区空间规划(2018—2035年)》《浙江省大湾区建设十大标志性工程推进方案》,坚持"高起点规划、高标准建设、高水平管理"原则,从浙江大湾区综合吸引力提升及长远发展考虑,有机平衡经济发展、社会发展、生态发展的关系。坚持以科技创新为核心,促进"产城人文"融合发展,以可持续发展理念推动"绿色创新创业经济"建设,统筹推进资源环境可持续开发利用,进一步创新综合保护开发的体制机制,将浙江大湾区打造为"宜居宜业宜学"之地。

坚持美丽海湾与大湾区建设同步谋划、同步实施、同步建成,协同建设生态人文、和谐美丽的大湾区,逐步展现美丽海湾魅力。力争2022年,浙江近海生态系统保护与生物多样性修复取得明显成效,海岸生态自然景观带建设基本成型,陆海联动生态机制比较健全,近岸海域海水水质保持稳定并有所改善,大陆自然岸线保有率不低于35%。同时,以人本化、生态化、数字化为价值坐标,以和睦共治、绿色集约、智慧共享为内涵特征,基于未来邻里、教育、健康、创业、交通、低碳、建筑、服务和治理等九大场景创新引领未来生活方式变革的新型城市功能单元。

3. 强化产业到配套的分项战略协同

要强化产业发展战略、配套发展战略、项目布局战略、政策支持战略的有效协同。

在产业发展战略方面,要倡导"需求导向、转化应用",支持企业组建各类研发机构,积极鼓励企业、高校、科研机构等主体有效对接,打通科技成果转化和产业化的通道,推动科技创新成果从实验室走向市场,形成从基础研究到产业化的创新创业全产业链,打通从科技强到产业强、经济强的通道。

在配套发展战略方面,要按照创新要素集聚的理念,围绕科技研发、技术孵化、高端制造、生活休闲等需求,进一步强化教学科研、科创研发、科技孵化、高端产业、配套服务、生态保育等功能区块的配置,强化科创发展和现代城市综合功能。

在项目布局战略方面,要按照公共服务设施配置科学性、适用性、先进性要求,依据人口规模和构成需求,合理确立公共服务设施配置的分类等级,重点优化项目布局建设。

在政策支持战略方面,必须站在全局和战略高度,综合考虑创新资源配置、基础设施连通、产业项目对接、生态环境统筹等事项,根据产业发展的实际需要做好金融、交通、信息、科技等配套设施规划和政策出台工作。

(二)空间优化机制:提升创新极化效应的空间扩张力

空间是影响极化效应范围和程度的重要因素,空间距离的大小、空间布局的优劣直接影响增长极的资源吸引力。空间优化机制的创新必须以自身的区位条件为依据,从区位特征、相对区位优势入手,挖掘空间优化的价值。对浙江大湾区而言,要抓住用好长三角区域一体化发展上升为国家战略的新机遇,以大湾区轨道交通、智慧高速、航空航运、油气管道等领域为重点,主动接轨上海、联网苏皖,加快建设现代智慧、便捷高效的大湾区基础设施网络,为高质量打造长三角城市群"金南翼"提供基础支撑。力争2022年,形成杭州湾经济区城市之间及至苏南、上海地区"1小时交通圈"。本研究认为,可以从以下3个方面构建空间优化机制,以强化空间扩张力。

1.强化空间集约利用

一方面,要突出效益优先、疏密有致,倡导空间区块集中紧凑式开发布局,深化城市设计,注重增强各类空间协同配置效率,提高空间利用水平。配套推进节能、节水、节材等工作,全面推进高效、集约、综合开发。引导地下空间的综合开发,逐步推进城市地下综合管廊建设。另一方面,要促进板块协同开发,整合既有规划,统筹推进功能区块调整和组团式开发。近期应聚力聚焦,以已建板块优化为重点、新空间开发为补充,滚动推进各类空间开发。中远期应加强各点面载体的联动延伸,逐步实现整体协同一体化发展。

2. 强化空间结构优化

高标打造陆域开放通道。聚焦宁波舟山港、杭州空港、义乌国际陆港、信息港一体联通,系统构建以"高速铁路—城际铁路—高速公路"为框架的湾区陆域立体交通大走廊。以杭绍甬超级高速公路、杭州湾跨海大桥、杭嘉沪 G60 高速公路为主轴,深入推进沪苏湖高铁、杭绍台高铁、杭绍台高速等重大项目,加快甬舟铁路、湖嘉杭绍城际等项目前期工作,研究谋划沪舟跨海大通道(东方大通道)、甬台温沿海高铁、通苏嘉城际等战略性、前瞻性重大项目,着力提升扩容湾区沿海通道,全面打通湾区内部断头路,大力促进"浙沪苏皖赣闽"六地互联互通,创新以公共交通导向的开发模式优化城市空间发展,力促区域"无障碍"通行和市重要节点"零距离"换乘,实现沪杭甬"半小时交通圈"、浙江大湾区"1 小时交通圈",构建高效便捷、内联外畅的湾区交通网络(牟盛辰,2019)。

全面强化海空开放枢纽。强化宁波舟山港主体地位,协调推进环杭州湾和浙东南沿海港口开发,浙沪合作深化小洋山全域综合开发,中远期适时推进大洋山开发建设,创新港口一体化发展、投资运营、开放合作、口岸监管等机制,争取在布局优化、资源共享、政策统筹、营商环境等方面取得实质性进步,争取设立自由贸易港区。以舟山江海联运服务中心建设为契机,优化浙江自贸试验区保税燃料油加注、航运交易、海事仲裁等高端航运服务功能,深化与长江经济带沿线交流合作,加强江海直达船型研发应用,筹建省级江海联运集装箱、油品等专营船队,健全以"水水中转"和"江海联运"为特色的大宗商品中转体系。筹建"浙江大湾区机场联盟",浙沪联合推进浦东、萧山、栎社等航空资源整合,将杭州萧山机场打造为亚太重要空港门户,宁波栎社机场打造为区域性国际枢纽机场,嘉兴机场打造为全球航空物流枢纽,实现湾区机场群有序竞争、错位发展(牟盛辰,2019)。

加快构筑数字开放平台。紧扣"一带一路"数字经济国际合作契机,探索筹办世界数字经济博览会,充分发挥跨境电子商务综合试验区的积极作用,完善综合服务功能,做强做精杭州"eWTP"实验区、全球电子商务核心功能区等数字经济战略平台,支持大数据、智慧城市、未来社区、数字丝绸之路等领域的标志性项目建设,加快跨境电子商务、电子世贸平台、服务贸易、智慧物流等新业态、新平台、新模式发展,优化跨境电子商务海外物流体系,拓展延伸"义新欧"和"义甬舟"开放通道,促进传统外贸企业、制造企业通过"互联网+"实现优进优出,着力将浙江大湾区打造为"以数字贸易为引领的新型贸易中心"和21世纪"数字丝绸之路"战略枢纽(牟盛辰,2019)。

3. 强化空间交通畅通

补足交通短板。目前沿海大通道存在明显的交通短板,现有的架构暂无法满足湾区主要城市的沟通联系,应考虑完善基于湾区协同功能的交通网络布局。按照规划同图、建设同步、运输衔接、管理协同等要求,启动建设杭州湾区域主要城市与上海的公路复线和铁路的网络,推动滨海干线建设,加强疏港路网建设。

共织轨道交通便捷网。围绕大湾区"1小时交通圈",加快构建无缝对接和便捷高效的轨道交通体系。加快杭州西站综合交通枢纽及沪嘉甬、甬舟、杭绍台和金甬等铁路的建设,谋划实施沪甬跨海通道、甬台温福高铁和沪舟甬跨海通道等项目的建设。加快推进沪杭城际、杭绍城际、沪甬城际和杭甬城际等轨道建设,启动沪乍杭铁路项目前期研究(李东霖,2021)。

共建综合交通通达网。加快杭甬高速复线、甬舟高速复线、钱江通道北接线、苏台高速和沪杭高速许村段等高速公路的建设,加速推进杭甬智慧高速公路的智能化改造,深化沪舟甬跨海通道、沪嘉绍金通道诸嵊虞高速公路和绍金衢上高速公路等的前期研究。全面打通沿途接壤地区的"断头路"和"瓶颈路",谋划推进"公交前移一站"工程,解决跨区域公共交通断连的问题(李东霖,2021)。

协力建设世界级海港、空港。积极参与长三角港口一体化发展,推进宁波舟山港、嘉兴港和绍兴港与上海港的深度接轨和合作。加快浦阳江和浙北高等级航道网集装箱运输通道、杭平申航道及杭申线航道改造工程等项目的建设,重点改造集装箱"瓶颈段",实现大运河的全线贯通,共同推进海河联运的发展。共同参与打造长三角机场群,提升宁波栎社国际机场的服务能力,大力推进普陀山机场的改扩建及嘉兴军民合用机场的建设。加强与长三角其他机场的合作,通过代码共享和中转联程等方式开辟新的国际航线(李东霖,2021)。

(三)要素集聚机制:提升创新极化效应的内生发展力

创新极化效应的作用过程主要表现为资金、人才、技术、信息等要素的流动,因此要提升浙江大湾区的创新极化效应,就应以要素聚合为手段,引人、引资、引物,充分发挥要素裂变能量(厉飞芹,2018)。对浙江大湾区而言,产业基础良好、政策优势明显,但同样存在着重大交通基础设施建设相对滞后、国际化和专业化高端人才紧缺、金融和信息服务能力比较薄弱、大型科创项目数量较少等问题,因此需要通过构建要素集聚机制解决上述问题。本研究认为,可以从以下3个方面构建要素集聚机制,以强化内生发展力。

1. 强化创新要素集聚

推动创新要素集中,提升湾区经济国际影响力。促进创新要素集中,应推动要素驱动、投资驱动转向创新驱动,实现湾区创新资源的集中,形成高能级的开放辐射区。重点包括推动科研及人才的国际化,吸引国际人才,拓展杭州的发展空间;加大湾区资源整合能力,尤其是以互联网新业态为重点,开展资源整合;推动湾区服务创新,建立面向人才、研发、产品、市场的全方位创新支撑体系;促进湾区智库资源的集中,形成湾区的知识高地和人才高地,促进湾区能级的提升;借鉴深圳南山区科技金融服务的成功经验,以钱塘湾金融港湾建设为依托,探索试点政府和行业自治主体结合的管理模式,实现产业链、资本、人才的协同驱动(陈刚,2018)。

从智力与技术要素看,要以需求为导向,大力引进高端创新人才、产业发展人才、青年创业人才等要素资源,尤其关注浙江省创新创业"新四军"——高校系、阿里系、海归系、浙商系,发挥各类人才资源的集聚效应,最大限度地提升人才资源配置水平,构筑区域创新创业人才高地。

从资本要素看,要充分发挥社会资本的力量,部署渠道活跃的资本链,扩大科技创新的金融资本"蓄水池"。大力发展创业风险投资,积极完善科技金融服务体系,积极借力多层次资本市场,推动培育创新创业融资新模式,构建覆盖创新创业全链条的多层次、多渠道、多元化投融资支撑体系。

从数字要素看,构建世界级信息基础设施标杆,加强5G网络的协同布局,升级宁波互联网国际专用通道,争取建设嘉兴互联网国际专用通道。全面布局基于IPV6的新一代互联网,推进对骨干网、城域网、接入网和互联网的数据中心及其支撑系统的IPV6升级改造。参与长三角一体化大数据中心和数据共享平台的建设,共同深化"城市大脑"建设,全面推进"数字政府"建设。积极推进电信同城化,构建大本地网的资费体系(李东霖,2021)。

从平台要素看,推动国家实验室、国家工程技术研究中心、国家企业技术中心等高水平科创平台的建设。加快在科创中心建设中引进和培育企业研究院、企业技术研发中心和科技创新平台,集聚世界一流大学、研究、设计、检测等高端创新人才及创新主体资源。高标准建设之江实验室,配套相关的支持政策,以期集纳全国乃至世界的顶尖科研人才,使浙江大湾区真正成为人才高地。在现有基础上,实现湾区创新资源空间集聚度的提升,如整合杭州、宁波、绍兴、嘉兴等地的科技城、省级高新园等创新平台,提高平台资源的集聚度,形成并完善大湾区更加统一的创新资源导入机制。通过国际化会展等方式,引导并促成国际创新组织的导入,促进国际高端要素的进一步集聚(陈刚,2019)。

2. 强化创新要素整合

马丁(Martin,1999)指出,利用技术外溢可以强化集聚效应,创新要素的有机整合能够发挥"1+1>2"的效果,并释放出"智本+资本"的最大价值(易开刚,2014)。创新要素的整合需要做好以下两个方面工作:第一,根据浙江大湾区建设任务的阶段性、产业发展的实际需要,合理安排资源的投入数量和主次,以扩大优势资源带来的规模效应。第二,要以大项目为载体,以项目为具体依托,实现各类创新要素在项目框架下的落地和整合。

充分整合湾区资源,提高湾区核心城市引领能力。借助杭州、宁波双引擎的引领作用,提高引领水平,尤其是借助中心城市在金融、互联网、智慧化程度等方面的优势,完善湾区城市群的分工协作体系。可发挥产业互融优势促进湾区全产业链分工合作,发挥要素互享优势促进湾区人才等要素资源的集中,发挥平台互接优势为湾区建设提供项目承载等。充分利用湾区资源,增强中心城市引领作用的物资支撑,包括利用海洋渔业资源、岸线资源、滩涂空间、生态湿地资源,发展海水养殖业、海洋休闲度假旅游业及类似海洋勘探、海洋科技等拥有更大经济机遇的海洋产业。完善滨海经济及城市的道路规划,提高港口城市现代化水平和对外知名度;进一步完善可利用资源的空间布局,增强陆海统筹意识,促进湾区与腹地之间的资源整合和产业对接,发挥协同效应(陈刚,2018)。

建设新型智库,保持湾区建设的长期性和协同性。组织科研资源,建设湾区新型智库,为湾区开发提供决策建议、智力支持;引导和支持新型智库服务于湾区建设,对湾区开发开展持续性的研究,使之成为浙江湾区开发管理的重要力量;在区域之间的协调、规划之间的衔接等问题上,发挥湾区新型智库在智库联盟中的积极作用(陈刚,2018)。

3. 强化创新要素共享

流动产生经济,流动同样产生效益,因此要通过畅通的渠道,提升创新要素的利用效率和流动效率。对浙江大湾区而言,创新要素的流动和共享要以公共服务与流动平台建设为抓手,依托浙江大学等高校科创资源优势,加快打造国家级创新平台,强化国际创新联盟,推进技术成果转化,开展知识产权交易等活动。加快在大湾区中引进和培育大学国家科技园、企业研究院、企业技术(研发)中心和科技创新平台,集聚世界一流大学、研究、设计、检测、金融等高端创新资源,促进各种创新人才、创新主体、创新资本等要素的集聚。特别是推进科技与金融紧密结合,打开资本对接创新创业通道,整合各类金融资源要素,打造若干资本集聚转化平台。同时,积极培育展示、交易、在线、投融资"四位一体"的网上科技市场平台,推动大湾区科技成果加快实现网上实时发布、对接洽谈、签约交易等。

加强浙江大湾区创新协同,构建区域协同创新体系。鼓励创新主体协同合作,形成企业主导、院校协作、成果分享的协同创新体系,以及建设高水平的协同创新中心,实现科技资源的有效整合。以浙江大湾区建设为契机,打破行政边界的束缚,促进创新要素在杭州、宁波、舟山等湾区城市间自由流动,与产业形成高效的配置。协调湾区科技创新资源,共同研究湾区科技创新规划,以及促进创新城市的协同,避免出现资源的错配和各自为政的情况。粤港澳大湾区在广深科技创新走廊的建设中,曾充分利用穗莞深三地科技产业特色和科技创新机制差异,促进互补合作。如广州发挥高校、科研院所集聚的优势,建成具有国际影响力的国家创新中心平台和国际科技创新枢纽;深圳发挥高新技术企业集聚、市场化程度高的优势,建成现代化国际化创新城市和国际科技、产业创新中心;东莞发挥制造企业和工业园区集聚的优势,建成先进制造基地、国家级粤港澳台创新创业基地、华南科技成果转化中心等(陈刚,2019)。

提升浙江大湾区创新开放程度。上海在这个方面做过积极的探索,如支持高能级研发中心,尤其是支持跨国公司内部处于最高层级、具有全球配置研发资源功能的全球研发中心落户上海,这些研发中心得到与跨国公司总部同等的政策支持。鼓励跨国公司通过开放式创新平台激发本地创新资源,并支持外方将其研发成果就地转化等。浙江应积极鼓励并引进跨国公司海外研发中心、国际创新组织分支机构、国别合作实验室、双向互动的国际科技孵化器,如提供优质的政策环境和有力的政策扶持;营造开放的国际化创新环境,加强关键技术保护,鼓励企业开展国际专利布局,参与国际标准制定;推进大湾区现代科创中心的国际化功能服务配套的建设,扩大优质省市级公共服务设施的覆盖面,完善基础性公共服务设施布局,系统性提升大湾区现代科创中心的创新能力和服务品质;建设有影响力的国际创新创业社区,有重点地引进和培养带技术、带专利、带团队的领军型人才和高层次的创新创业团队(陈刚,2019)。

加强与上海的接轨,发挥并提升大湾区建设中浙江作为全球创新网络的中心节点作用。浙江大湾区充分依托上海全球科创中心,开展产业对接,承接创新溢出,打造浙江湾区创新大通道。以G60科创走廊为主干,扩大科技走廊的内涵与外延,如借力拟建的上海金山湾区科创中心,在生命健康、人工智能、环保科技、文化教育等方面开展产业对接;逐步将湖州和嘉兴等其他地区纳入这一创新走廊,充分借助创新走廊优质的商务环境和创新氛围,引导外地科研成果的本地转化;鼓励嘉兴科技城加快推动多元主体的合作,形成集技术研发、中试开发、技术转移和成果孵化等功能于一体的技术创新战略联盟、技术转移联盟,进一步推动众创空间、孵化器、科技服务业集聚区及产业加速器的建设等(陈刚,2019)。

(四)沟通协调机制:提升创新极化效应的外部推动力

有效的沟通协调是强化创新极化效应的有力保障,资源的有序流动、信息的顺畅沟通、利益的合理分配都离不开沟通协调机制的健全。浙江大湾区的建设涉及多个主体、多个环节、多重关系,更需要厘清不同主体之间的互动关系,创新沟通协调方式。

1.强化沟通主体的明确和协同

畅通的沟通网络以明确沟通主体为前提,以落实责任到位的目标管理机制为保障。探索推进建立区域层级较高、权责清晰、运作高效的管理机制,在工作上实行"三统三分"机制,即统规划、统重大基础设施、统重大产业政策和人才政策,分别建设、分别招商、分别财政。建立信息通报、例会制度和责任机制,加强督促检查与考核评价,协调解决建设中的矛盾和问题,实行工作推进的"项目化、工程化、具体化"。

开展全方位区域统筹,优化和完善分工协作关系。加大与上海的协调,建立健全综合协调和落实机制,实现政府部门之间及政府、企业和公众之间多层次、多渠道的沟通交流和良性互动;建立湾区大城市与中小城市之间的协调机制,对湾区和城市发展中的问题采取会议协商等方式来解决。完善跨区域协调机制,构建湾区利益共享机制,及时解决湾区建设中存在的涉及资源保护、跨区域基础设施的问题(陈刚,2018)。

创设浙江大湾区发展联盟,依托长三角地区合作与发展联席会议、长三角城市经济协调会、杭州都市圈市长联席会议、浙东经济合作区等现有机制,建构政府合作协议—联席会议制度—综合协调小组"三位一体"的区域协作治理体系,强化"长三角—沪浙苏—浙江大湾区"等多维度的交流合作,健全"决策层—协调层—执行层"三级对接平台,重点突破专项规划、专项行动、重大项目、合作平台与民生工程(牟盛辰,2019)。

2. 强化沟通方式的创新和便捷

在浙江全面推进"最多跑一次"改革的前提下,浙江大湾区在各项工作中尤其是项目审批等过程中,充分利用信息化手段创新沟通方式,应用互联网、微信等新媒体手段提升沟通协调效率。深入推进行政审批制度改革,全面实行"同级立项、同级审批",最大限度取消企业资质类、项目类等审批审查事项。提升政务服务网功能,加快权力事项集中进驻、网上服务集中提供、数据资源集中共享,推行投资项目在线审批监管平台纵向贯通措施。通过委托授权、管辖授权、见章跟章、委托派驻机构办理等方式,充分授予两区一市相关区域内的省级经济管理权限及与工作相适应的社会管理权限,实现简政放权,尽快做到"办事不出门,审批不出区"。积极开展"化零为整"的前置审批,对于负面清单之外、符合产业导向的企业投资项目率先做到"零审批",变"先批后建"为"先建后验",加快推进项目生成落地和开工建设。

合力提升政务服务水平。推进大湾区"一网通办"建设,加快网络互通和数据共享。深化"最多跑一次"改革,进一步规范审批事项和精简审批要素,扩大改革领域和范围。优化涉外服务体系,提升口岸通关便利化和外资企业开办便利化的服务水平,打造"一站式"贸易服务平台。推进跨区域公共资源交易平台的互联和共享,建设大湾区产权交易共同市场(李东霖,2021)。

五、大湾区"创新空间体"极化效应的提升路径

经济学家缪尔达尔(1957)指出,极化效应的形成过程遵循"自我发展—要素极化—规模经济"的发展路径。基于极化效应原理,我们探讨提升浙江大湾区创新极化效应的路径与对策的出发点在于如何正确发挥大湾区的极化效应,使得创新要素自由流动、区域发展有机统一。本篇第三部分和第四部分深入分析了产生及扩大浙江大湾区创新极化效应的基础和机制。因此,第五部分重在探讨保障创新极化成果的路径。

(一)创新机制体制,释放创新活力

强化政策落实机制,围绕党中央、国务院推进创新驱动发展战略的顶层设计、政策举措,精准制定相应配套政策文件,把各项改革举措深化、细化、实化、具体化。要建立政府引导、企业主体、校企对接、部门配合、全社会支持的科技创新协调运转机制;要创造条件共建高校、科研院所与企业的合作平台,完善产学研结合创新的长效机制;要解放思想,更新观念,改革和创新激励引导机制,营造科技创新良好氛围,多出成果,出大成果。

建立湾区招商一体化联动机制。强化浙江大湾区招商选资的组织领导,以"湾长制"为依托,以县(市、区)级为主体,全域组建湾区招商领导小组,全面优化省、市、县三级联动,定期研究和解决湾区招商工作中的重大问题。按照"统分结合、以统为主"的总原则,探索建立湾区一体化招商机制,构建浙江大湾区招商选资项目库,联合建立招商地图、招商手册、招商联动机制,健全与重点浙商、重点央企、重点军企、重点外企的日常联络机制,进一步提高产业准入门槛,统筹项目布局落地,避免湾区招引各自为政、交叉重复、同质竞争,着力提升项目布局科学性和集约化。重点引进大财团、大

基金等撬动大湾区跨越式发展,加大对湾区重点项目的信贷支持力度,鼓励发挥财政资金的杠杆作用,对战略性新兴产业项目、产业链关键项目、总部经济项目予以财政补助(牟盛辰,2019)。

建立湾区要素精准化供给机制。坚持"正向激励+反向倒逼"相结合,深化"亩均论英雄"改革,建立"亩产效益"大数据平台,全面建立企业、产业、区域"亩产效益"综合评价机制,健全大湾区项目落地综合评价体系和差别化配置资源机制,让产业"优等生"享受要素"VIP"待遇,着力提升浙江大湾区全要素生产率。大力推进城镇低效用地再开发、"三改一拆"、亩产倍增、低散弱整治等专项行动,争取国家/省围填海处置试点,加快围填海历史遗留问题处置进程,充分盘活存量土地(海域)要素资源,高效配置增量指标,严控过剩产能用地(用海)供给。综合运用财政补贴、税费减免、风险补偿等措施,创设浙江大湾区经济发展专项资金,创新投融资制度、VC资本盈利税率优惠制度、海洋生态补偿机制和产业转换补偿机制,促进要素向主要平台、重点产业、优质项目集中(牟盛辰,2019)。

建立湾区发展集成化服务机制。坚持以"最多跑一次"改革为总牵引,以湾区大数据平台为核心支撑,聚焦湾区所需、民生所盼的重点、热点、难点问题,统筹推进经济调节、市场监管、公共服务、生态环保等数字化应用、集成化服务工程,大力推进"互联网+社保"、智慧出行、信用监管、基层治理平台等重点项目建设,全面建立应用支撑体系、数据资源体系、基础设施体系,争取在流程创新、信息共享、力量整合等方面有新突破,并着力推动由"最多跑一次"向"就近跑一次"和"一次不用跑"转型升级。全面建立湾区试点示范与推广机制,鼓励各地在顶层设计框架下因地制宜开展湾区集成化服务试点,形成先进经验、典型样板,并在全省推广(牟盛辰,2019)。

建立湾区发展利益协调机制。完善的利益协调机制主要包括利益互利共赢机制、资源整合共享机制、利益合作补偿机制。其中,利益互利共赢机制是杭州大湾区区域协同发展利益协调机制的基础和核心,主要包括搭建湾区内利益诉求表达机制和利益分配机制。资源整合共享机制是前提和关键,即通过杭州大湾区内各个子系统的资源整合共享实现利益互利共赢。搭建的资源整合共享机制主要包括产业生态共享机制、基础设施共建共享机制、知识与信息资源共建共享机制。利益合作补偿机制是关键和保障,即通过利益合作补偿机制保障杭州大湾区内各个子系统的可持续协同发展。搭建的利益合作补偿机制主要包括产业梯度转移补偿机制和生态保护补偿机制,其主要通过相关政府间的横向财政转移支付与纵向层级政府补偿实现(王瑞荣,2018)。

(二)完善科创环境,营造创新氛围

通过在电视台、官网、公众号等媒体设立科技宣传专栏,切实加大对科技政策、科技创新成果、高新技术企业及科技创新先进人物等的宣传力度,唱响科技新浙商自主创新主旋律,努力营造尊重知识、尊重人才、尊重劳动、尊重创造的良好社会风尚,进一步营造鼓励创新的舆论氛围,增强创新动力,形成新一轮创新高潮。

建立健全容错机制并促进大湾区创新环境建设。加大浙江大湾区创新环境的建设力度,对企业创新发展容许失败的文化进行培育,大力推进创新风险补偿体系和科技创新体制的建设,持续加大对湾区知识产权保护、企业科技研发等政策方面的扶持,努力打造一个稳定、可持续发展的制度和创新环境。充分发挥港口的区位优势,创建与国际接轨的物流和交通信息网络体系,利用国际国内的市场和资源为湾区提供全球化科技合作交流机会,推动湾区企业面向全球走出去,从而为企业在生产和销售各环节实现全球化发展与部署提供强大支持。同时,深化湾区各城市间的协作,努力把握新时代大数据、物联网、云计算等新技术带来的发展新机遇,鼓励外资与中资在科技创新、产业调整优化等多方面进行深度合作,驱动新产业在商业模式上进行创新,有力推进智慧城市的建设(唐坚,2020)。

秉持重商、亲商、安商、富商的理念,大力弘扬"红船精神"和新时代浙商精神,积极构建"亲清"新型政商关系,更加有效留驻浙江优质企业。对标对表世界银行提出构建企业营商环境的指标体系,深化"最多跑一次"改革,打造"无证明城市",完善"前标准+中承诺+后监管"模式,实现一般企业投资项目审批"最多30天"常态化,推动改革向教育、医疗、水电等公共事业领域延伸,打造国际一流湾区营商环境(卢昌彩,2019)。

(三)优化公共服务,提升服务品质

推进城市功能建设,构建美丽宜居的"三生"融合空间。按照先进理念编制城市建设规划,提升城市能级,优化城市肌理,高水平推进"产城人"融合进程。坚持以人为本,统筹城乡、产业、资源要素和生态保护,推进新区内各功能区块差异联动。构建多层次公共服务功能体系,合理布局配套公共服务设施,形成新区城市基本公共服务设施网络。聚焦民生优享,高水平优化教育、医疗、文体、养老等公共服务设施,构建宜居宜业宜游的优质生活圈,不断集聚人气、增添活力。

共建共享,构筑民生服务品质湾区。深化各城市在教育、医疗卫生、社保福利等公共服务方面的合作与交流,推动优质社会资源的跨区域共享,探索实现民生服务同城化待遇,切实提高人民生活质量。一是加强教育资源合作共享。加强高等教育领域的合作,扩大大专院校的双向招生规模,支持高校和科研院所跨区域设立研究机构。探索实现基础教育资源的跨区域整合,科学谋划边界地区的中小学建设,如共享校舍和教师等资源。扩大职业教育规模,推进职业教育特色互补,组建6市职业教育联盟,搭建职业教育产、教、学一体化协同发展平台,构建具有区域特色的现代职业教育体系。二是推进医疗卫生互联协作。进一步推动6市的医疗卫生合作,提升各城市医疗卫生服务的能力和水平。在医疗费用结报方面,扩大6市接入省异地结算联网平台的定点医疗机构范围,确保每个区、县(市)均有基层医疗机构纳入联网结算。在医疗能力建设方面,推进远程医疗和医技交流培训合作,深化拓展6市医院与复旦大学附属中山医院和浙江大学附属第一医院合作共建直属/附属医院,打造医、教、研、产、服"五位一体"的国际化医学中心。三是推动社保服务无缝对接。以"市民卡"为载体,以后台共享平台为依托,共同推动"市民卡"的统一标准和互通使用。实现社保待遇认证异地互通互助,建立享受养老保险(障)等社保待遇人员的信息互通共享机制,每月交换1次异地居住人员死亡和失踪等信息,提升社保待遇领取资格的协助认证效率。推动工伤医疗和工伤康复定点医疗机构的异地互认及劳动能力鉴定相关专家库等方面的资源共享(李东霖,2021)。

秉承接轨上海与功能提升有序统筹,全速营建高品质浙江大湾区国际都市。一是与长三角高质量一体化深度融合,牢固树立"发展共同体"意识,主攻杭州湾战略协同区、环淀山湖战略协同区、甬台温战略协同区三大区域,积极创建长三角一体化发展示范区。二是充分发挥杭州、宁波的"双极"驱动作用,积极引导中小城市特色化发展,深化新生小城市、特大镇等试点改革,系统完善枢纽型、功能性、网络化基础设施体系,先行对接医保"一卡通"、公交"一卡通"等城市"一卡通"系统,全面提升公共服务一体化水平,促进城乡设施、功能、服务现代化。

与浙沪合作示范区开展深度融合。一是坚持浙沪协同、城际协作,以嘉兴、湖州吴兴、宁波杭州湾新区等地为突破口,统筹推进浙沪毗邻地区一体化发展示范区、上海自贸试验区(嘉善)协作区、上海漕河泾高新技术开发区海宁分区等的开发建设,着力打造浙沪合作示范区,全面接轨上海示范区。二是深化规划、政策、机制三大协同,努力消除与上海的"制度落差",研究制定承接上海"非核心"功能疏解的配套制度,优化与松江、青浦、金山等邻浙区域的常态化合作机制、制度化协调机制,进一步提升铁路、公路、轨道交通等多种交通方式"零距离换乘"水平,在产业发展、科技创新、公共服务等关键领域全方位承接上海溢出效应。积极创新收益分配、要素保障等合作机制,在年度土地利用计划中优先安排浙沪合作重大项目用地,探索建立浙沪税收共享机制。三是与杭州国际大都市的建设深度融合。紧扣江南韵味,深化杭州整体性经营,分层级统筹"大湾区"与杭州"主城区"的空间规划,深化城乡规划、土地利用总规等"多规融合",系统谋划杭州"成长坐标"。四是深挖南宋文化、吴越文化、江南文化、浙商文化等"文脉基因",审慎处理好"古与今""旧与新""内与外"的关系,以西湖、钱塘江、京杭大运河三大水系为轴线,全面优化钱江新城、之江新城、下沙新城、湘湖新城等重要区块的空间治理,做精杭州城市名片、城市地标、城市天际线,加快建设具有独特韵味、别样精彩的世界名城。五是深化钱塘江流域生态综合治理,全面加强兰江、寿昌江、浦阳江等中小流域综合治理,优化"三江两岸"生态环保与西部生态屏障,探索缔结湾区"蓝色条约",建构"江、河、湖、海、山、城"优质生态网络(牟盛辰,2019)。

(四)加强政策扶持,促进要素集聚

完善人才政策。以人才生态示范区和人才管理改革试验区"两区"建设为契机,破解体制机制难题,在浙江大湾区范围内先行先试,全面对接省市人才政策,确保人才政策平衡覆盖。对接省委组织部的海外人才引进政策,支持省部属高校、"中字头"科研院所落户,鼓励各类高端人才平台整合风投、中介机构等社会力量为人才提供创新创业服务。指导组建"浙江大学—杭州师范大学—浙江农林大学"等高校创新联盟,以高校创新联盟为纽带,串联入驻辖区的科研院所,带动创新创业人才,形成"高校—院所—人才"带动互动、融合发展的人才生态机制(厉飞芹,2018)。

积极争取国家级的各类改革试点在大湾区的先行先试,支持温台争取国家高能级的平台,促进浙江各大湾区建设协同发展。强化建设用地用海统筹管理,研究制定全省统一的湾区产业发展目录,建立土地海域要素差别化供给、产业政策差别化保障、发展绩效差别化评估机制。依托金融服务改革创新试点,创新湾区建设投融资政策,加强与世界银行、丝路基金、亚投行等重点金融机构的交流合作,引导金融资源集聚湾区,引导民营资本建设湾区产业和湾区公共基础设施。准确把握全球百年变局中蕴含的战略机遇,围绕民营经济要跨越的"三座大山",落实国家普惠性和结构性减税政策,加大力度降低企业合规成本,打好稳外贸、防风险、促转型等"组合拳",促进湾区外向型经济持续向好(卢昌彩,2019)。

(五)科学考评体系,强化过程管理

科学地设置评价体系是衡量浙江大湾区建设过程中,取得创新极化效应成果大小的重要依据,评价体系的构建应该遵循六大原则:科学性原则、系统性原则、实用性原则、导向性原则、易操作性原则、可比性原则。围绕浙江大湾区创新极化效应实现的3层目标,本研究从创新平台(平台要素)、创新投入(资本要素)、创新人才(人才要素)、创新效益(发展质量)4个维度构建了评价体系。4个维度的内在逻辑是通过构建创新平台实现资本要素和人才要素的集聚与整合,以实现经济价值为最终衡量。研究组通过德尔斐法对指标附以相应权重(见表1-8)。

表1-8　浙江大湾区"创新空间体"极化效应的评价体系

第一层指标名称	权重	第二层指标名称	权重
创新平台 (平台要素)	0.30	高水平科研院所/家	0.1050
		众创空间/家	0.0900
		高新技术企业/个	0.0750
		科技型中小微企业、重点实验室、创新基地/家	0.0300
创新投入 (资本要素)	0.20	科技进步对经济增长贡献率/%	0.0600
		研究与试验发展经费支出占地区生产总值的比重/%	0.0600
		各类基金资产管理规模/亿元	0.0500
		小微企业的民间资本和创投资金投入/亿元	0.0300
创新人才 (人才要素)	0.20	优秀科创团队/家	0.0800
		科创导师/个	0.0600
		海内外高层次人才/名	0.0400
		年接收大学生/名	0.0200
创新效益 (发展质量)	0.30	亩均增加值/万元	0.0900
		亩均税收/万元	0.0750
		新产品产值率/%	0.0600
		战略新兴产业产值比/%	0.0450
		全员劳动生产率/万元·人	0.0300

资料来源:通过德尔斐法附权重。

　　本研究得出的浙江大湾区创新极化效应评价体系具有一定的动态性,主要从4个第一层指标及17个第二层指标对大湾区发展情况进行全面评价,后续研究需要对权重系数的划分进行逻辑验证,通过数据证实评价体系的可行性。同时,建立指标引导机制,构建新区高质量发展考核评价体系。结合省级新区高质量发展的政策导向,构建高质量发展评价指标体系。

参考文献

[1]HIRSCHMAN A O. The Strategy of economic development [M]. New Haven: Yale University Press, 1958.

[2]BOUDEVILLE. Problems of regional development[M]. Edinburgh: Edinburgh University Press, 1966.

[3]FRANCOIS P.Economies pace: theory and application [J].Quarterly Journal of economies,1950:64-89.

[4]MYRDAL G.Rich lands and poor:the road to world prosperity[M].New York:Harper and Brothers Press,1957.

[5]VERNON R. International investment and international trade in the product cycle[J]. The quarterly journal of economics,1966,80(2):190-207.

[6]陈刚.促进浙江大湾区现代科创中心建设[J].浙江经济,2019(5): 36-37.

[7]陈刚.粤港澳大湾区对浙江大湾区建设的启示[J].浙江经济,2018 (22):46-47.

[8]陈建军,姚先国.论上海和浙江的区域经济关系:一个关于"中心—边缘"理论和"极化—扩散"效应的实证研究[J].中国工业经济,2003(5):28-33.

[9]陈觅.大湾区建设面临的挑战和对策[J].浙江经济,2018(22):26.

[10]陈世斌.长江三角洲内部极化效应及浙江第三产业结构调整战略[J].地域研究与开发,2005(4):26-29.

[11]池仁勇,廖雅雅,郑伟伟.大湾区经济发展的新模式:产业生态与创新生态融合与演化[J].自然辩证法研究,2021,37(6):45-51.

[12]褚淑贞,孙春梅.增长极理论及其应用研究综述[J].现代物业(中旬刊),2011(1):4-7.

[13]崔旺来,蔡莉,奚恒辉,等.基于土地利用/覆盖变化的浙江大湾区生态安全评价及多情景模拟分析[J].生态学报,2022,42(6):2136-2148.

[14]段学军,虞孝感,JOSEF N.从极化区的功能探讨长江三角洲的扩展范围[J].地理学报,2009,64(2):211-220.

[15]冯奇光.重庆产业增长极的选择与评价研究[D].重庆:重庆大学,2008.

[16]弗朗索瓦.佩鲁.增长极概念[M].北京:中国财政经济出版社,2001.

[17]高丽娜,朱舜,李洁.创新能力、空间依赖与长三角城市群增长核心演化[J].科技进步与对策,2016(5):40-44.

[18]郭斯兰,林崇责,钱挺,等.浙江大湾区数字经济发展多源大数据画像[J].浙江经济,2019(19):28-32.

[19]韩远,徐建军,袁红清.环杭州湾大湾区中心城市空间差异与协调度分析[J].中国软科学,2019(3):112-119.

[20]黄娇梅.增长极理论与重庆经济发展[J].特区经济,2007(10):199-201.

[21]黄蕊,周航凯,姜丽佳,等.粤港澳和环杭州两大湾区的产业空间演化特征及其驱动机制[J].上海管理科学,2019,41(4):95-101.

[22]王诏怡,刘艳.东部产业集群的极化效应对西部的影响[J].重庆工商大学学报(西部经济论坛),2004(2):62-65.

[23]柯敏,张薇.浙江大湾区空间开发潜力评价及发展建议[J].中国工程咨询,2018(11):17-23.

[24]来佳飞.促进大湾区建设全面融入长三角一体化[J].浙江经济,2019(5):40-41.

[25]厉飞芹."创新极化效应"条件、问题与实现路径:以杭州城西科创大走廊为例[J].杭州学刊,2018(2):56-67.

[26]李碧宏.产业集聚与增长极的形成:以重庆为例[D].重庆:西南大学,2012.

[27]李川龙,孙倩.重庆建设西部经济"增长极"思考:基于重庆自身实力的SWOT分析[J].现代商贸工业,2010(16):101-102.

[28]李荣.国家高新区的极化与扩散效应[J].技术经济,2015(11):8-14.

[29]李文辉,冼楚盈,陈丽茹,等.基于专利计量的粤港澳大湾区技术创新流动研究[J].世界地理研究:1-15.

[30]林雄斌,李加林,马仁锋,等.环杭州湾大湾区建设下杭甬同城化策略与协调体系研究[R].宁波:宁波大学,2020.

[31]林元旦.增长极理论及制约因素分析[J].鲁东大学学报(哲学社会科学版),2007,24(3):109-112.

[32]吕拉昌.极化效应、新极化效应与珠江三角洲的经济持续发展[J].地理科学,2000(4):355-361.

[33]吕燎宇.合力打造大湾区"产业飞地"新样板[J].浙江经济,2021(8):30-31.

[34]刘清春,朱永彬,王铮,等.我国区域经济的不均衡、极化及演化研究[J].统计与决策,2009(12):79-82.

[35]卢昌彩.扎实推进浙江大湾区建设研究[J].决策咨询,2019(5):10-13,19.

[36]芦惠,欧向军,李想,等.中国区域经济差异与极化的时空分析[J].经济地理,2013,33(6):15-21.

[37]罗巍,杨玄酯,唐震."虹吸"还是"涓滴":中部地区科技创新空间极化效应演化研究[J].中国科技论坛,2020(9):49-58,71.

[38]罗巍,杨玄酯,杨永芳.面向高质量发展的黄河流域科技创新空间极化效应演化研究[J].科技进步与对策,2020,37(18):44-51.

[39]马国霞,朱晓娟,田玉军.京津冀都市圈制造业产业链的空间集聚度分析[J].人文地理,2011(3):116-121.

[40]马宏欣,徐士元.浙江大湾区功能定位与实践举措[J].中国经贸导刊(中),2018(32):16-18.

[41]牟盛辰.湾区演进逻辑与浙江大湾区发展策略[J].科学发展,2019(12):59-67.

[42]牟盛辰.浙江大湾区发展策略研究[J].城乡建设,2019(21):18-21.

[43]沈澜.打造浙江省世界级大湾区能源产业的对策研究[J].浙江经济,

2019(22):26-28.

[44]唐坚.世界三大湾区发展对中国湾区的经验启示[J].北方经贸,2020(1):24-27.

[45]王立军,俞国军.高标准建设省级新区 推进浙江大湾区发展[J].浙江经济,2021(9):41-43.

[46]王松林.浏阳花炮产业增长极探析[D].长沙:湖南农业大学,2008.

[47]王悦,马树才.中国劳动力"极化"对经济增长影响的空间效应研究[J].管理现代化,2017(2):107-111.

[48]汪霞.武汉市成为中部增长极核心的优势及发展对策[J].统计与决策,2004(2):77-78.

[49]吴江洲.区域旅游极化效应的评价研究[J].中国商贸,2011(17):161-162.

[50]吴璟桉,万勇,吴永康.长三角深度一体化背景下环杭州湾大湾区经济发展战略研究[J].上海经济,2019(2):17-31.

[51]薛泽海.中国区域增长极增长问题研究:基于对地级城市定位与发展问题的思考[D].北京:中共中央党校,2007.

[52]谢江珊.浙江大湾区战略加快推进[J].宁波经济(财经视点),2018(11):28-29.

[53]谢倪慧,黄忠华.环杭州湾大湾区城市群经济空间结构特征实证研究[J].建筑与文化,2021(2):144-146.

[54]徐春红,丁镭.环杭州湾大湾区旅游业发展水平测度及创新融合发展研究[J].西安电子科技大学学报(社会科学版),2019,29(3):15-24.

[55]徐士元,夏慧芳,徐子轩.浙江大湾区科技创新协同发展策略研究[J].海洋开发与管理,2021,38(11):76-82.

[56]徐士元,盛慧娟.浙江省发展湾区经济的策略研究[J].江苏商论,2018(10):128-130.

[57]杨培琛,莫赞,周晓辉,等.粤港澳大湾区人才培养政策演化及发展趋势[J].合作经济与科技,2022(7):119-121.

[58]杨晶晶,厉飞芹,池晨宇.创新驱动战略视阈下提升"创新空间体"极

化效应的机制路径研究:以浙江大湾区为例[J]. 现代商业,2022(18):117-119.

[59]易开刚.提升舟山群岛新区极化效应的机制构建与创新研究[J]. 管理世界,2014(3):174-175.

[60]于晗乾.包容的中原城市群集聚效应与极化效应[J].经营管理者(上旬刊),2016(10):183.

[61]张衔春,夏洋辉,单卓然,等.粤港澳大湾区府际合作网络特征及演变机制研究[J]. 城市发展研究,2022,29(1):7-14.

[62]赵斌斌.安徽省战略性新兴产业发展空间极化研究[J]. 科技和产业,2021,21(12):118-121.

[63]赵磊,方成,丁烨.浙江省县域经济发展差异与空间极化研究[J]. 经济地理,2014,34(7):36-43.

[64]赵伟.长三角一体化与粤港澳大湾区战略:一个空间经济学视野[J]. 社会科学战线,2020(5):85-93.

[65]周晶晶.新疆经济增长极的选择与培育研究[D].北京:中央民族大学,2012.

[66]周磊,孙宁华,缪烨峰,等.极化与扩散:长三角在区域均衡发展中的作用:来自长三角与长江中游城市群的证据[J]. 长江流域资源与环境,2021,30(4):782-795.

[67]孙会娟."大湾区"的来龙去脉及浙江的谋划[J]. 浙江经济,2017(20):58-59.

第二篇

特色小镇的创新发展路径研究

一、特色小镇创新发展的研究背景

（一）研究背景

推进"大众创业、万众创新"，是发展的动力之源，也是富民之道、强国之策，对推进经济结构调整、打造发展新引擎、增强发展新动力、走创新驱动发展道路具有重要意义，更是稳增长、扩就业、激发亿万群众智慧和创造力，促进社会纵向流动、公平正义的重大举措。为适应"大众创业、万众创新"的要求，破解浙江经济的空间资源瓶颈、有效供给不足、高端要素融合不够等问题，浙江省委、省政府于2015年适时推出了"特色小镇"发展战略，在全社会引起了巨大反响，再次掀起了浙江善于谋划、敢于创新和真抓实干的新浪潮。浙江之所以在城乡接合部建"小而精"的特色小镇，就是要在有限的空间里充分融合特色小镇的产业功能、旅游功能、文化功能和社区功能，在构筑产业生态圈的同时，促进高新技术产业集聚，推动新型科技企业孵化器、众创空间与特色小镇的融合发展。浙江特色小镇的发展要创新思路、加强规划、完善机制、优化服务，加快集聚高端要素，全力推进创新驱动。与此同时，要努力把科创型特色小镇发展成为全球人才创新创业的新高地，激发全省经济转型升级新动能，正如玉皇山南基金小镇，集聚了一大批与创新创业紧密结合的高端金融机构；梦想小镇、云栖小镇，集聚了一大批高新技术企业；未来科技城、青山湖科技城，集聚了一大批高层次人才。

从本质上看，特色小镇是一个政府政策引领、市场机制主导、高端要素集聚、价值创造力强的"创新生态系统"或"创新空间体"。随着特色小镇创建工作的不断推进，具有产业功能的这一"创新高地"将不断吸引创新创业人才、创新创业项目、科创资金等高端要素的集聚，从而逐步构建起一个全方位、多领域、充满活力的创新生态系统。尤其对科创型特色小镇而言，高新技术产业、新型技术企业孵化器、众创空间等创新要素是驱动其发展的核心力量。科创型特色小镇是我国新型城镇化与新兴产业交互发展的产物,在引导产业集聚、推动创新创业、培育新兴产业与促进地区经济高质量发展等方面展现出强大的生命力(郑胜华、陈觉、梅红玲等,2020)。在特色小镇这一创新生态系统建设过程中,必须厘清如下问题:需要引入哪些创新要素;如何引入创新要素?创新要素引入后,如何实现众创空间等创新要素与特色小镇的融合发展?等等。解决上述问题的关键在于找到科创型特色小镇的培育路径与创建模式,以促进各类创新要素在融合过程中共生互助、聚合裂变,释放出强大的能量,从而使科创型特色小镇成为一个生命力旺盛、根植力强大的复合创新生态系统。

(二)研究意义

基于创新生态系统的视角,本研究重点分析了特色小镇尤其是科创型特色小镇的创建过程、创建模式、培育路径,分析了特色小镇在创新发展过程中集聚创新要素、融合创新要素的方式方法,形成助力浙江省科创型特色小镇创建与发展的研究体系。

从现实意义角度看,特色小镇建设是经济转型发展的新动力,也是浙江彰显区域特色文化的新舞台。特色小镇与新型科技企业孵化器及众创空间的融合发展,无疑会带来多元创新创业要素的快速流动,推进产业集群、产业创新和产业升级。本研究紧密围绕"双创"主题、"特色小镇"主题,对浙江省特色小镇,尤其是科创型特色小镇的培育路径和创建模式进行研究,具有以下意义:一是为拟建的科创型特色小镇指明方向,明确其发展的阶段,以及在不同阶段与创新要素的融合过程;二是为在建的科创型特色小镇进行把脉,总结其实践经验,分析其发展中存在的问题;三是从浙江省层面总结科创型特色小镇的创建模式,为浙江省特色小镇的可持续成长提供指导意见。

从理论意义角度看,本研究将特色小镇视为创新生态系统,从创新视角探讨特色小镇的发展,在一定程度上具有跨学科研究的意义。在文献研究的过程中,项目组发现,对特色小镇的研究较多基于旅游、产城融合等视角,较少从创新视角切入,本研究总结了特色小镇的创建模式,一定程度上补充和完善了特色小镇的研究体系。

二、特色小镇创新发展的理论基础

（一）特色小镇的基础研究

特色小镇，是富有产业支撑、文化内涵、旅游功能、社区业态的发展平台，建立特色小镇是区域经济转型升级和创新发展的战略举措，也是新型城镇化战略和乡村振兴战略的重要路径选择（刘继为，2021）。2006年，国家相关部门在全国范围内开展小城镇调查研究，确定了4种重点类型小城镇，分别是工业型小城镇、农业产业型小城镇、商贸流通型小城镇和旅游型小城镇。各类小镇在功能定位上各有侧重，而随着旅游业在城镇中地位的提升，特色小镇旅游功能的开发日益受到关注。梳理相关研究可知，当前有关特色小镇理论研究的成果主要集中于以下3个方面。

一是有关特色小镇内涵与概念的界定。由于特色小镇这一概念较新，学术界对其尚未有统一界定。云南是全国较早提出特色小镇概念的省份，2011年云南省人民政府出台了《关于加快推进特色小镇建设的意见》，指出在"十二五"期间，要积极培育产业特征突出、功能配套完善、人居环境优美、发展活力强劲、带动作用明显的特色小镇。自2014年乌镇世界互联网大会召开以来，浙江省政府对特色小镇的关注逐渐增多，2015年的浙江省政府工作报告就指出，要在全省建设一批聚焦七大产业兼顾丝绸和黄酒等历史经典产业、具有独特文化内涵和旅游功能的特色小镇，以新理念、新机制、新载体推进产业集聚、产业创新和产业升级。韦绍兰、王金叶和吕华鲜等（2013）认为，特色小镇基于当地的特色资源而形成，并因特色资源不同，可以分为现代农业小镇、工业小镇、生态园林小镇、旅游小镇等。朱莹莹（2016）认为，特色小镇是相对独立于市区，具有明确产业定位、文化内涵、旅游和一定社区功能的发展空间平台，从根本上而言，它是块状经济转型升级的新业态。

　　二是有关特色小镇作用与功能的定位。特色小镇将产业、文化、旅游功能叠加,坚持生产、生活、生态的融合,满足了现代城市规划新要求,与"田园城市"要求吻合。19 世纪末,英国社会活动家 Ebniz Howard 提出"田园城市"理论,指出通过建造融合了城市及乡村两者优点的田园城市,能有效解决城市膨胀和环境恶化问题。整体而言,建设特色小镇有利于改善居住环境、提高生活品质,推动产业发展、提升区域经济实力,增强商贸活力、繁荣现代服务业,丰富区域发展内涵、提升文化吸引力。徐剑锋(2016)总结出特色小镇的三大重点功能为产业培育功能,生态居住功能,旅游、度假功能,力求将特色小镇建设成产、城、人、文"四位一体"的新型社区。其中,旅游功能是特色小镇的重要功能之一,也是各类功能中值得深度开发的功能。Graham Par-lett 等学者于 1995 年通过构建旅游小镇的投入产出模型,重点分析了小镇旅游功能开发产生的综合价值。侯燚和蒋军成(2020)运用产业融合与亲贫困增权理论,深入剖析文旅特色小镇与精准扶贫的作用机制、互动逻辑及典型案例,提出在乡村振兴战略下优化异地扶贫搬迁、增加贫困人口权益、打造"互联网+文旅"、创新乡村振兴路径、融合乡村文旅产业等举措,推动文旅特色小镇与扶贫深度融合。

　　三是有关特色小镇开发与保护的研究。在特色小镇的开发保护方面,学者们的研究聚集于小镇旅游功能的深度开发。在政府角色方面,Robert(1993)通过案例分析法对英美两国的旅游小镇进行研究,发现大多数小镇居民的利益与小镇旅游相关,政府需要采取支持小镇旅游的政策。然而过量的政府主导也可能会产生不良效果,John 和 Damiannah(2007)通过对肯尼亚蒙巴萨岛旅游小镇进行实地研究,发现大量由政府主导的旅游工程盲目实施,导致当地旅游资源被外部利益集团掌控,当地居民也难以从旅游业发展中受益。除了政府的适当引导,特色小镇的开发往往需要因地制宜,蒋志杰、吴国清和白光润(2004)用问卷调查及意象地图等研究方法,对江南水乡特色小镇进行意象空间的结构特点分析,并在此基础上提出了发展对策。毛长义、艾南山和胡国林(2007)以汉水源头景区与汉源镇为例,得出旅游依托型小镇与景区的联动开发模式。关钰(2010)以安徽省安庆市杨桥镇为例,围绕人、空间、自然三者的关系进行生态化的小镇旅游模式研究。代燕和李伟(2012)将云南旅游小镇分为自然风光型、历史文化型、民族风情型、边境口岸型,并对每种类型的代表性小镇进行了开发模式研究。陈水映、梁学成和余东丰等(2020)以陕西袁家村为例,研究了传统村落向旅游特色小镇转型的驱动因素。熊正贤(2020)以云贵川地区为例,研究了旅游特色小镇同质化困境及其破解路径,指出要科学设计"适度距离",优化特色小镇的空间布局;建立"跨省对话"机制,预防同质竞争于"未然";规范设计"门槛条件",使特色小镇级别与禀赋级别对号入座。张茜茜和喻晓玲(2022)利用综合评价模型和耦合协调度评价模型测度了2012—2019年周窝音乐小镇乡村振兴与乡村旅游之间的综合评价指数、协调度、耦合协调度。郑中玉和于文洁(2022)基于旭日村满族特色小镇的案例研究,介绍了基于特色建构的多元主体与多元阐释。

(二)基于创新发展的特色小镇研究

创新生态系统(innovation ecosystem)观念的兴起,源于经济全球化和社会网络化,生存、竞争、发展都不再局限于单一主体,而是体现在生态系统与生态系统之间。2004年,美国总统科技顾问委员会发布的两份报告先后指出,"一个国家的技术和创新领导地位取决于有活力的、动态的创新生态系统""美国的经济繁荣及领导地位得益于一个精心编制的创新生态系统",可见创新生态系统的地位。徐梦周和王祖强(2016,2019)指出,创新生态系统的特征具有嵌套性、整体性、自组织性。嵌套性是指特定区域内某一创新生态系统,往往是众多生态型组织的集聚及多元创新生态系统的叠加,这说明创新生态系统不仅仅是一个系统的概念,而是多系统地交叉,以及多层次的嵌套。整体性是指特定区域内的创新生态系统,强调的是区域内所有主体间的相互适应,不仅关注有形的物质资源交换,更重视知识、创意、文化等无形资源的共享。自组织性是指在整个过程中,市场力量通过创新的优化选择推动着系统的不断变异,从无序自发走向有序,发挥着决定性作用。

1. 有关创新生态系统的主要观点

当前国外研究侧重创新生态系统的整合效果,强调互补与平衡。Dvir(2004)指出,创新生态系统的研究是"一门关于空间、时间、文化、相互关系、基础设施,为创新提供养分,以营造外部氛围的科学"。Adner(2006)将创新生态系统定义为将各个企业创新成果进行整合,形成面向客户的解决方案的一整套协同整合机制,并提出任何企业离开创新生态系统谈创新都是难以成功的。对于创新生态系统的构成,埃斯特琳(2010)从创新功能的角度区分为研究、开发和应用三大类群体,认为三者之间的平衡决定了系统的可持续性。

而国内研究则侧重创新生态系统的共享效果,强调要素和平台。黄鲁成(2003)指出,创新生态系统是一定的空间范围内组织与环境通过创新物质、能量和信息流动相互作用、相互依存而形成的系统。王娜和王毅(2013)从结构的角度提出创新生态系统包含外部环境、产业体系、硬件条件、软件条件和人才5个要素。柳卸林、孙海鹰和马雪梅(2015)认为,创新生态系统是以"共赢"为目的的创新网络,基于共同的愿景和目标,创新主体互惠互利、资源共享,通过搭建促进科技与经济有效结合的通道和平台实现共同成长。梅亮、陈劲和刘洋(2014)也支持该观点,认为共同演进是创新生态系统最核心的特征。

2. 基于创新生态系统理论的特色小镇研究

国内基于创新生态系统理论进行的特色小镇研究,吸取了创新生态系统的整合效果和共享效果观点,重新界定了特色小镇的内涵,进行了深入的探讨和案例研究,并分析了特色小镇的运行机制。盛世豪和张伟明(2016)认为,特色小镇作为一种新型产业平台,旨在建构以创新要素为核心的集研发创新、成果转换、体验应用及区域文化于一体的创新生态系统。徐梦周和王祖强(2016,2018)从创新生态系统的起步、成长、进化三阶段入手,推论出特色小镇的培育是指通过公共政策及制度安排协调特定区域内各主体的行为及其与内外部环境的关系建构、完善创新生态系统的过程,具体包含价值导向、空间环境、系统结构及支撑制度等4个维度的关键要素,其中价值导向是整个创新生态系统建设的起点(见图2-1)。该过程的总目标是推动创新生态系统自组织发展及形成区域内产业独特竞争优势,在总目标下系统生产力和系统创新力提升为特色小镇培育的两个具体目标。其中,系统生产力是一个创新生态系统价值创造能力的重要体现,表现为三方面内容:一是系统主体通过协作为顾客创造总价值要超过顾客从独立主体中获取的价值之和;二是系统内主体通过协作获取的总价值要超过独立主体获取的价值之和;三是系统的总体耗散要小于独立主体耗散之和。而系统创新力是创新生态系统应对环境变化实现动态演进的关键能力,可以通过系统开放性、包容性达到系统多样性以获取。随后的案例研究中,徐梦周和王祖强(2016,2019)进一步指出,价值主张机制、协同整合机制及创新激励机制是小镇良好运行的重要机制。

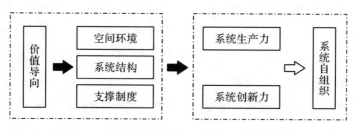

图2-1 创新生态系统视角下的特色小镇培育逻辑

此外,武前波、陈晓旭和胡晓辉(2021)以杭州为例,探讨了创新驱动下特色小镇的空间分布与类型划分,研究发现:数字经济类、高端装备制造类和金融类特色小镇空间分布较为集聚,而旅游类、健康类和文化创意类特色小镇空间分布较为分散;都市社区型特色小镇呈现都市核心的强集聚特征,创新创业型特色小镇表现为都市边缘环状圈层集聚特征,区域集聚型特色小镇呈现出多点园区分布特征,创意旅游型特色小镇则呈现相对均衡分散的空间分布格局;不同因素对特色小镇空间分布的影响程度从大到小依次为创新能力、产业结构、经济基础、人口密度,创意旅游型特色小镇受自身生态或文化资源禀赋的影响程度较大。

（三）基于融合发展的特色小镇研究

Piper(1999)指出，产城融合是城市化进程中几乎不可避免的问题，尤其是城市规模逐步扩张到大中型城市之后。国外对产城融合的研究开始于20世纪80年代，并且通过对文献的查阅可知，国外学者的研究倾向于用市场的力量解决城市发展中出现的问题。Brueckner(2000)详细论述了政府行政力量改造城市的后果，认为政府想当然地定义了城市居民的偏好，居民已经不能忍受产城分离所带来的通勤问题，并用理论推导的方法说明市场的有效性，同时也认为应当在城市规划中重视城市的空间价值并将之量化。David(2001)则进一步研究了居民在城市空间偏好上的差异性。

国内的产城融合研究侧重城市的有序扩张及产业的合理发展。目前国内关于产城融合的研究文献可大致归为内涵研究和实施路径研究两类。林华(2011)以上海市为例，认为产城融合应是居住与就业的融合，核心是使产业结构符合城市发展定位，并提出高科技企业等创新资源与高素质人口等人力资本的集聚互动对城市长期发展的影响。李文彬（2012）和王政武(2013)从经济学角度与城市规划角度研究了产城融合的内涵，认为产城融合应包含人本导向、功能融合和结构匹配3个方面，是一个城市发展到一定阶段的产物，且要根据不同地区的实际情况制定融合发展对策。关于实施路径方面，李学杰(2012)从系统工程的角度出发进行研究，认为要全面兼顾经济、社会、文化、生活、人口等资源要素，要使产业依附于城市，使城市更好地服务于产业，从而推动城市可持续发展。叶振宇(2013,2018)在研究产城互促的实现机制时发现，在城镇化发展的不同阶段对产业的要求是不同的，主要体现在产业结构、生产组织和发展策略等方面。

国内基于产城耦合理论的特色小镇研究，吸纳了国外关于产城融合研究对于市场力量的重视视角，同时对特色小镇的内涵进行了分析，指出政府在实施过程中的独特作用。苏斯彬和张旭亮(2016)在研究特色小镇在推进新型城镇化中的实践时，指出特色小镇既不是行政区域概念，也不是产业园区概念，而是区域面积合理、经济活力强、生态环境好、体制机制活、人文气息深厚的相对独立区域;其在运作方式上强调以市场为主,在功能上注重城市功能的有机注入,在发展定位上强调产城融合,是产业特色明显,兼具产业、文化、旅游功能的综合性空间平台。闵学勤(2016,2019)从产业经济、文化旅游和精准治理3个视角提出了3个观点:一是因产业而起的特色小镇可以用产业集群的理论来进行解读;二是基于文创对特色小镇的二次、三次开发不仅直接带来旅游及延伸产品方面的营收,更多给小镇带来了人文气息和可持续发展空间,城市毕竟因人居而美,特色小镇在规模化、丰富性上不如大都市,它的独到之处除产业特色、自然山水外,更多需要后期的文化创意和社区营造来实现;三是特色小镇从开发建设到品牌传递是长期运营的过程,其间的小镇治理模式往往是关键。

齐奇、丛海彬和邹德玲(2021)采用产城融合水平测度特色小镇持续性发展情况,并从新型城镇化人本导向的角度考察中国特色小镇持续性发展状况。他们以2016—2017年国家公布的两批特色小镇为研究对象,测度2014—2016三年间全国两批及三大城市群的特色小镇产城融合水平。研究发现:整体上,特色小镇产城融合水平在空间上呈现"东高西低,南高北低"的空间格局特征,区域分布差异存在;时间维度上,全国特色小镇产城融合水平呈现出稳定上升的趋势;从产城融合类型看,全国特色小镇产城融合发展的水平还不高,尽管长三角城市群的产城融合水平已经步入中度协调时期,但从全国看,特色小镇的产城发展仍处于低度协调发展阶段,可见我国特色小镇持续性发展仍有很长的路要走。

三、特色小镇创新发展的内在机理

特色小镇是浙江省"十三五"发展规划的新亮点,是经济新常态下加快区域创新发展的战略选择。特色小镇的提出,本身就是创新的产物,因此在其规划和建设的过程中,创新是贯穿始终的第一要义。可以说,"创新"是特色小镇的本质与内核,也是支撑其发展的内在机理。从浙江省特色小镇建设全过程看,创新既是原动力,也是手段与路径,同时还是结果与成效。本研究以逻辑起点、作用过程、作用效果为主线,从创新动因(原因)、创新维度(路径)、创新绩效(多元价值创造)的角度,构建起特色小镇创新发展的内在机理和方程式,如图2-2所示。特色小镇的创新是全面的创新,内含制度创新、组织创新、产业创新、要素创新、技术创新等,以此实现经济价值、社会价值、文化价值等多重价值的创造和外溢。

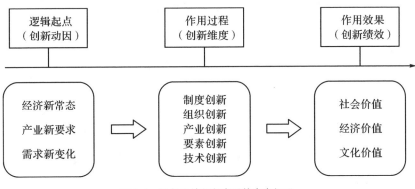

图2-2　特色小镇创新发展的内在机理

(一)特色小镇创新发展的逻辑起点

经济新常态。经济新常态背景下,吃"资源饭""环境饭""子孙饭"的旧发展方式正在让位于以转型升级、生产率提高、创新驱动为主要内容的科学、可持续、包容性发展方式。浙江经济由于空间资源遭遇瓶颈、有效供给不足、高端要素融合不够等问题,适时需要进行相应创新,因此需要通过"特色小镇"这一发展战略来助力经济新常态。

产业新要求。特色小镇的创新发展,源于浙江"块状经济"和区域特色产业30多年的实践。但是那些创造过奇迹的产业,一度落入了层次低、结构散、创新弱、品牌小的窠臼,因此,需要突破性的力量来冲击变叠加到嵌入,变重量到重质,变模仿到创新。

需求新变化。居民、游客、投资者等主体的需求新变化也催生出了特色小镇的创新发展。居民希望有一个更好的人居环境,游客的旅游需求也逐步进阶到"商、养、学、闲、情、奇",而投资者则倾向于有发展潜力的新兴产业。

(二)特色小镇创新发展的作用过程

制度创新。浙江省的特色小镇创建工作从提出开始,其制度创新就体现在从上到下的方方面面,包括制定特色小镇规划建设的指导意见,建立分级审批、年度考核等制度,无不走在全国制度创新的前列。

组织创新。建立协调机制,加强对特色小镇规划建设工作的组织领导和统筹协调。具体表现在建立浙江省特色小镇规划建设工作联席会计制度,由常务副省长担任召集人,召集各主要部门负责人为成员,有力地推进了特色小镇创建工作。

产业创新。浙江省特色小镇的产业选择紧扣产业升级趋势,适应转型升级要求,同时每个小镇又结合自身优势和特点,挖掘自身最有基础、最具优势和最富特色的产业,避免同质竞争。即便主攻同一产业,不同的小镇也会差异定位、细分领域、错位发展。同时,许多小镇又推进不同产业融合发展,如"旅游+工业""旅游+农业"等。

要素创新。通过要素集聚、要素耦合、要素挖潜等途径,浙江省各地基于对自身要素的深度挖潜,将工业、农业、旅游、金融、文创等要素集聚与耦合,并发挥产业、旅游、文化、社区四大功能的综合效益,最终形成"产、城、人、文"相融合的特色小镇。

技术创新。在"互联网+"的大背景下,浙江省充分利用互联网技术和平台,按照小镇特色打造适合自身发展的产业模式,有机融入区域和全球市场及产业分工,在更大范围内统筹配置创新资源,让特色小镇专业更专、特色更特、精品更精,从而形成鲜明的产业形态。

(三)特色小镇创新发展的作用效果

社会价值。在城市与乡村之间建设特色小镇,实现生产、生活、生态融合,既云集市场主体,又强化生活功能配套与自然环境美化,符合现在都市人的生产生活。同时,伴随特色小镇而来的新型空间、新型社区,给人的生活方式、生产方式带来一系列综合性改变。这种改变,就是破解城乡二元结构的有效抓手,是提升人民生活水平的重要推动力。

经济价值。浙江特色小镇建设的真正魅力,在于正被打造成为创新驱动的新空间,成为畅通科研创新与产业化转变的高效桥梁。特色小镇会聚了科研、创业、创意、金融、管理等多方面的人才,拥有一流的企业化、产业化所需生态圈层、社区环境、文化氛围,有利于提升科研创新活跃度和市场适应与开拓力。

文化价值。文化是特色小镇的"内核",浙江省特色小镇建设把"文化基因"植入产业发展全过程,以培育创新文化、历史文化、农耕文化、山水文化,汇聚人文资源,形成"人无我有"的区域特色文化,特别是一些茶叶、丝绸、陶瓷等经典产业都有上千年的文化积淀,主攻这些产业的文创小镇重点挖掘历史文化,延续文化根脉。

四、特色小镇创新发展的实践案例

（一）浙江省特色小镇创新发展的五维实践

自启动建设以来,浙江省特色小镇以 5 个方面的创新实践,成为加快产业转型升级的新载体及推进项目建设、拉动有效投资的新引擎。

1. 制度层面的创新实践

浙江的特色小镇突破了建制镇的范畴,是一种新型的具有生产、生活、生态和文化综合功能的产业集聚区。为了破解高端要素聚合度不够的问题,特色小镇试图通过制度创新,即"创建制""期权激励制"及"追惩制"打造政务生态,通过强化社区功能打造社会生态,促进产业链、创新链、人才链等耦合,使一批小镇成为类似于瑞士达沃斯小镇、美国格林尼治对冲基金小镇、法国普罗旺斯小镇、希腊圣多里尼小镇等集聚高端要素孵化创新型企业的高地。与此同时,特色小镇还采用了开放的政策去积极应对发展过程中所面临的挑战。通过争取政策制度供给,实现产业的开放,不断吸纳新项目、新业态、新资本;实现交通的开放,创造条件让进入便捷化;实现大数据开放,建设智慧小镇,与全球的数据无缝对接;实现人才政策的开放,吸纳各路人才到小镇创业、就业、旅游、居住。

2. 组织层面的创新实践

浙江省特色小镇在创建过程中坚守"政府引导、企业主体、市场运作"的原则,各个部门各司其职:政府主要负责编制规划、营造政策环境、要素保障、基础设施配套及生态环境保护;企业主要负责项目推进、人才引进、市场营销和产业发展等工作。浙江的省级特色小镇创建对象中,如诸暨"袜艺小镇"、吴兴"美妆小镇"、龙游"红木小镇"等一批小镇,主要由民企建设推动,同时国有企业、高等院校都积极参与其中。云栖小镇则采用了"政府主导、民企引领、创业者为主体"的运作方式。政府主导就是通过"腾笼换鸟""筑巢引凤"的方式打造产业空间,集聚产业要素、做优服务体系;民企引领就是充分发挥民企龙头引领作用,输出核心能力,打造中小微企业创新创业的基础设施,加快创新目标的实现;创业者为主体就是政府和民企共同搭建平台,以创业者的需求和发展为主体,构建产业生态圈。这就是云栖小镇最具创新活力的部分。

3. 产业层面的创新实践

特色小镇新的发展模式体现在业态创新方面。特色小镇产业着眼于经济转型升级这一主攻方向,聚集信息、经济、环保、健康、旅游、时尚、金融、高端装备、文化等八大万亿元产业及茶叶、丝绸、黄酒、中药、木雕、根雕、石刻、文房、青瓷、宝剑等传统经典产业。比如,花田小镇定位打造全国第一花卉产业种植、加工、科研、流通、旅游、养生、会展、度假、养老基地,打破一、二、三产边界,形成融合发展业态;基金小镇则用"微城市"的理念打造园区,加快建设生活配套服务平台,在玉皇山南集聚区内,公共食堂、商务宾馆、停车场、配套超市等正在加快建设,有的已经投入使用;此外,基金小镇还将提供一系列特色配套服务,比如引进由省金融业发展促进会组建和管理的浙江省金融俱乐部,将创办成立浙江金融博物馆、对冲基金研究院,为小镇入驻私募机构提供专业化服务。

4. 要素层面的创新实践

浙江省特色小镇是对一个发展模式的全新创举,充分体现在形态创新上。"特色小镇"不是行政区划的"镇",也不是产业园区的"区",而是协同创新、合作共赢的企业社区。核心区面积3平方千米左右,乡村、城郊只要有条件都可能成为特色小镇的建设对象。通过集聚人才、技术、资本等资源要素,推进产业集聚、产业创新和产业升级,实现"小空间大集聚、小平台大产业、小载体大创新",从而形成全新的经济社会融合发展平台。如龙泉青瓷小镇凭借青瓷制作历史经典产业列入首批省级特色小镇创建名单,其着力于打造融文化传承基地、青瓷产业园区、文化旅游胜地为一体的青瓷主题小镇。青瓷文化园是青瓷小镇项目的核心,文化园保留原国营龙泉瓷厂风貌,结合休闲、体验、文化、工艺等元素,设置青瓷传统技艺展示厅、青瓷名家馆、青瓷手工坊等各种青瓷主题的休闲体验区,为不可复制的青瓷文化历史增加了新的休闲体验。

5.技术层面的创新实践

与历史经典产业相对应,浙江省相当一部分特色小镇在产业规划之初,就将目光瞄准了新兴产业。例如,云栖小镇、梦想小镇都发展信息经济,但二者又有所不同:云栖小镇以发展大数据、云计算为特色,而梦想小镇主攻"互联网创业＋风险投资",但归根结底都是技术层面的创新实践。在规划理念上,投资突出有效,而有效性体现在与实体经济紧密结合,聚焦前沿技术、新兴业态、高端装备和先进制造等层面;突出高端引领,每个着重发展新兴产业的特色小镇都是一个创新平台,促进了创新要素大量聚集,促进了产学研用协同创新,促进了科技金融紧密结合,也促进了创新创业蓬勃发展。例如,云栖小镇坚持发展以云计算为代表的信息经济产业,着力打造云生态,大力发展智能硬件产业,已集聚了一大批云计算、大数据、App开发、游戏和智能硬件领域的企业与团队;与此同时,云栖小镇利用技术创新创造了全新的产业生态,构建了"创新牧场—产业黑土—科技蓝天"的创新生态圈。

(二)浙江省特色小镇创新发展的案例分析

本研究选取巧克力甜蜜小镇为案例分析对象,重点围绕"创新、融合"两大关键词,对融合型特色小镇的创新发展模式进行了案例解读。

巧克力甜蜜小镇位于中国浙江省嘉兴市嘉善县,在地理区位上,处于江、海、湖、河交汇之处,紧邻沪杭高速公路大云出入口、沪杭高铁嘉善南站,与古镇西塘只有25分钟车程。嘉善境内设有磁悬浮列车、高铁站、内河航线,已全面实现"1小时经济圈",是浙江距离上海最近的一个特色小镇。嘉善巧克力甜蜜小镇在2015年成功入选浙江省首批特色小镇创建名单,其规划面积为3.87平方千米,涵盖了歌斐颂巧克力甜蜜小镇、云澜湾温泉度假区、碧云花海、十里水乡休闲配套园区、天洋"梦东方"传奇世界等几大项目,融生活、生态和生产为一体,实现了小镇甜蜜度的提升(见图2-3)。

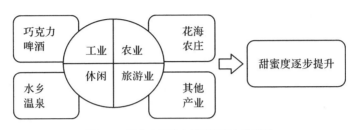

图2-3　巧克力甜蜜小镇甜蜜度上升原理

1. 产业融合:内做加法

巧克力甜蜜小镇运用了一个独具特色的主题——"甜蜜",小镇找准特色,凸显特色,放大特色,做足特色,集中力量打响甜蜜品牌。

巧克力甜蜜小镇的"甜蜜"作为小镇的品牌理念和定位是有牢固的现实基础的,小镇在该定位的基础上不断发展旅游业。巧克力甜蜜小镇以甜蜜为纽带,串联起小镇原本具有的温泉、水乡、花海、农庄、婚庆、巧克力等散落的资源,这些资源延伸出鲜切花、巧克力生产、生态旅游、度假宾馆和婚庆等产业,形成了歌斐颂巧克力甜蜜小镇、云澜湾温泉酒店和碧云花园3家主要企业。小镇建设围绕巧克力来深挖、延伸、融合多种功能,如产业功能、文化功能、旅游功能,产生叠加效应和放大效应,实现产业与旅游的双轮驱动。

第一,"旅游＋工业":二、三产融合。

工旅融合第一步:"巧克力生产＋文化旅游体验"。歌斐颂巧克力甜蜜小镇仅仅是指歌斐颂巧克力项目,是巧克力甜蜜小镇中的一个重要组成部分,它的前身是斯麦乐巧克力乐园,2015年为了更好地对歌斐颂巧克力产品与巧克力园区进行品牌整合传播,才更名为歌斐颂巧克力甜蜜小镇。

歌斐颂巧克力甜蜜小镇是浙江省工业旅游示范基地、国家4A级景区。该项目于2012年列入省级重点项目,一期总投资9亿元,用地430亩(1亩≈666.67平方米),总体规划布局为"一心四区、八大项目":歌斐颂巧克力制造中心、瑞士小镇体验区(含歌斐颂市政厅、歌斐颂会议中心、瑞士小镇风情街)、浪漫婚庆区(含歌斐颂婚庆庄园、玫瑰庄园)、儿童游乐体验区、可可文化展示区。它是国内首个以巧克力为主题,集巧克力生产、观光、休闲、体验、度假于一体的工业文化旅游项目。

生产线参观与巧克力品尝:游客在歌斐颂巧克力甜蜜小镇游玩时,先经过一个参观通道,透过透明的观光玻璃,可以近距离观看世界先进巧克力的流水线生产设备,欣赏巧克力原材料经过混合、研磨、精炼、浇铸成型并包装后成为精巧可人的巧克力的全过程,游客在参观通道还能任意品尝不同口味的巧克力酱。同时所有试吃的产品将在廊道的终点处摆放出售,这种方式对消费者来说容易接受,可以有效拉动景区的消费。

巧克力文化长廊与微电影观赏:可可神奇之旅,通过弯曲迂回的长廊,集声、光、电、液、机等科技手段,展示有关可可的各种历史,以及种植、运输和加工等过程,以主动、互动的形式让游客进行体验,推广和普及巧克力文化与知识,同时还会播放巧克力的宣传片或者相关电影,让小坐休息的游客全身心地享受放松和甜蜜。

巧克力制作体验与大师互动:私人定制也是游客游玩的项目之一,从瑞士引进最先进的巧克力mini生产线,让游客能够定制专属于自己的巧克力。游客可以在点单机上按照个人喜好选择口味、配料,甚至在巧克力上刻下名字和祝福语,并且还有世界一流的巧克力大师给游客带来传统的手工巧克力制作表演,游客可以在闻着巧克力特有香气的同时,欣赏大师精湛的制作手法,与大师进行幽默互动,品尝大师制作的手工巧克力。还有糖果缤纷乐、品尝区、巧克力学院、巧克力厨房、小小甜品师、选购区等游玩项目。

歌斐颂巧克力甜蜜小镇以田园风光为背景,以巧克力生产制作为依托,充分挖掘巧克力文化的内涵,开拓有关巧克力的文化体验、养生游乐、休闲度假等功能。所有的项目都围绕巧克力这一主题,让游客从各方面充分体验到巧克力的甜蜜。歌斐颂巧克力甜蜜小镇是集巧克力生产、研发、展示、体验、文化、游乐和休闲度假于一身的现代化巧克力生产基地、特色工业旅游示范基地和文化创意产业基地。

工旅融合第二步:"啤酒生产制造+啤酒文化体验"。巧克力甜蜜小镇除去歌斐颂巧克力甜蜜小镇,还有德国啤酒庄园工业的一个旅游项目,该项目在2017年签约落户,总用地面积约43亩,总投资约为1.5亿元,以德国啤酒元素为主题,通过德国传统啤酒配制、啤酒文化传播、欧洲特色饮食、酒吧街等项目展示,向游客提供产业链互动体验;同时,致力于精酿啤酒及新品种研发孵化,搭建创客平台,汇聚创客力量,从而打造集生产、科研、休闲、娱乐、体验于一体的工业旅游项目。

第二,"旅游+农业":一、三产融合。

农旅融合的典型项目:"农业生产+观光旅游"。感受了歌斐颂巧克力甜蜜小镇带来的关于巧克力的甜蜜,接下来就是感受自然风光所带来的花海甜蜜。这个甜蜜度主要是由碧云花海景区所带来的,碧云花海在特色小镇获批之前就已经是浙江省骨干农业龙头企业、浙江省生态文明教育基地、国家4A级旅游景区。公司成立于2001年3月,总投资1.1亿元,总占地面积2200多亩。

景区坚持走以生产带动休闲、以休闲促进生产的可循环之路,将农业生产与休闲观光有机融合在一起;同时,通过花卉和自然田园风光的"美丽",吸引大量观光游客和农业设施观摩人群,形成了农业休闲观光的新模式,让人们体会到了现代农业的美丽和魅力。

农旅融合的基础建设:大云镇本身就是中国鲜切花之乡、国家级生态镇,而碧云花海是嘉善杜鹃花的主要生产基地,也是全国杜鹃品种较多的资源圃之一,有上百种杜鹃花品种,杜鹃花产量常年保持在百万盆以上,如今碧云花海已经是一个以四季鲜花为主题的农业旅游项目。碧云花海景区依靠嘉善原本的自然优势,再结合自然环境的特点,因地制宜发展特色养殖业,在政府的扶持和当地农民的勤劳耕作中,产业不断升级发展,将现代化农业生产与休闲观光、旅游、节庆相融合。目前,巧克力甜蜜小镇通过结合休闲农庄、四季花海等,集观赏、素质拓展、采摘体验、会展活动等功能于一身。

农旅融合的模式构建:碧云花海的经营者作为地道的大云人,深深地热爱着这片土地,在追求利益的同时更注重对自然生态环境的保护,在创造金山银山的同时不忘给子孙留下绿水青山,坚持农业生产经营活动和农村自然环境的有机结合,以此来形成农业生产和观光旅游双赢的现代产业模式。

农旅融合的价值创造:游客站在碧云花海之中,湛蓝的天空中飘浮着大团大团的白云,火车穿梭在仿欧式的建筑和花海中,闻着四面八方传来的花朵香气,夹杂着巧克力甜蜜的气息,是何等的享受与幸福。在不同的季节里,游客还可以参与碧云花海的特殊节日,如春天的杜鹃花节、秋天的葡萄节等;游玩不同的园区,如杜鹃山、葡萄山、农家动物园等。碧云花海已经扩展出不同的新兴产业形态,具备了观光农业、盆景培育、水果采摘、自由烧烤等休闲项目,集合了生产、生活、生态,将旅游业和农业完美融合,进一步提升了甜蜜度。

第三,"旅游+休闲":三产内融合。

巧克力甜蜜小镇的"旅游+",不仅仅是上述的工业和农业,还涉及众多其他产业,游客在巧克力甜蜜小镇中可以获得同样甜蜜度的产业也不止以上两个,通过十里水乡景区和云澜湾温泉景区,游客的甜蜜度也能够得到进一步提升。

三产内融合第一步:"自然风光+生态旅游"。大云镇坐落于江南水乡,自然风光优美,水网纵横,原本就已经是具有一定知名度的省级生态旅游度假区,被誉为"都市里的大自然",曾荣获"全国环境优美乡镇"称号。凭借优越的原始水系风貌,十里水乡景区应运而生,该景区是大云生态旅游区的主要景区之一,是小镇上最早获批的国家4A级景区,也是全国农业旅游示范点。景区那自然、原始和生态的水上游线汇集了蓉溪拱绿、秋芦飞雪、桃源隐鱼、丰钱古韵、荷塘月色等多个景点,真正应了"绿带成荫闻鸟鸣,清波荡漾满舟情,轻风拂柳为垂钓,信步河边皆是景"。在蓉溪之上泛舟,两岸原生态美景尽收眼底,绿荫环河,白鹅戏水,微风轻拂,两岸绿树摇曳,如穿梭于绿色的原始丛林,这是一种别样的心旷神怡,让人陶醉在对美好大自然的亲近之中。在这样的景区之内游玩,游客可感受到江南水乡的自然风貌和野趣的原生态景观,有着田园诗般的浪漫、悠闲和惬意,这样缓慢的生活也能让游客去发现生活中不经意的美好。

三产内融合第二步:"温泉之水+养生旅游"。十里水乡景区的自然风貌让人流连忘返,而云澜湾温泉的泉水更是不遑多让。云澜湾温泉景区是浙江省重大产业项目、浙江省重大服务业项目、国家4A级景区。云澜湾温泉景区是在嘉热的2号井的基础上开发的温泉旅游度假项目,其坚持以宜居生态地产和旅游地产为特色,一期总投资约20亿元,规划用地为1000多亩,集温泉养生、休闲度假、购物玩乐、商务会议、餐饮住宿于一体,项目配套有云澜湾温泉中心、泓庐SPA精品酒店、风情商业街、儿童乐园、一站式蜜月基地、养生社区、四季花海仙梦园等,是离上海最近的一站式"玩美"温泉旅游度假地。游客可以在该景区享受总建筑面积30000多平方米的"三星九区六十汤",不仅在室外可以享受园林温泉,在室内更能享受到丰富的吃喝玩乐购的休闲配套。进入温泉景区,入目的是有着双莲花外观的主体建筑,带着嘉善独特的文化内涵和水乡特色的美景;入口的是精致的江南美食;入手的是珍稀的偏硅酸·锂温泉,带着博大的五道养生文化,滋润着疲惫的身躯。云澜湾温泉景区养身的泉水和十里水乡的野趣,给顾客带来的是新的体验,让顾客可以身心放松,和天地交换清新的空气,真正享受生活,感受浪漫和甜蜜,游客的甜蜜度又可以再次提升。

第四,产业融合小结。

巧克力甜蜜小镇用产业带动人气,用人气推动旅游发展,使得小镇的生态、生产、生活充分融合;利用第三产业链接第一产业和第二产业,再利用第一产业和第二产业反向推动第三产业的发展,使得旅游业能够不断发展。巧克力甜蜜小镇是旅游和工业、农业、休闲、文创等产业相互有机融合,这些产业中浪漫童话的巧克力和花海、悠闲宁静的自然风光、舒适放松的温泉等都能使得小镇带来的甜蜜度一步步上升,最终给游客以甜蜜的感受,成为名副其实的"甜蜜"小镇。

2. IP营销:外树品牌

第一,甜蜜IP由来。

伴随网络的普及及电子科技的不断发展,IP成为旅游业界最热门的词汇之一,国际上有许多成功的IP运营带来相应经济的快速增长和知名度提升的案例。综观目前特色小镇的发展,其IP属性种类较多,如影视IP、动漫IP、农业IP、音乐IP、金融IP、汽车IP等。特色小镇通过挖掘和发现IP属性,打造自身发展特色,找到小镇发展特色灵魂产业的支撑。对特色小镇而言,IP 是核心元素,挖掘和发现 IP 属性是防止"千镇一面"、同质竞争的主要途径。

为了使巧克力甜蜜小镇找到其 IP 属性,实现 IP 快速增长,嘉善大云镇政府运用了独特的营销方式。旅游目的地的 IP 营销关键在于两点:一是 IP 与当地特色是否契合;二是 IP 与大众文化审美需求是否符合。

小镇 IP 核心:甜蜜。为满足以上两点要求,嘉善大云作为一个目的地品牌,需要找到一个能够与游客产生强烈共鸣的沟通点,而巧克力甜蜜小镇又拥有巧克力这样有历史、有文化、有故事的品牌,因此经过调查研究确定其本身拥有的"甜蜜"特性能够放大,这不仅符合巧克力的特点,而且与大云的属性不谋而合。而"甜蜜"的进一步深入,就是"被宠爱",由此"宠爱游客"就成为小镇的人格化特征,最终做到了 IP 与当地特色相契合。

小镇 IP 形象:云宝。为了与大众文化审美的需求相符合,再与"宠爱游客"的人格化特征相结合,小镇以"一个吉祥物带动一个县"的日本熊本熊为参照,不断摸索,推出了符合自身环境与需求的拟人化 IP——"云宝"。同时确定 IP 营销的口号为:大云把你宠上天,并围绕"甜蜜"主题用云宝 IP 形象等各种营销手段,让游客更真切地感受到大云要把游客宠上天。

2017 年 6 月,嘉善大云基于碧云花海、歌斐颂巧克力甜蜜小镇、云澜湾温泉景区等度假区内的美好甜蜜体验,正式推出"甜蜜大云"品牌,并采用当下国际旅游市场颇为成功的 IP 形象模式推广,用来打造中国甜蜜旅游度假目的地。

第二,国内造势营销。

为了迅速推广巧克力甜蜜小镇的"甜蜜大云"品牌,创造一个能够迅速联结游客和小镇情感的 IP 形象,让游客拥有被大云宠爱的感觉,国内造势营销分为 4 个步骤,用以达到造势营销的效果。

国内造势营销第一步:创造符合大众审美和喜好的云宝 IP 形象。云宝作为一个人格化特征的具象载体,并非特定的动物或者其他物种,其设计灵感来源于大云镇幽澜古泉中的一缕暖气。为了与当下流行的"萌文化"相结合,把软萌活泼的形象和当地旅游的"甜蜜"相结合,也就是为了更好地与大云镇现有的旅游资源巧克力、鲜花、温泉、农业种植等元素相融合,小镇最终打造的品牌代言人"云宝"拥有粉蓝色的身体、水汪汪的大眼睛,萌态十足,是个有爱心、乐于助人、寻求存在感的大暖男。

国内造势营销第二步:构建消费者的认知,做好内容,讲好故事。首先,要使小镇上的人们产生价值观上的认同,使得云宝真正成为小镇的代言人。设计出云宝之后,在小镇街头、收费站、指示标牌、垃圾桶等地都可以看到甜蜜的云宝形象。其次,这也能够促使游客从踏入小镇的那一刻起,就开始被云宝 IP 所包围,感受云宝的存在感,被云宝所代表的甜蜜和宠爱所包围。最后,小镇不仅在各处景点放置云宝玩偶,也开发了云宝 IP 系列的文创产品,如旅行袋、抱枕、手机壳、雨伞、水杯等,带动小镇经济发展。

国内造势营销第三步:选取合适的发布地点推广云宝 IP 形象。首先,考虑到长三角地区的居民多喜欢往南或北旅游,巧克力甜蜜小镇位于浙江的东部,不易吸引浙江、江苏等地的游客。其次,巧克力甜蜜小镇虽位于浙江省,但毗邻上海,上海至嘉善高铁数量多且只需 40 分钟就能到达景区,交通极其便利。同时,上海人流量大,且为繁华都市,生活节奏较快,交通便利的巧克力甜蜜小镇更是成为上海居民休闲的好去处。所以,巧克力甜蜜小镇选择上海为宣传云宝的第一站。

国内造势营销第四步:做好市场的创意引爆,抓住眼球、创造流行。在第三步选定发布地点的基础上,2017 年,嘉善大云镇政府在上海外滩举办品牌发布会,集中发布包括品牌 LOGO、品牌口号、旅游形象宣传片、IP 卡通形象"云宝"、首款旅游甜蜜组合产品等在内的一系列内容,吸引了多家纸质媒体及网络媒体的关注和报道:在上海白玉兰剧场推出《云宝》音乐剧;举办声势浩大的"一周岁生日趴";发布亲子绘本;拍摄云宝主题动画片;拍摄小视频投放于上海公交车上;打造了《Follow 蜜》大型真人秀网综节目;推出微信公众号"云宝甜蜜说"。伴随着"云宝"的爆红,嘉善大云的旅游业实现爆发式增长。2017 年,大云"中国甜蜜度假旅游目的地"品牌一炮打响,游客接待量同比增长近 4 成,旅游收入连年翻番。

巧克力甜蜜小镇在国内造势营销的成功,给众多特色小镇提供了一个很好的范例,也就是如何利用现有资源进行造势。巧克力甜蜜小镇前有西塘、乌镇,后有杭州、南京,对于小镇来说是夹缝中求生存。因此小镇抓住机遇、立足特点、创造条件、发展特色,利用云宝IP,以上海为起点展开一系列"云宝游"活动,以此来吸引游客,进而让他们了解云宝。最终让游客看到"云宝"就会想起"把你宠上天"的嘉善巧克力甜蜜小镇,这是IP营销的成功,也是造势的成功。

第三,国外借势营销。

由于特色小镇IP代表着稀缺性和个性,对小镇而言,其是形象认知的产品,是简单鲜明有特色的元素和符号。大云已经把"云宝"打造成IP入口,往后要通过更加市场化、传播化、流量化的手段带动整个大云品牌。但云宝形象仅仅在小镇中作为旅游的标识及小镇的吉祥物显然是不够的,想要将"+旅游"发展为"旅游+",需要的是让IP形象"走出去",更需要以IP为媒介,采用不同的方式不断向外界传递IP形象,宣传小镇的甜蜜特色,这样有利于把小镇甜蜜文化品牌传播到全中国,甚至全世界。

上文提到,"云宝"在国内造势营销已经成功,但是还需要借用国外优秀的IP形象来发展"云宝",借此走出国门,使其不但能在国内更受关注,还能在国际市场受欢迎。那云宝IP应该借哪个IP之势?又如何借其势?想到这里,家喻户晓的熊本熊便是能搭便车的最佳选项。

据日本经济新闻报道,2016年,熊本熊相关的市场营收达1480亿日元,约合人民币74亿元,同比增长27%。熊本熊的成功打造所带来的巨大经济效益并不仅仅是因为出色的设计,很大程度上要归功于正确的营销策略,并且熊本县政府在整个过程中扮演了非常重要的角色。

熊本熊是来自熊本县的地方吉祥物,但是熊本县在打造出熊本熊之前并不出名。由于贯通九州新干线的全线开通,熊本县政府抓住时机,通过了设计熊形地方吉祥物的提案,结合本县特色设计出熊本熊形象,赋予其时下人见人爱的呆萌性格。不断增加其曝光度,打响其知名度,为了让全日本认识这只熊,县政府启动了相应的营销计划,策划了熊本熊大阪失踪、熊本熊腮红遗失、熊本熊冰桶挑战等事件。在社交网络上带来不错的话题热度,顺利使得熊本熊风靡日本,随后加入熊本熊扮演者,让其围绕熊本熊的设定开展活动,使得熊本熊拥有高超的"人格"塑造能力和高度的拟人化,并脱离了

"角色形象"的范畴,变得更为个性化、可触化、现实化。

熊本熊IP形象的成功打造,是以"熊本熊是活的"为前提,符合时下的流行因素及特色定位,将虚拟的形象现实化,以独特的运营方式,用一个IP形象使原本默默无闻的熊本县知名度迅速提升,并且带来巨大的经济效益,更与目标人群建立起了深厚的情感联系。

国外借势营销第一步:成立熊本熊和云宝两大官方旅游IP合作联盟。巧克力甜蜜小镇将云宝和熊本熊联系起来,成立了熊本熊和云宝两大官方旅游IP合作联盟。

国外借势营销第二步:开启"云游四海"事件营销主题活动。2017年9月,嘉善大云IP云宝成功开启"云游四海"事件营销主题活动,活动第一站——日本熊本县。云宝"云游四海"第一站是在日本,对比一只熊带动一座城的推广思路,云宝主动出击向熊本熊发起"比萌邀约"。通过"PK熊本熊"话题,在熊本县标志景点、街头采访路人并请路人作为评委,发起邀约话题:云宝与熊本熊谁更萌?在熊本县标志景点和中心商圈,云宝的出现迅速引起当地群众、游客的喜爱和追捧,让云宝的IP形象获得大量网络宣传曝光。此次活动还邀请了B站二次元主播常飞飞作为嘉宾主持,为云宝运营带来二次元文化元素和新世代的消费粉丝人群,并集中在当年10月上旬展开一波网络宣传。紧接着,还有云宝的4场落地路演,以市场化运营机制为导向,打破传统,在现代化网络大环境IP的主导下,制造网络爆点,用热门营销事件带动云宝的人物关注度上升,扩大云宝的IP形象影响力。

云宝首次走出国门,和熊本熊的切磋交流带来了显著的影响。虽然遗憾云宝没能见到忙于公务的熊本部长,但仍然开辟了一条萌道,还认识了很多萌友,所到之地处处圈粉。数据显示,在2017年十一黄金周期间,大云接待游客数量同比增长255%,总收入更是同比增长了5倍之多。云宝的跨国PK熊本熊给嘉善大云带来了可观的经济效益。

国外借势营销第三步:开展"酷萌跑——甜蜜嘉善站"活动。在国外借势营销的第二步中,云宝和熊本熊已经建立起一定的相关性,也受到了广泛的关注。而被云宝热情打动的熊本部长听说了云宝的故事后,在2018年也主动到嘉善大云寻找云宝,还开展了"酷萌跑——甜蜜嘉善站"活动。当日,有3000余位酷萌跑友共同见证了这一仪式。双方也签署友好合作协议,未来将在旅游、经济、文化等领域加强交流与合作,实现优势互补、协同发展。熊本熊的此次来访,吸引了更多的消费者走进大云、了解大云、体验大云,使得2018年嘉善大云游客接待量突破300万人次。

"云宝+熊本熊"的模式可以使两个IP有机融合,互相借助对方的粉丝受众,同时能够互相学习彼此的经验,以达到双赢的目的。借势营销使得云宝IP更加强大,给大云镇、嘉善县全域旅游发展带来新机遇和新思路,为嘉善全域旅游高质量发展注入新动力。

3."内外兼修"方程式

巧克力甜蜜小镇作为浙江省众多特色小镇之一,在发展道路上抓住了自己的特色,以"甜蜜"为定位,以巧克力为主业,以旅游为核心,以企业为主体,以生态为主调,整合全县资源,利用云澜湾、歌斐颂、碧云农场等重点项目,充分整合水乡温泉的浪漫甜蜜、巧克力婚庆的味蕾甜蜜、农庄花海的美丽甜蜜等系列元素,深挖本地文化,增强景区联动,打造出"甜蜜"属性的区域特色产业。同时利用云宝形象进行IP营销,两两结合的方式使得巧克力甜蜜小镇的甜蜜特色被充分挖掘和应用,让巧克力甜蜜小镇能够迅速发展并且在众多特色小镇中脱颖而出。

巧克力甜蜜小镇以独特的方程式来运作,充分修炼内功,做好产业融合的工作,使"旅游业+"的甜蜜产业能够定位,通过融合"生活、生态和生产"的"三生"思想,通过有机地融合各项产业,做好加法,实现业态创新,产生"一加一大于二"的效果,使得甜蜜产业链得到延伸,如"旅游+工业""旅游+农业""旅游+休闲""旅游+文创"等,从各个产业多角度地深挖甜蜜文化内涵。

首先,是巧克力文化中深挖出的"口甜"。延伸巧克力产业链,引进国外先进的巧克力产业及相关的配套项目,针对巧克力不再局限于制造,同时发展其包装方面,并通过让游客品尝来吸引游客,能够让游客感受到巧克力的甜蜜口感与小镇融为一体。其次,是婚庆文化中所深挖的"心甜"。通过歌斐颂巧克力、云澜湾温泉、碧云花海等项目,使得婚庆蜜月产业链得以延伸,它蔓延在各个产业和各个景区之中，在蓝天白云之下，在绿茵鲜花之上，微风送来巧克力的甜香，许许多多的婚庆公司在十里水乡之中、在仿欧式建筑之内、在农庄田园之中为新人们拍摄一生中最为珍贵的婚纱照。再次，是养身文化中所深挖出的"身甜"。通过延伸温泉产业链，有机融合温泉休闲度假产业与健康养生产业，拓展养生新业态，这符合现代人对于身体健康的追求，让游客能够在游玩之后放松身心。最后，是"乡甜"。让当地群众参与到旅游开发之中，共享发展红利。延伸当地居民的民宿配套产业链，将当地传统文化如农耕文化、善文化等植根于民宿开发之中，使游客在休闲度假之中能够体验并品味到本土文化，达到共赢的效果。甜蜜事业在巧克力甜蜜小镇中发展得有声有色，但是绝不仅限于此，为了拥有更好的前景，小镇将继续紧跟潮流、结合特色努力发展。

巧克力甜蜜小镇除了有强大的内功，还有充分的对外营销方式——IP营销。嘉善大云运用近年来流行的元素结合巧克力甜蜜小镇的特色，以甜蜜为核心卖点，以"大云把你宠上天"为品牌口号，用市场差异化的品牌形象，打造出云宝IP。首先，通过对外运用IP营销来塑造品牌形象。利用云宝的形象及云宝相关的周边产品和活动，在培养小镇居民对云宝的感情的同时能够吸引消费者眼球，再利用综艺IP吸引消费者走进大云、了解大云、体验大云，以云宝IP为入口，带动整个景区的消费升级，让游客感受到被大云深深宠爱的感觉。其次，通过云宝进行跨界合作，用以加码其甜蜜品牌属性，塑造出独特的品牌形象，使得云宝成为巧克力甜蜜小镇简单鲜明且有特色的元素和符号。最后，加大云宝的IP入口，通过市场化、流量化、传播化的手段带动整个大云品牌。例如与日本熊本熊的合作，为云宝注入灵魂、制造话题，再通过大众对萌物的喜爱吸引消费者，催生旅游经济行为，将"卖萌"转变为卖"萌"。

巧克力甜蜜小镇依靠内外兼修的方式，不断强大自身实力，增加核心竞争力，同时扩大对外的影响，把甜蜜的核心定位充分稳固，将巧克力甜蜜小镇的甜蜜和宠爱传达给更多的人群，吸引更多的游客从四面八方而来。

五、特色小镇创新发展的对策路径

（一）浙江省特色小镇创新发展的经验启示

1. 坚持创新为核，深挖特色小镇载体特质

特色小镇的建设是社会发展建设的重要载体，其本身是创新，其实质更是创新。浙江省的特色小镇建设以创新为内核，深挖特色小镇载体特质，在"旅游＋"的基础上，充分结合本地优势，因地制宜、百花齐放，尝试"＋健康""＋工业""＋智造""＋金融""＋农业""＋侨乡风情"等模式，充分发挥资源优势，实现差异化促持久化。在特色差异化的同时，浙江省特色小镇的建设还以功能差异化为抓手，创新运营时尚发布、艺术文创、商务会展、演绎体验等功能。以创新为核，深挖特质的浙江实践，充分发挥出特色小镇的载体优势，激发了特色小镇的载体活力，实现了产业、人文、生态、社区"四位一体"。

2. 强调组织协同，形成特色小镇多元合力

在浙江省特色小镇的建设过程中，各组织、各主体积极参与、各司其职、协作发力。浙江省政府做牵头工作，搭建特色小镇建设的各层桥梁，鼓励有能力有资源的主体参与特色小镇的建设实践，指导并相互学习交流，提供补贴等政策支持，为特色小镇的建设指明了总体方向，为各主体参与特色小镇的建设减少阻碍。浙江民企积极响应特色小镇建设，将自身产业与特色小镇的建设相结合，成为特色小镇中的产业支撑和活跃主体。此外，还有很多浙江创业者借特色小镇的创建机遇，积极创新、集思广益，为特色小镇的建设增光添彩。"政府牵头、民企引领、创业者活跃"是浙江省特色小镇建设的真实写照。

3.践行宽进严出,推进特色小镇分类考评

浙江省特色小镇的创建采用"宽进严出"制而非常见的审批制。审批是特色小镇建设的第一步,各主体自主递交申请书,制订创建方案,明确特色小镇的定位、规模、规划等,只要符合条件便纳入浙江省特色小镇的创建名单中。公布创建名单后,浙江省政府还将在一个建设时间段的尾期对特色小镇的实际建设情况进行考核,该考核也被纳入其他相关主体的考核体系,只有通过考核验收之后,才能获得政府的支持,并得到特色小镇的授牌。宽进的方式极大地激发了创建积极性,为特色小镇的建设集聚充足的准备力量。而严出则保证了特色小镇建设的质量和成效,使特色小镇得以大放异彩。自愿申报、符合入队、达标授牌的制度在浙江省特色小镇的建设过程中发挥了重要的作用。

4.深耕产业融合,打出特色小镇建设实拳

特色小镇的发展,基础在建设,根本在创新,关键在融合。只有通过产业之间的创新融合,才能够使特色小镇从建设到发展落到实处。产业融合首先要立足于"特而强"的产业定位,突出主导产业,丰富配套产业,充分发挥小镇的极化效应和产业的延伸功能,聚产业、聚资源、聚人气、聚要素,借以推动"产、城、人、文"功能的深度融合。

(二)浙江省特色小镇创新发展的对策建议

特色小镇在创新发展过程中也面临着诸多挑战,包括小镇各个功能有效平衡的挑战,小镇建设所需人才紧缺的挑战,小镇多元化后的治理挑战等,这些挑战在一定程度上也影响了特色小镇整体建设进度的推进、功能效益的发挥及品牌质量的提升。

1.加快科学规划,将特色小镇纳入全域创新发展战略

首先,树立长期(实际)、科学、可持续的创新开发观。每个特色小镇需

要正确解读创新发展的内在价值,遵循绿色发展理念,在创新定位上"去功利化",在项目选择上"去盲目化",在发展方式上去"去粗放化",在发展速度上"去急躁化"。其次,注重特色小镇各项规划的制定与衔接,加快建立由概念到具体、由策划到规划、由整体到局部的创新发展规划,要与特色小镇总体规划、城镇总体规划、土地利用总体规划相结合,以"多规合一"的思路系统化、高标准化谋划小镇的定位和发展思路。最后,将特色小镇开发深度融入全域创新发展战略中,切实根据特色小镇的发展需要和能力因势利导,有先有后、优化布局;无缝衔接创新发展的总体要求,融入区域整体创新发展过程中;在布局、功能上做到互补协同,在创新资源、基础设施共享等问题上协同发展。

2. 深挖小镇特质,在分类指导下创新小镇开发模式

特色小镇的开发价值归根结底应体现在"特",只有差异化才有持续化,因此需要围绕小镇资源、能力、文化等特色挖掘和传播,提升小镇内涵。首先,摒弃各类特色小镇功能开发"一刀切"的模式,加强分类指导、分类发展。例如,在旅游功能开发方面,旅游小镇注重创新"旅游＋"发展模式,鼓励尝试利用"异域风情＋旅游""健康＋旅游""地方资源＋旅游"等元素,同时注重应用整合营销的传播模式;产业小镇注重创新"产业＋"发展模式,鼓励尝试利用"工业历史＋旅游""智造＋旅游""金融＋旅游"等元素。其次,要加强对特色小镇的智库指导和政策倾斜,鼓励小镇走"创意设计—商务休闲—时尚游娱""乡村休闲—文创体验—工业旅游""产业集聚—商务休闲—生活驿站""设计研发—装备制造—工业旅游"等创新模式。最后,注重特色小镇开发建设中创新元素的全过程植入,从特色定位、项目设计和招商、项目建设与落地、项目实施与维护等方面全方位思考创新要素的植入方式。

3. 完善运营管理,建立"有形之手＋无形之手"的配合机制

首先,要明确特色小镇创新发展中各个参与主体的角色定位,建立开发主体、运营主体和受益主体协同合作的体制机制,构建规范小镇的市场秩序。按照政企分离的原则,建立健全产业选择的科学决策机制,选择符合发

展定位、实力雄厚的项目投资主体,由投资公司统一承担小镇的项目开发建设、招商引资、对外合作、管理服务等工作。政府重点研究促进小镇快速发展的政策组合拳,加快创新基础设施建设与完善公共服务。其次,充分发挥龙头企业的带动作用,引导小镇核心企业做大做强。在招商引资过程中,注重引入实力强、品牌好、诚信佳的企业,鼓励其优化小镇产品结构、开拓发展空间。最后,要注意平衡小镇开发过程中多元主体之间的利益关系,切实关注当地居民的需求,提升小镇治理手段的智慧化和信息化程度。

4. 强化要素保障,探索实施机动灵活的创新发展扶持政策

首先,强化土地要素保障。各级政府可根据特色小镇实际需要在各类设施用地、绿化用地等问题上给予一定支持;可从年度土地指标中先期预支,优先确保特色小镇创新发展重点项目、基础设施用地指标;注重存量挖潜,结合土地利用规划调整、农村土地综合整治、工业园区二次开发、"多规合一"试点及其他土地整治工作,以存量建设用地异地置换等方式增加用地指标,解决特色小镇设施用地问题。其次,强化人才要素保障。政府部门要协同科研院校建立"特色小镇创新人才智库";鼓励企业与科研院校建立长期合作关系,多渠道建立"大学生实践基地";政府层面需要制定有吸引力的人才引进计划和方案,同时鼓励企业通过互联网招聘、校园招聘等手段引进人才。最后,强化资金要素保障。探索建立特色小镇创新发展投资基金,推动各类产业资金、可用闲置资金、可用国有资产等划入专项基金;在特色小镇基础设施和公共服务领域,建立政府和社会资本合作项目库,向全社会募集资金。

六、特色小镇创新发展的专题研究：功能聚合

作为"产、城、人、文"融合共生的新型空间组织，产业、文化、旅游、社区四大功能的聚合程度成为衡量特色小镇建设成效的关键指标。由中国特色小（城）镇指数研究课题组发布的《中国特色小（城）镇2018年发展指数报告》，从特色产业引领、人居功能聚合、文旅元素魅力3个维度用量化的指数形式直观反映了全国特色小镇"四位一体"融合发展的状况。而作为特色小镇发端的浙江省在颁布的《特色小镇评定规范》中也将功能"聚而合"作为首要考核指标，并将此项赋值200分，占考核总分的20%。可见，功能聚合是特色小镇建设的题中应有之义。那聚什么？怎么聚？如何避免"功能聚合"这一初衷流于口号与形式？如何破解小镇实际建设中功能"聚而不合"的尴尬困境？对上述问题的剖析与解答对特色小镇的内涵式发展至关重要，创新提升功能"聚合力"的战略路径也是当前特色小镇建设过程中必须直面的现实问题。①

（一）特色小镇功能聚合的文献评述与理论建构

"特色小镇"的概念于2014年在杭州云栖小镇被首次提及，此后参照浙江省的实践经验，有关特色小镇内涵与定义的学术研究日趋丰富。综观各文献，特色小镇的概念主要可以从3个层次进行解读：从产业维度看，特色小镇以某一特色产业为依托；从功能维度看，特色小镇兼具产业、文化、旅游、社区四大功能；从空间维度看，特色小镇是一种创新空间组织形式（盛世

---

① 该部分内容为作者业已发表的学术论文：易开刚，历飞芹. 特色小镇的功能聚合与战略选择：基于浙江的考察[J]. 经济理论与经济管理，2019(8):104-112。

豪、张伟明,2016)。据此,特色小镇可以理解为以特色产业为核心,融合多功能,聚合多要素,具有明确产业定位、文化内涵、旅游业态和一定社区功能的创新创业发展平台(李强,2016)。特色小镇的关键词"特"不仅体现为形态特色、产业特色、地域特色,还体现在四大功能的聚合上(王小章,2016)。事实上,功能聚合是有机化学领域的术语,相关概念包括功能聚合物、聚合作用、聚合反应等(晏欣、余红伟,2013)。聚合泛指将分散的要素聚集到一起,随后常被引申为信息科学中的聚合技术。在信息科学领域,功能聚合强调一个模块内的各组成部分为执行同一个功能而存在(苏选良,2003),这与特色小镇四大功能有机聚合的目标具有内在一致性。结合现有文献,本研究对特色小镇的功能聚合进行了属性、目标和路径上的"三重"解构,以此奠定本研究的理论基础。

特色小镇功能聚合的属性维研究:"功能聚合"是特色小镇有别于工业园区、产业园区、经济开发区等产业组织形式的本质特性。特色小镇不是行政区划单元上的"镇",也不同于产业园区的"区",它是一个重要的功能平台,是一种全新的产业—文化—空间组织方式(冯云廷,2017)。从经济学角度看,现代化进程的推进依赖于"工业化"和"城镇化"两条发展路径。改革开放以来,我国的工业化进程高速推进,产业组织形式经历了从相对分散的工业区(20世纪80年代)到生产要素相对集聚的工业园区(20世纪90年代),再到技术要素集聚的科技园区(21世纪初)的不断演变(钱书法、卓岩,2003)。上述产业组织形式充分发挥了要素集聚后的规模效应,推动了工业产值的快速增长,但这些园区均是以生产功能为主的单一功能体,产城融合度低、服务配套不完善、宜居性较差(高吉成,2016)。特色小镇则聚焦于"产城一体",在产业功能的基础上强调文化功能、旅游功能、社区功能的深度嵌入,强调生产、生活、生态的"三生融合",一定程度上弥补了上述产业组织形式造成的产业和城市相对隔离的鸿沟。从这一层面上看,特色小镇是有机糅合"工业化""城镇化"这两条发展路径后产业组织形式的人本化进阶,是有别于园区(生产功能为主)、建制镇(生活功能为主)、旅游区(生态功能为主)等多功能聚合的综合功能体,是内含物理空间、经济空间、文化空间、社群空间的多维空间体,具体如图2-4所示。

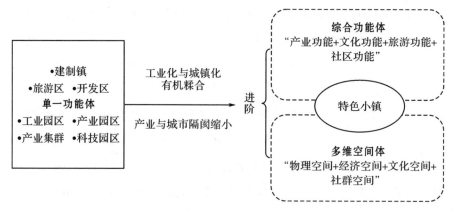

图2-4　特色小镇功能聚合的基本属性

　　特色小镇功能聚合的目标维研究:"功能聚合"是特色小镇建设的结果性输出,是衡量特色小镇建设成效的关键性指标。在信息科学范畴内,目标统一性是决定模块聚合程度的重要前提(汤丁萌、张宇、黄家荣,2018)。本研究认为,特色小镇的功能聚合是信息科学中聚合理论向新型城镇化建设领域的一种迁移。如果把特色小镇视为城镇系统中一个独立的模块,产业、文化、旅游、社区这4个组成部分紧密围绕"产城一体"这一方向共同发力,在统一目标的导向下,功能"聚而合"将成为特色小镇建设的结果性输出,这也意味着特色小镇将以"宜业、宜居、宜游、宜养、宜学"等多功能有机融合的"一站式目的地"形象呈现。

　　特色小镇功能聚合的路径维研究:"功能聚合"是特色小镇建设的基本抓手,是优化小镇生产函数、强化多重值产出的重要实现方式。信息科学语境中,模块的聚合是指模块内各个组成部分之间的凝聚程度,组成部分之间的关联程度越高,模块的聚合度就越高。对特色小镇而言,四大功能既是相对独立的,又存在内在关联性,产业根植于文化,旅游服务于社区,产业、文化、旅游、社区这四大组成部分在交互中实现生产、生活、生态要素的集聚、重组与交融,进而推动不同功能间的叠加、衍化与平衡。特色小镇的功能应具有一定的集聚度及和谐度,结构合理,经济、社会和生态等各功能之间协调发展(吴一洲、陈前虎、郑晓虹,2016)。因此,功能聚合必须"紧贴产业","聚"是指小镇应有四大功能的聚集,"合"是指四大功能都紧贴产业定位融合发展,而不是简单相加,生搬硬拼。忽视或割裂功能之间的关联性,有悖特色小镇"产城一体"的建设初衷。

综上所述,本研究认为,"功能聚合"对特色小镇而言具有多重内在含义:作为形容词,功能聚合是特色小镇的本质属性;作为名词,功能聚合是特色小镇的建设目标;作为动词,功能聚合是特色小镇的实现路径。进一步剖析看,产业、文化、旅游和社区这四大功能之间的"目标一致性"和"内在关联性"直接影响了特色小镇的功能聚合度。

(二)特色小镇功能聚合的现状与问题分析

1. 特色小镇功能聚合的现状分析

2017年7月,住建部发布《关于保持和彰显特色小镇特色若干问题的通知》(已失效),明确提出以下3点要求:尊重小镇现有格局,不盲目拆老街区(文化与社区功能);保持小镇宜居尺度,不盲目盖高楼(社区功能);传承小镇传统文化,不盲目搬袭外来文化(文化功能)。同年12月,国家发展改革委、国土资源部、环境保护部和住建部四部委联合发布的《关于规范推进特色小镇和特色小城镇建设的若干意见》中指出,特色小镇不搞区域平衡、产业平衡、数量要求和政绩考核,防止盲目发展、一哄而上,防止"千镇一面"和房地产化,防止政绩工程和形象工程,防止政府大包大揽和加剧债务风险。连续发布的指导意见突出反映了当下特色小镇建设热潮中的关键症结,也充分体现了政府层面对特色小镇功能聚合问题的关注。

本研究遵循普遍性与代表性兼顾的原则,围绕特色小镇功能聚合的相关问题从全国层面和浙江省层面进行了词频分析。通过对第二批全国特色小镇专家组评审意见的关键词提取,本研究发现23个关键词中有20个与功能聚合直接相关,词频占比86.96%。①其中,与产业功能直接相关的关键词达8个(聚焦特色产业、产镇融合、特色产业培育、产业链延伸、产业做强、产业结构升级、产业协调、产业集聚),在20个关键词中词频占比40%,充分显示出当前特色小镇对产业功能的偏重性。如图2-5所示,进一步的归类分析发现,专家组对特色小镇的文化功能(在前10项中词频占比31.13%)、旅游功能(占比67.90%)和社区功能(占比53.70%)都非常关注。由此可见,特色小镇在建设过程中对上述四大功能的平衡与融合至关重要。

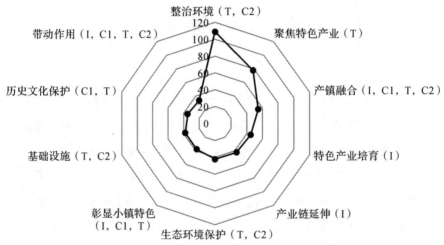

说明:产业 Industry,图中以 I 示意;文化 Culture,以 C1 示意;旅游 Tourism,以 T 示意;社区 Community,以 C2 示意。

图2-5 与特色小镇功能聚合直接相关关键词词频分布(前10项)

作为率先推进特色小镇建设工作的先行者和探路者,浙江省在小镇建设方面积累的经验与模式在全国范围内具有一定的代表意义。《中国特色小(城)镇2018年发展指数报告》筛选出了全国最美特色小镇50强名单,浙江

---

① 20个直接相关关键词及出现频次:整治环境(103)、聚焦特色产业(77)、产镇融合(54)、特色产业培育(45)、产业链延伸(43)、生态环境保护(43)、彰显小镇特色(38)、基础设施(38)、历史文化保护(35)、带动作用(33)、避免房地产化(28)、保护传统文化(22)、产业做强(20)、产业结构升级(16)、区位协调(15)、可持续发展(11)、多元化发展(10)、避免过度城市化(7)、产业协调(7)、产业集聚(5)。3个非直接相关关键词:创新体制机制(17)、落实项目(14)、引入资本(10)。数据来源网址:https://f.qianzhan.com/tesexiaozhen/detail/170926-bcdd8108_2.html。

省23个特色小镇榜上有名,占比46%,其中6个特色小镇位列前十,桐乡市毛衫时尚小镇排名第一。浙江省在取得亮眼成绩之余,建设过程中遇到的功能聚合问题同样具有共性参考价值。自2015年以来,浙江省已相继公布3批省级特色小镇创建名单,共计108个,3次年度考核结果显示,特色小镇建设情况总体良好,梦想小镇、云栖小镇等7个小镇获得正式命名,3年考核总体优秀率为22.3%,合格和良好率为63.6%,警告和降格率为14.1%,部分小镇因为考核不合格直接遭到淘汰。①进一步分析发现,功能聚合程度是上述"问题小镇"减分的关键指标所在。以首个被降格的特色小镇——宁波奉化滨海养生小镇为例,该小镇拟打造为长三角首屈一指的复合型滨海旅游度假目的地,在缺乏产业的基础上发展旅游功能,导致内生力不足,因投资主体撤出致使项目搁浅。2015年度,滨海养生小镇完成固定资产投资额为零,特色产业投资、税收收入、服务业营业收入、工业企业主营业务收入、旅游接待总人数、引进高中级职称人员等指标均未达标,考核结果不理想,成为首个被降格的特色小镇,第二次考核仍被警告,第三次考核后遭到淘汰。类似滨海养生小镇这样的"问题小镇"需正视在功能聚合指标上存在的严重失分困境。

2. 特色小镇功能聚合的问题分析

基于对特色小镇功能聚合的三重解读,结合浙江省"问题小镇"的深度剖析,本研究认为,当前特色小镇功能聚合中面临的问题、难点主要表现为"功能不聚"与"聚而不合"。

问题一:功能不聚,即产业、文化、旅游、社区四大功能中出现某一项或某几项的缺失(功能缺位)。具体表现为:其一,产业功能缺失,特色小镇空有其名。特色小镇以产业为根基,特色产业是小镇发展的持续推动力。但目前不少小镇有特色,无产业,在建设中盲目求洋(洋名),缺乏发展后劲。例如温州平阳宠物小镇,主打"萌宠"文化牌,因其造型独特的"骨头"小镇会

①　数据说明:考核年度为2015、2016、2017三年;数据来自浙江省特色小镇考核结果的官方公布信息。

客厅一时间获得不少关注度,但小镇基础设施薄弱,项目发展进度缓慢,因"高投入低产出"的发展情况在考核中被降格。此外,杭州天子岭静脉小镇、天台山合和小镇等取名耳目一新,但在主导产业发展上仍缺乏后劲。其二,偏重产业功能,缺乏对文化、旅游、社区等其他功能的融合考虑,致使特色小镇成为工业园区、产业园区的简单复制。部分特色小镇过度关注经济指标,片面追求小镇的开发速度与规模,忽略了对文化资源的保护和历史文脉的延续(苏斯彬、张旭亮,2016),如东阳木雕小镇就存在规模过大的问题。此外,部分特色小镇割裂了产业功能与社区功能,发展产业优先于营造社区,社区营造问题未进入小镇建设的议程(郁建兴、张蔚文、高翔等,2017)。

问题二:聚而不合,产业、文化、旅游、社区四大功能之间"貌合神离",融合度低(功能错位)。部分特色小镇虽然按照四大功能要求展开建设工作,但功能之间关联度低,功能叠加不足。具体表现为:其一,"产业+"其他功能融合不足,例如产业功能与旅游功能割裂,缺乏与特色产业相关的旅游项目和产品的深度挖潜,未充分发挥旅游功能对小镇人气的集聚效应;产业功能与文化功能割裂,部分小镇对历史文化内核的挖掘与开发不够重视,反而大力发展新兴产业,使得传统文化与现代产业难以融合(占献骁,2017);产业功能与社区功能割裂,小镇的社区生态未得到良好营造,缺乏休闲、教育、医疗等软件配套,对小镇发展急需人才的吸引力较弱。例如,浙江省2016年度省级特色小镇考核中,有5个小镇在非遗传承人、省级以上大师、国省千人才等高端人才考核指标上得分为零,人才缺失反之使得小镇其他功能发展缺乏智力支撑。其二,"文化+"其他功能融合不足,对传统产业特色和人文地理环境挖潜不足,部分特色小镇崇尚舶来文化,致使产业、旅游、社区功能缺乏具有可识别性的文化基因与符号。例如,衢州龙游新加坡风情小镇因"平地起高楼",投资未按期到位,在考核中被直接列为淘汰对象。其三,"旅游+"其他功能融合不足,部分特色小镇以传统旅游风景区模式开发小镇旅游功能,但与当地居民的共享共建不足,会客厅形同虚设。其四,"社区+"其他功能融合不足,部分小镇存在过度城市化、过度房地产化现象。

本研究认为,致使特色小镇"功能不聚""聚而不合"的原因在于四大功能之间缺乏目标一致性和内在关联性。首先,小镇建设未紧扣"产城一体"

"三生融合"的内在要求,重规划弱落地,较为盲目地定时间、定数量、定范围、定人数、定投资规模,导致规划定位与实际建设存在较大偏离,项目难落地,投资难到位。例如,平湖九龙山航空运动小镇因整体小镇投资额度未达到审核标准(目标投资额为15亿元,实际投资额为3亿元)而被降格。其次,小镇建设中各部分协同发力不足,重考核弱积累。面临年度考核压力,部分小镇并未真正吃透四大功能之间的深度关联性,过于重视短期效益可见的显性考核指标,致使功能之间存在失衡。从客观原因看,当前特色小镇的考核指标在功能聚合这一项上尚未充分考虑功能之间的内在关联性。以浙江省出台的《特色小镇评定规范》为例,功能"聚而合"为一级指标(200分),划分了社区功能(服务配套40分、智慧化建设20分、人口规模10分,合计70分)、旅游功能(景区创建60分、小镇客厅10分,合计70分)、文化功能(文化挖掘60分)3项二级指标,指标设计体现了"聚",但并未真正体现"合",即功能之间的相关性还需进一步考虑到指标设置中去。

(三)特色小镇功能聚合的战略选择

1. 特色小镇功能聚合的机理构建

由功能聚合的内涵可知,功能聚合遵循闭环式的良性循环演进轨迹,功能聚合以要素聚合为依托,各类要素有机聚合后将强化各项功能,以进一步对要素产生吸引力和集聚力,这也符合经济学中极化效应与辐射效应的形成规律。从这一层面讲,特色小镇不仅是功能聚合体,也是要素聚合裂变的创新空间体。在此认知基础上,本研究以聚合理论为逻辑主线,根据对特色小镇功能聚合本质、现状、问题、成因的判断,围绕聚什么、如何聚等问题构建了特色小镇功能聚合的机理模型(见图2-6)。

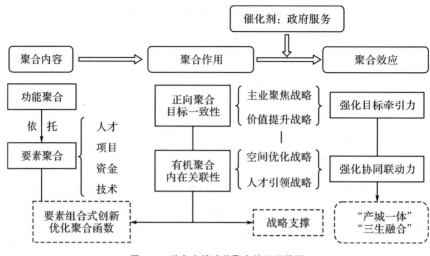

图2-6　特色小镇功能聚合的机理模型

如图2-6所示,特色小镇功能聚合的逻辑起点在于厘清聚合内容,即聚什么。本研究认为,特色小镇的功能聚合以要素聚合为依托,小镇建设所需的人才、项目、资金、技术等要素是实现功能聚合的基本单位。特色小镇通过"要素挖潜—要素集聚—要素耦合"的路径,延展聚力、聚智、聚资、聚业的引流渠道,创新各类要素的组合方式。在要素集聚的基础上,揭开要素相互作用的"黑箱"是解答"如何聚"问题的关键。基于对当前特色小镇"功能不聚""聚而不合"成因的分析,本研究认为,聚合作用的实现可依循两条关键路径:一是正向聚合,强调在小镇建设过程中要立足目标的可行性、保持目标的统一性,使建设目标真正扎根于小镇的能力域、特色域、资源域,破除"唯考核"的目标倾向,注重特色小镇的内涵式发展。二是有机聚合,强调在小镇建设过程中切实关注各类要素的内在关联性及四大功能之间的内在嵌入性,充分了解要素之间因深度关联、跨界耦合产生的化学反应。例如基于小镇文脉,发展文创产业,让小镇文化元素以旅游产品、旅游项目等形式实现经济效益产出,以美化小镇建筑风貌、特色标识系统等形式实现社会效益产出,助力"小而美"特色小镇的打造。聚合作用的"发酵"有赖于政府精准服务这一聚合催化剂,在实现和扩大聚合效应的过程中,政府是黏合各类要素的关键环节,服务的及时、到位有利于有效降低功能的聚合成本。在正向聚合形成的目标牵引力与有机聚合形成的协同联动力的双重作用下,聚合效应最终归于"产城一体、三生融合"目标的实现。

2. 特色小镇功能聚合的战略选择

鉴于对特色小镇功能聚合重要性的认知,有必要在提升功能"聚合力"方面进行战略重构和路径创新。主业聚焦与价值共创有利于保持特色小镇建设目标的一以贯之,以避免规划与落地之间脱节的问题。空间优化与人才引领则有利于改进要素之间的聚合函数,强化要素关联度,以避免四大功能之间的脱节。基于此,本研究提出了特色小镇功能聚合的四大战略选择,并结合浙江省特色小镇的优秀实践案例进行了分析。[①]

主业聚焦战略,夯实功能聚合的产业根基。特色产业的发展优势决定了小镇建设的可持续性,产业建镇应成为特色小镇建设的核心要求。对浙江省3批特色小镇的产业特征和产业结构进行进一步分析发现,特色小镇的产业选择主要有两类:一类是"无中生有",依托地区产业发展主题,填补产业发展空白,完善基础服务,以此来确定特色小镇的核心产业;另一类是"人有我优",依托本土资源,以现有产业升级、延伸现有产业链和打造产业生态圈为特色小镇的产业发展方向。本研究认为,特色小镇的产业发展必须牢牢把握专业化、特色化、高端化这3个关键词,抓住产业核心,瞄准产业定位,提升产业层次,优化产业结构,打造产业高地。

具体来看,首先,产业选择要"顶天",即符合国家宏观环境和产业发展趋势,紧扣产业高端和高端产业,主攻最有基础、最有优势的特色产业来建设。例如云栖小镇为聚焦高端,专注与阿里云的深度合作,毅然迁出传统产业,果断放弃其他云计算。其次,产业选择要"立地",即符合区域资源基础及区位环境特点,选择能代表小镇唯一性且有市场竞争力的特色产业。应

[①] 案例选择依据:第一,浙江省特色小镇正式授牌名单:上城玉皇山南基金小镇、余杭梦想小镇。第二,浙江特色小镇网络影响力指数2017年7月榜前两位:余杭梦想小镇、西湖云栖小镇。第三,浙江省特色小镇总指数前两位:余杭梦想小镇、上城玉皇山南基金小镇。第四,2015年度、2016年度浙江省特色小镇考核结果:嘉善巧克力甜蜜小镇(优秀)、上城玉皇山南基金小镇(优秀)、余杭梦想小镇(优秀)、西湖云栖小镇(优秀)。综合考虑,本研究选择案例对象为上城玉皇山南基金小镇、余杭梦想小镇、西湖云栖小镇、嘉善巧克力甜蜜小镇。

对周边区位环境、市场、文化等方面开展充足深入的调查研究,找出自身产业特色或寻找当地有基础的产业项目,准确定位,对小镇的名称、发展方式、特色产业、融资方式、运营管理做出明确的策划。云栖小镇围绕阿里云产业生态、卫星云产业生态、物联网芯片产业生态、智能硬件创新生态,构建了层次清晰的四大产业生态体系。最后,产业选择要充分发挥平台效应、名企效应,并与当地企业保持良好沟通,引进发展前景较好的优秀企业,纵深产业链条,加强产业联盟,营造健康的产业生态系统。对云栖小镇而言,阿里巴巴的"明星效应"不仅吸引了涵盖智能硬件、App开发、游戏、互联网金融、移动互联网、数据挖掘等各个领域的涉云企业的入驻,同时吸引了"云栖大会"等一大批高规格会议和论坛的落户,逐步形成了云计算生态圈。

　　空间优化战略,促进四大功能立体式聚合。如上所述,特色小镇是一个功能聚合的多维空间体,空间范围的限制既有利于缩短要素之间的物理距离,加快要素之间的联系,推动功能叠加。同时,有限范围又对空间的合理设计与资源优化配置提出了更高要求,实现小空间大聚合,以打造一个产城高度融合、集约式发展的功能空间组织,并体现小镇特有的地域文化。特色小镇的空间优化在整体思路上,首先应从小镇所在城市的整体视角出发,综合考虑小镇与周边环境条件、要素资源及功能布局的关系,构建小镇与周边要素互动联系的系统空间框架。其次以小镇内部的空间格局为基点,以产业功能为核心,按产业空间要求协调各类用地的关系比例,并针对不同功能主体的空间需求加以分类落实,强化空间引导(孟思,2017)。

　　在具体设计上,按照"产业导向、功能复合、以人为本、空间弹性"的原则,对四大功能进行协同设计,构筑有序的群落结构空间布局,变"刚性"功能分区为"柔性"功能分区,打造"海绵小镇"。第一,以"产业＋"为导向打造高效的经济空间,构筑特色鲜明、分工合作的产业群落。第二,以"文化＋"为脉络,应用文化符号和形态元素展现小镇的文化空间形象。第三,以"社区＋"为基础,合理把握宜居的空间尺度,构筑居民间交往密切、体验感佳的社群空间。第四,以"旅游＋"为延展,在全域旅游发展理念指导下双向拓展小镇的旅游时空。第五,以"智慧＋"为手段,利用智慧信息技术打破传统受空间限制的办公方式,为小镇创业者提供创业空间、柔性办公空间、孵化平台、创客咖啡空间等,有效集聚高端创业元素。例如,余杭梦想小镇充分应用互联网引导要素在线上聚合,将小镇创业者所需的各项功能进行叠加并组合形成高度混合的办公、生活单元,向创业者提供多样化的产品和混合街区。上城玉皇山南基金小镇则在城郊存量用地改造和利用等方面的做法具有典型的借鉴意义,在充分尊重城市历史和文化脉络的前提下,小镇对已有的城市建设遗迹进行了"织补"改造,将旧厂房、旧仓库等升级改建为文化产业、基金产业的办公用房,真正落实了可持续的有机更新。

价值提升战略,优化小镇的功能聚合函数。从价值角度看,特色小镇其实是多功能复合的价值网络,网络上各个功能节点之间合作互补创造了经济、社会、文化、生态等多重价值。实施价值提升战略,需要以创新为驱动力,突破"唯考核""唯经济效益"的价值导向,借助资本、技术力量推动小镇生产函数的改变,提升多功能耦合过程中的价值溢出能力。本研究认为,特色小镇的价值提升应"内外兼修"。首先,通过产业层面的业态创新和企业层面的商业模式创新不断寻找小镇新的价值点,以增强居民的安全感、游客的满意感、企业的获得感。其次,全面升格小镇的品牌形象价值,通过丰富小镇的品牌内涵与层次,创新品牌传播方式,形成特色小镇的品牌影响力。在自媒体时代,小镇应借助新媒体营销,建立一种融合体验性、沟通性、差异性、创造性与关联性的多层次营销方式和传播手段。

以嘉善巧克力甜蜜小镇为例,该小镇通过"产业融合+IP营销"的方式构建了内外协同发展的"方程式",实现了多重价值的创造。在产业融合方面,小镇以旅游产业为核心,围绕"甜蜜"主题,通过"旅游+"串联起温泉、水乡、花海、农庄、婚庆、巧克力等分散的资源,重点培育与甜蜜小镇主题相关的工业旅游、文创旅游、休闲旅游、农业旅游等特色旅游产业,推动资源整合、项目组合、产业融合,实现了"以旅游集聚产业、以产业支撑旅游"的发展目标。在品牌价值提升方面,小镇充分发挥了IP营销的影响力。结合小镇所在地"大云镇"特色和"甜蜜"主题,小镇以"大云把你宠上天"为宣传口号,并推出了云宝IP形象,开发了旅行袋、抱枕、手机壳等"云宝"周边。同时通过举办甜蜜文化品牌发布会、"云宝"与熊本熊比萌挑战事件营销、《Follow蜜》大型真人秀网综节目等,在国内外提升小镇的品牌知名度。

人才引领战略,强化小镇发展的智力支撑。人才是特色小镇的"造梦师",是盘活各类创新资源的"活力源",是真正推动小镇功能聚合的"黏合剂"。从实际情况看,目前全国各地的特色小镇建设都在大力推进中,缺人才尤其是高精尖的高层次人才是小镇的共同痛点。具体来看,部分特色小镇在大型项目的运营管理、高端活动的营销策划、产业前沿的技术研发、文创领域的艺术设计等方面都缺乏智力支撑。本研究认为,在梳理出小镇人才需求的基础上,可以通过以下两个方面增强对人才的吸引力:一是充分发挥比较优势,利用小镇特有的区位优势、资源优势等引才;二是创造差异独特优势,创新政策优势、服务优势等引才。为此,小镇可以通过引智、借智、聚智,强化人才要素保障,建立"特色小镇创新人才智库"。

在引才的具体策略方面,第一条路径是"产业引才",发挥特色产业尤其是新兴产业对专业人才的集聚作用。例如云栖小镇以阿里云为核心,在全国乃至全球范围内集聚云计算大数据领域人才,截至2017年已引进各类人才超过4000名,其中高中级技术职称人员247人,省千人才10人,国千人才5人。[①]第二条路径是"平台引才",充分发挥名企、名校的明星效应。例如,梦想小镇借力阿里巴巴集团的强大资源,依托浙江大学、杭州师范大学等智力"大树",集聚了大批的行业领袖、技术专家、企业高管和互联网开发者,形成了由高校系、阿里系、海归系、浙商系组成的创业"新四军"。第三条路径是"柔性引才",一方面将招商引资与招才引智深度融合,形成人才带项目、项目带人才、人才带人才的良性循环;另一方面组织筹备有影响力的大型会议或活动,或吸引全球性、全国性高端会议落户小镇,形成小镇的创新创意能量场。例如,云栖小镇每年举办的"云栖大会"已成为世界级云计算论坛,2017年与会者多达6万人。第四条路径是"服务引才",通过为人才提供定制化、高品质的政策条件和服务,以提升小镇吸引力。例如,梦想小镇以"你负责茁壮成长,我负责阳光雨露"为理念,为年轻创客提供全要素、开放式、便利化的众创空间与孵化器。第五条路径是"合作引才",通过猎头公司、新

---

① 资料来源:杭州云栖小镇:打造云生态产业链,注册企业达645家,http://www.fromgeek.com/ai/130821.html。

媒体等多渠道展开人才招聘活动,或与高校长期合作实施订单式人才培养模式。例如,成立于2016年12月的浙江西湖高等研究院,致力于前沿基础科学研究和博士研究生培养,为云栖小镇的发展提供了有力的智力保障。

习近平总书记在党的十九大报告中指出,"我国经济已由高速增长阶段转向高质量发展阶段",面对优质发展新要求,我国特色小镇建设工作应由数量目标加快迈入质量目标新阶段,对标一流、补齐短板,以高标准完成高水平建设,着力打造我国特色小镇升级版。在此过程中,应理性面对特色小镇因"功能不聚""聚而不合"而导致的警告、降级、淘汰困境,有效做好功能之间的乘法,充分发挥"功能聚合"对特色小镇品质化、内涵化建设的主路径作用。

在正向聚合和有机聚合的引导下,应以产业高端引领促聚合,尊重特色小镇的产业基础,聚焦主业、特色发展,以提升小镇的竞争力、辐射力;应以空间优化再造促聚合,按照"产业导向、功能复合、以人为本、空间弹性"的原则,充分发挥空间叠加效应,打造"海绵小镇",提升空间产出效益;应以人才集聚创新促聚合,通过引智、借智、聚智,强化人才要素保障,建立"特色小镇创新人才智库";应以文化挖掘活化促聚合,山水资源犹可模仿,文化基因不可复制,人文特色是小镇建设发展的灵魂,也是产业发展的生命力。每个特色小镇都要争取最大力度地汇聚人文资源,形成独特的人文标识,特别是要把文化基因植入功能聚合全过程。

对政府部门而言,在特色小镇考核指标的设置上,建议增设体现功能相关性的耦合指标。以浙江省《特色小镇评定规范》中功能"聚而合"这项指标为例,建议适当降低社区功能、旅游功能、文化功能这3个单项二级指标的考核打分,并增设小镇居民幸福指数以综合考查生活环境(社区功能)、生态环境(旅游功能)、文化环境(文化功能)改善后的居民反馈。除考核指标导向外,在创新驱动战略背景下,政府部门在关注特色小镇内部功能聚合的基础上,应将特色小镇开发深度融入全域创新发展战略中,切实根据特色小镇的发展需要和能力因势利导、有先有后、优化布局,无缝衔接创新发展的总体要求,融入区域整体创新发展过程中,在布局、功能上做到互补协同,在创新资源、基础设施共享等问题上协同发展。

七、特色小镇创新发展的专题研究：旅游开发

2016年1月，全国旅游工作会议强调，中国旅游要从"景点旅游"走向"全域旅游"。经历了前期的发展理念形成和地方试点探索，我国全域旅游发展已大步迈入国家示范推进阶段。全面落实全域旅游发展战略，既是顺应当前旅游业消费潮流的一场重要变革，也是实现旅游供给侧改革的一条重要路径，对旅游业的优化升级与提质增效具有深刻意义。在探讨全域旅游发展路径的理论研究中，"旅游空间"一词常被提及。2016年3月，《全域旅游的价值和途径》一文中明确指出，发展全域旅游需要拓展区域旅游发展空间，培育区域旅游增长极。唐德军（2016）也提出，全域旅游要契合大众旅游时代的空间供给需求转变，为消费者提供更大尺度、更多样、更优美、更共享的旅游公共空间。由此可见，旅游空间开发是全域旅游发展的内在要求和重要议题。创新、拓展、融合、提升旅游空间，对于破解区域空间资源瓶颈、优化空间环境流量效应都有显著意义。

从实践角度看，以城市（镇）为全域旅游目的地的空间尺度最为适宜。作为全域旅游发展的重要形态，物理空间相对有限的特色小镇更需创新旅游空间开发的思路和模式，找到实现"小空间大聚合"的关键路径。因此，本研究以特色小镇为基点，从理论层面分析全域旅游视阈下旅游空间的构成机理和开发机理，从实践层面探讨旅游空间拓展的模式与路径。[①]

---

① 该部分内容为作者业已发表的学术论文：易开刚，厉飞芹. 基于价值网络理论的旅游空间开发机理与模式研究：以浙江省特色小镇为例[J]. 商业经济与管理，2017，(02)：80-87。

（一）价值网络理论与旅游产业价值网络的研究综述

1. 价值网络理论的基础性研究

价值网络理论（value network）是在信息革命和模块化时代背景下产生的新兴战略理论（孟庆红、戴晓天、李仕明，2011）。该理论主张具有不同核心能力的企业把各自的价值链连接起来，形成包含上下游企业、顾客及竞争者在内的关系网络，从而共同创造差异化、整合化的客户价值，最终获取群体竞争优势、网络结构优势和抗风险能力（周煊、程立茹，2004）。从该定义中可以解读出价值网络理论的3个关键环节：一是逻辑起点，始终围绕顾客需求（客户价值）；二是作用过程，各主体之间相互联结合作，形成关系网络；三是产生效果，实现价值外溢，形成价值网络。同时，价值网络创新架构主要包含三大要素：核心企业、节点企业和客户（程立茹，2013）。在关系网络中，由客户需求激发形成价值网络创新的动力，核心企业掌握着关键资源与能力，协调、带动节点企业合作互补，共创价值。

价值网络理论的研究成果主要集中于两个层面。

一是企业层面。核心议题之一是企业价值网络的竞争优势研究。周煊（2005）指出，企业价值网络产生网络经济、规模经济、风险对抗、黏滞效应、速度效应这5种基本的竞争优势效应。余东华和芮明杰（2007）认为，在模块化时代，企业之间的竞争已经演进为企业价值网络之间的竞争。企业价值网络是模块化的价值链，通过将传统的集合型价值链进行解构、整合和重建，可以形成具有差异化竞争优势的价值网络。企业价值网络上的不同组织模块之间不断协作、创新，共享资源优势和技术成果，实现新的竞争优势的创造。陈占夺、齐丽云和牟莉莉（2013）则通过案例研究法，对复杂产品系统企业如何利用企业价值网络获取竞争优势进行了规范系统的研究。核心议题之二是商业模式创新研究。王琴（2011）认为，网络组织的价值创造逻辑已呈现"顾客价值创造与企业价值实现的分离"这一颠覆性变化，这种变化使得诸多企业必须重构价值网络，改变交易内容、交易结构和交易方式。在此基础上，企业商业模式创新的路径包括组合价值让渡推动、附加产品或增值产品推动、顾客分类、拓展网络参与者及逆向收入源推动等。吴晓波、姚明明和吴朝晖等(2014)从现代服务业企业视角,识别了基于价值网络的6种商业模式,包括长尾式商业模式、多边平台式商业模式、免费式商业模式、非绑定式商业模式、二次创新式商业模式、系统化商业模式。核心议题之三是企业战略研究。吴晓波、杜健和韦影(2005)认为,企业进入战略联盟的倾向受到企业价值网络的重要影响。傅代国和田小刚(2008)认为,网络经济使得企业价值创造逻辑从价值链转向价值星系,新的企业组织形态和价值创造机制对战略成本管理提出新要求。在价值星系下,战略成本管理应实施"源流管理",以企业间的网络关系管理作为战略成本管理重点。此外,部分学者较为关注价值创造与技术创新研究(余东华、芮明杰,2008;吴晓云、张欣妍,2015)及对企业价值计量模式的探究(董必荣,2012)。

二是产业层面,其核心议题是产业结构的优化研究。李平和狄辉(2006)认为,产业价值链以模块化为特征正在进行重构,其核心问题是模块的价值决定。卢福财和胡平波(2008)指出,在全球价值网络体系中,中国企业处于价值创造的低端状态。中国面对"低端锁定"的博弈选择,需要破解国内消费市场结构与规模、企业资金、企业心智模式与创新能力等方面的多重障碍。宗文(2011)在全球价值网络语境下,探讨了企业实现价值链和价值网络协同发展的具体路径。其中,价值链升级路径为企业从低端制造区段向高端研发区段、营销区段和营运区段的升级。价值网络升级路径为企业从各区段价值网络层次的最低端向模块供应商—系统集成商—规则设计商的升级。在此基础上,节点企业可以选择横向价值链升级模式、纵向价值网络升级模式及横纵混合升级模式。刘明宇和芮明杰(2012)从产业结构优化角度构建了价值网络分工深化模型,并指出发展中国家需要通过产业链、供应链和价值链重组建立自主发展型的价值网络,从而突破"瀑布效应"。

2.旅游产业的价值网络研究

在旅游产业领域,价值网络理论也被用于重构旅游业价值网络体系。刘蔚(2006)首先对旅游业价值网络进行了界定:为满足旅游者的旅游需求,以旅游业中具有核心能力要素的企业为中心,与相关产业的企业以各种纽带结合起来所形成的企业网络。刘蔚还指出,旅游业的价值链关系以信息流动为核心,因此具备信息优势的航空公司、饭店集团、旅游中介和旅游景区可以作为旅游业价值网络的核心企业。鉴于此,可以构建以航空公司、饭店集团等为核心的价值网络,也可以以旅游中介为核心构建旅游价值网络。在旅游价值网络构建过程中,要注意建立合理的利益分配机制,保障网络中各个参与企业的权益。在此基础上,汤志伟、张会平(2010)将政府及旅游行政主管部门也纳入了旅游价值网络,并将游客和旅游景区定位为网络的中心节点,强调旅游信息的资源整合、共享和优化配置。

如上所述,旅游价值网络的相关研究着眼于旅游业整体,基本构建了"以游客需求为基点、核心企业为中心、相关企业为节点"的价值网络,并且强调企业主体协同合作产生的经济效应。而全域旅游概念的提出在一定程度上赋予旅游价值网络以空间感。厉新建(2016)指出,全域旅游是一个有板块、有廊道的网状格局,通过"旅游+"而不是"旅游含",构建出一张网状的关系图。同时,全域旅游的发展不再简单围绕价值链展开,而是在整个产业群落的网状互动中提质增效。从这一层面上来说,价值网络理论与全域旅游发展具有内在吻合性,全域旅游的网状格局是价值网络在物理空间上的呈现。全域旅游的价值网络构建既可能产生因旅游企业合作创造的经济协同效应,也可能产生由旅游要素耦合带来的空间拓展效应。

(二)基于价值网络理论的旅游空间开发机理

基于价值网络理论的3个关键环节和三大要素,在全域旅游视阈下,旅游空间的开发机理具备一个逻辑起点即游客需求,一个作用过程即"旅游+",一个空间效果即空间网络,如图2-7所示。在游客多元化、品质化、复合化需求的驱动下,旅游目的地一方面要不断丰富和增加旅游吸引物(核心旅游要素),通过"旅游+",将更多元素纳入旅游体系中,由此扩大旅游景观空间;另一方面要不断完善交通、住宿、支持设施和基础设施(节点旅游要素),通过"旅游+",强化节点要素对核心要素的支撑,由此扩大旅游活动空间和环境保护空间。旅游吸引物借由交通等节点要素,实现吸引物之间的连点成线、连线成网,由此形成了立体式的旅游空间网络,丰富了旅游空间的维度。

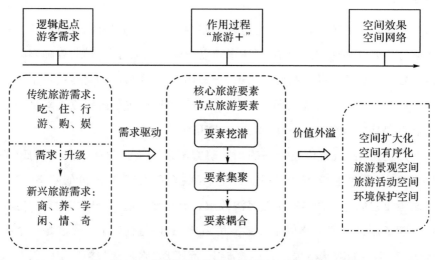

图 2-7 基于价值网络理论的旅游空间开发机理

逻辑起点:游客需求。Kathandaraman 和 Wilson(2001)指出,价值网络是一种以客户为核心的价值创造体系,并强调了价值网络的客户驱动性。Adrian(2002)也提出,价值网络的本质是围绕客户价值重构价值链,以实现客户整体价值最优。由此可见,客户需求激发是价值网络形成的起点。传统的旅游需求在物质条件大幅提升的情况下,已经逐步进阶到"商、养、学、闲、情、奇"等新内容。旅游需求总体规模的扩大、需求内容的多元和品质要求的升级,客观上驱动旅游形式更加多样、旅游内涵更加丰富、旅游空间更加扩展。全域旅游发展的最终目的是给游客提供最优的旅游体验,给游客自由行走的权利和保障,同时给居民带来惬意的生活和空间。

作用过程:"旅游+"。最早提出企业价值网络概念的 Adam 和 Barry(1996)在其研究中重点强调了"合作""互补""共生"等概念。核心企业与节点企业借由群体协作响应和信息技术整合,实现价值网络的联动运作。在旅游语境下,这种协作响应体现为核心旅游要素与节点旅游要素之间的互动耦合。Pearce(1995)提出,区域旅游供给的五大空间影响要素是吸引物、交通、住宿、支持设施和基础设施。其中,吸引物是核心旅游要素,其余 4 类属于节点旅游要素。要素内部与要素之间的联动通过"旅游＋"得以实现，从而形成一张以游客需求为中心的关系网络，同时也是一张以合作共赢为核心的价值网络。这一网络格局的形成过程如下：第一步，要素挖潜，通过"旅游＋内容"，深挖旅游资源的存量和增量，丰富旅游吸引物的类型，使得区域范围内有更多可看、可玩的景物。要关注传统旅游业之外的其他要素，诸如利用农业、工业等产业资源发展农业旅游、工业旅游等，要关注临近地区旅游资源的"飞地式"利用(厉新建、张凌云、崔莉，2014)。第二步，要素集聚，围绕核心吸引物，实现各类旅游要素的集聚，从而形成区域内的要素群落。第三步，要素耦合，实现核心旅游要素之间的互补合作、价值共创。厉新建(2016)指出，全域旅游是一个生态圈，强调共性，强调伙伴关系而非配置关系；是产权束，强调共享性，不求所有，而是共有。因此要重点加强产业耦合，打通旅游业与其他产业的关系，提升多产业耦合过程中的价值溢出能力。第四步，通过"旅游＋手段"，尤其是信息技术手段，实现交通、住宿、支持设施和基础设施的便捷化、智能化，使得核心旅游要素之间有序链接。

　　空间效果：空间网络。王琴(2011)认为，网络节点间的关系作为一种资产，决定着价值网络的结构，以及价值创造和价值实现的方向。在旅游语境下，旅游要素之间呈现一种空间关系，使得价值创造的方向呈现为空间效果。一方面，"旅游＋内容"使得空间维度扩大化。例如，"旅游＋创意""旅游＋营销"，使原有旅游空间的存量得到提升(纵向深耕)，或者开放社区、校园等区域，将生态、生产和生活空间转变成旅游空间；"旅游＋工业""旅游＋农业""旅游＋文化"，使产业园区、田间地头、文化礼堂等增量空间得到挖潜(横向拓展)。可见，区域范围内，旅游内容愈加丰富，旅游空间体系也不断扩大。另一方面，"旅游＋手段"使得空间有序化，旅游活动空间、旅游景观空间、环境保护空间等多类空间实现功能互补，并井然有序。

（三）基于价值网络理论的旅游空间开发模式：以浙江省特色小镇为例

基于价值网络理论的旅游空间开发思路是做好"旅游＋"文章，充分利用一切可用、能用的资源要素来延展旅游空间的广度和深度。这种开发理念对于物理空间相对有限的特色小镇意义更为显著。为适应经济新常态，破解浙江经济的空间资源瓶颈、有效供给不足、高端要素融合不够等问题，浙江省委、省政府于2015年推出了"特色小镇"发展战略，全面启动建设一批产业特色鲜明、人文气息浓厚、生态环境优美、兼具旅游与社区功能的特色小镇。在旅游功能方面，《浙江省人民政府关于加快特色小镇规划建设的指导意见》明确指出，每个特色小镇需打造成3A级景区，旅游特色小镇需打造成5A级景区。如何深挖小镇的旅游资源，实现有限空间内综合效益的最优化，是特色小镇特别是产业类小镇，如地理信息小镇、机床小镇、基金小镇等都必须解决的问题。

多元旅游要素的合作互补创造了经济、社会、文化等多重价值。本研究认为，旅游空间的开发应以区域资源为基础，在清晰的旅游主题和定位下选择旅游元素挖潜或旅游元素植入。基于旅游空间开发机理和浙江省特色小镇的实践经验，本研究以"旅游＋内容"和"旅游＋手段"为方向，提出了三大类旅游空间开发模式（见表2-1）。

表2-1　基于价值网络理论的旅游空间开发模式

旅游空间开发方向	具体开发模式	核心内容
方向一："旅游＋内容"	存量空间提升模式（纵向深耕）	"旅游＋项目"
		"旅游＋营销"
	增量空间挖潜模式（横向拓展）	生产空间融入旅游空间"旅游＋工业""旅游＋农业""旅游＋商务"等
		生态空间融入旅游空间"旅游＋生态"等
		生活空间融入旅游空间"旅游＋文化""旅游＋社区"等

旅游空间开发方向	具体开发模式	核心内容
方向二:"旅游+手段"	智慧旅游发展模式(空间有序)	"旅游+信息技术"(智慧交通、智慧设施等)

存量空间提升模式:该模式以区域内现有旅游空间为基础,侧重通过丰富旅游项目、创新旅游营销等方式,提升现有空间的旅游效益产出。以湖州市安吉县"大年初一"风情小镇为例,该小镇通过旅游业态的创新和旅游项目的策划营销,实现了乡村旅游的"升级",成为乡村度假游的新样板。在旅游项目策划和营销方面,该小镇业已引入酒吧街、中华传统美食城、特色文化体验街等新业态,同时加入房车露营、全地形车俱乐部、隐居西湖和安吉鸟巢等高端民宿及有机蔬菜园等旅游配套项目,通过"国际3D魔幻艺术展"活动,吸引了大量游客。在景区住宿方面,该小镇以明清古建筑、合院式建筑设计为轴,建设形成包括多层客栈、低层合院、临水别墅、精品主题客栈、青年旅舍等在内的乡村酒店聚落。在旅游时间设计方面,该小镇设置了白天的"车队体验游",夜晚的"驻地休闲游",使旅游体验更加多元化(陶婷,2015)。

增量空间挖潜模式:该模式通过旅游要素的挖潜、集聚和耦合,构建以旅游功能为核心的多元价值网络,将生产、生态、生活空间融入旅游空间;同时,各个产业通过适当的方式进行有效融合,使旅游业成为该区域空间内产业融合的"触媒"和"融头"(厉新建、张凌云、崔莉,2014)。以嘉兴市嘉善县巧克力甜蜜小镇为例,该小镇以甜蜜为旅游主题,融合巧克力、水乡、花海、温泉、农庄和婚庆等六大旅游元素,逐步形成了"旅游+X"(工业、农业、文化、休闲)的旅游空间开发模式。在"旅游+工业"方面,该小镇引入瑞士巧克力制造机器与项目,面向市场生产和销售巧克力产品。与此同时,建立歌斐颂巧克力工业旅游示范区,实现巧克力生产流水线的公开化、可参观化,从而将工业生产空间发展为旅游空间。在"旅游+农业"方面,该小镇挖掘杜鹃花(县花)元素,依托"碧云花海"项目,将农业生产空间发展为旅游空间。同时,鼓励当地居民积极种植杜鹃花,在旅游业发展的同时带来了社会效益的增加。在"旅游＋文化"方面,该小镇着重挖掘巧克力文化内涵,通过建立歌斐颂巧克力主题园区,引入了多项巧克力风情文化体验活动,同时积极打造婚庆蜜月度假基地和文化创意产业基地,将文化生活体验空间发展为旅游空间。在"旅游＋休闲"方面,该小镇充分利用温泉、山水等自然资源开发旅游休闲项目,依托云澜湾温泉休闲度假园区、十里水乡休闲配套区,将生态空间发展为旅游空间。此外,小镇的旅游功能开发以当地自然乡村田园风光为背景,保留原始水系和原始风貌,充分考虑到了环境保护空间的预留。

智慧旅游发展模式:该模式侧重应用信息技术手段,实现旅游交通、设施等要素的智能化,从而促进旅游公共空间的拓展。以杭州市丁兰街道智慧小镇为例,该小镇在发展智慧产业的基础上,积极将智慧项目应用于景区管理和社区管理。在智慧景区方面,该小镇设置多个智慧接点,在游客中心和主入口实现无线网络全覆盖;同时,为登山游客提供可穿戴设备、RFID射频识别和云计算技术,帮助游客智能规划多条登山路径。在基础设施方面,该小镇将治安交警、城市管理、河道水质、森林防火、景区管理、小区物业、移动平台等监控探头和感知设备,全部纳入"监控云"系统,建立基础信息"集中研判—分级共享—智慧调度"的联合管理模式,探索城市大数据的协同管理(周佳晖,2015)。

(四)主要结论和政策建议

通过上述分析,本研究得出以下结论:第一,旅游空间开发是全域旅游发展的内在要义,尤其对物理空间有限的特色小镇而言,充分发挥其旅游功能的关键在于找到实现"小空间大聚合"的有效路径;第二,特色小镇在物理形态上是一个空间综合体,而其实质是一个价值网络体,用价值网络理论指导特色小镇开发,利于实现旅游空间的多维度拓展;第三,基于价值网络理论的旅游空间开发在内在机理上,由逻辑起点、作用过程和空间效果这3个环节构成,围绕不断升级的游客需求,特色小镇需要持续深化"旅游＋",挖潜、集聚各类旅游要素,实现要素间的耦合互动和价值共创,从而丰富特色小镇的旅游内涵,推动旅游空间的有序化和延展化;第四,特色小镇应以"旅游＋内容"和"旅游＋手段"为主要方向,探索符合自身旅游空间开发规律的模式,包括存量空间提升模式、增量空间挖潜模式和智慧旅游发展模式。在具体的开发策略和保障上,本研究认为可以从以下4个方面着手展开。

一是加强旅游用地科学规划,强化旅游空间规范管理。首先,在发展理念上,要树立长期(实际)、科学、可持续的旅游空间开发观,遵循绿色发展理念,在旅游定位上"去功利化",在项目选择上"去盲目化",在发展方式上"去粗放化",在发展速度上"去急躁化"。同时,将旅游空间开发深度融入全域旅游发展战略中,切实根据区域空间发展需要和能力因势利导,有先有后、优化布局;无缝衔接全域旅游的总体要求,融入区域整体旅游开发中;在布局、功能、线路上做到互补协同,在旅游线路设计、基础设施共享等问题上协同发展。其次,在旅游用地规划上,要推进"多规合一",充分对接社会经济发展规划、区域总体规划、土地利用总体规划等,制定科学合理的旅游用地统一规划,在规划中明确旅游相关用地空间和性质。要以国土资源部、住房和城乡建设部、国家旅游局联合印发的《关于支持旅游业发展用地政策的意见》(以下简称《意见》)为指导,加强对旅游项目建设用地、文物设施用地、旅游新业态用地等的统筹利用,进一步细化有关土地使用和供给方式的相关细则,落实旅游项目、基础设施、公共服务设施用地的供给方式、管理方式和使用方式。在旅游空间管理上,一方面要以《意见》为指导,明确各类旅游空间的管控细则,加强空间管理制度化建设;另一方面要落实专项空间建设和管理的责任单位,各职能部门之间要加强协同合作,实现旅游空间的合理开发与利用。

二是深挖旅游资源特质基因,创新旅游空间开发模式。对旅游空间的开发应以游客需求为起点,以保障环境保护空间为前提,以"旅游＋"为导向,以特色旅游资源为基础,探索形成具有区域特色的旅游空间开发模式和网络格局。摒弃各地旅游空间开发"一刀切"模式,加强分类指导、分类发展。首先,对于旅游资源基础和产业基础相对较好的地区,重点加强对核心旅游要素的挖潜和节点旅游要素的整合。以特色小镇为例:旅游小镇可以注重创新"旅游＋"发展模式,鼓励尝试"旅游＋异域风情""旅游＋健康""旅游＋地方资源"等元素,同时注重应用整合营销的传播模式;产业类小镇注重创新"产业＋"发展模式,鼓励尝试"工业历史＋旅游""智造＋旅游""金融＋旅游"等元素。其次,对于旅游资源基础相对薄弱的地区,应该重点加强区域旅游空间开发建设中旅游元素的全过程植入,从旅游特色定位、旅游项目设计和招商、项目建设与落地、项目实施与维护等方面,全方位思考旅游要素的植入方式。以特色小镇为例,对于与旅游关联度较低的特色小镇旅游的开发,应加强智库指导和政策倾斜,鼓励该类小镇学习国外特色小镇模式,如美国硅谷小镇、格林尼治对冲基金小镇等。鼓励该类小镇走"创意设计—商务休闲—时尚游娱""乡村休闲—文创体验—工业旅游""产业集聚—商务休闲—生活驿站""设计研发—装备制造—工业旅游"等创新的旅游空间开发模式(朱莹莹,2016)。

三是深化"旅游＋"功能叠加,推进"小空间大聚合"。要有效把握区域旅游空间开发中各项功能之间的平衡,深化功能聚合程度:一方面,有效形成各类旅游专项功能区,以保障旅游空间供给;另一方面,有效协同旅游空间与区域生产、生态、生活空间的动态平衡,以保障旅游空间的有序。第一,叠加好"旅游＋产业"功能。以特色小镇为例:传统产业类小镇(如绍兴东浦黄酒小镇)可以系统梳理产业发展的历史元素和特质,开展以参观、体验、学习为主题的旅游活动;新兴产业类小镇要注重开发以交流、游学、会展、展销等为主题的旅游活动,如金融类小镇通过开展高峰论坛、国际性高端研讨会等,形成国际国内有影响力的品牌活动,并利用会议效应实现旅游发展。第二,叠加好"旅游＋文化"功能。要深挖地区文化元素,开发旅游文化产品。以特色小镇为例:旅游类小镇要注重挖掘本地的自然生态文化、人文社会文化,并通过文化体验活动、文化产品销售等方式将特色文化传递给游客;产业类小镇要注重创新文化元素的导入,如加强时尚设计产业的文化创意元素,营造金融类小镇、创业类小镇开放共享的创业文化氛围。第三,叠加好"旅游＋社区"功能。一方面要积极吸纳地区剩余劳动力到旅游项目建设中,提供各类岗位,提升旅游空间开发过程中的社会效益;另一方面要实现"主客共享",优化景区的生态环境,改善居民的生活环境,鼓励当地居民以开放的心态融入旅游开发中,推动社区景区化发展。

四是加强智慧信息技术应用,完善旅游公共空间配套。要加强旅游空间开发过程中的"智慧嵌入",充分发挥智慧化基础设计在旅游行业秩序监管、旅游数据收集分析、旅游安全监控等方面的重要作用,通过智慧化品质服务为游客提供全方位、现代化的旅游体验。同时,要加强信息技术在公共交通配套、公共信息配套、旅游安全配套及公共环境配套建设中的应用,构建智能的、完善的旅游公共服务体系,拓展旅游公共空间。在交通设施方面,要强化区域之间、景区内部的交通对接,完善旅游引导标识系统,通过街区、走廊、索道等景观廊道的建设,利用自驾车、低碳自行车、缆车等多种交通方式的组合,串联区域内各旅游项目、景观景点,着力打造立体式的区域交通网络,形成快速便捷的交通圈。在信息服务方面,要加快旅游咨询中心、旅游呼叫中心和旅游在线咨询平台建设,建立起完善的旅游咨询服务体系。利用微信公众号等平台完善在线咨询服务功能,提高投诉咨询快速响应能力。在住宿餐饮方面,要加快旅游住宿、餐饮接待设施的多元化发展。此外,还要加强区域景点之间进行市场共享、游客互送、景区开发、线路开发等多种形式的合作;开通临近街区之间、热门景区之间的旅游专车或旅游穿梭巴士;对于同一主题线路上的旅游景区,鼓励实行联票机制,在景区与景区之间通过旅游巴士、骑游绿道、自驾车等多种形式对接,同时做好景区之间的景观廊道及购物、餐饮、住宿、休闲等配套服务设施的建设。

(五)特色小镇旅游高质量发展的对策研究

1.浙江省特色小镇旅游发展的现状问题

《浙江省人民政府关于加快特色小镇规划建设的指导意见》明确指出,每个特色小镇需打造成3A级景区,旅游特色小镇需打造成5A级景区。在具体实践中,浙江省涌现了一批在旅游开发方面表现优异的标杆型小镇,但同样存在旅游开发不当、不力、不足的问题型小镇。

从标杆型小镇看,其共性模式是特色产业与旅游产业"双引擎驱动"。一方面注重特色产业发展,以带动产业就业人口的日常居住;另一方面注重旅游产业发展,以吸引外来游客度假居住或短暂居住。人流聚集驱动消费产业聚集,消费产业聚集又驱动消费产业的就业供给侧聚集,从而形成双产业互融互促的良性循环。截至 2019 年,被正式命名的 7 个省级特色小镇均是产业类小镇,它们在重抓特色产业之余,对旅游开发也是毫不松懈。如今,上城玉皇山南基金小镇、余杭梦想小镇已是国家 4A 级景区,其余五大特色小镇也已陆续入选国家 3A 级景区。玉皇山南基金小镇的"金融＋旅游"、梦想小镇的"互联网＋旅游"等均走出了产业和旅游的互融、互荣发展道路。而表现优异的旅游类小镇同样不单纯依赖于旅游产业,如嘉善巧克力甜蜜小镇内抓产业,做好"旅游＋"文章;外抓营销,打造独特的甜蜜 IP,带来了小镇人气和经济效益的双增长。

从问题型小镇看,旅游开发方面存在的典型问题是开发不当、不力和不足。"不当"体现在旅游开发过程中的"拿来主义",向相关规划咨询单位"拿"创意,向其他景区、小镇"拿"经验,由此导致旅游发展的定位、思路、模式脱离小镇本身的产业特质、文化气质和资源禀赋,旅游规划"光顶天却不立地",旅游项目"水土不服"。"不力"体现在旅游开发过程中四大环节的"脱节":策划脱节于规划,旅游项目落地不力;运营脱节于开发,可持续经营管理不力;配套脱节于产业,旅游设施保障不力;营销脱节于建设,宣传推广不力。"不足"体现在两个方面:一是忽视旅游开发,致使特色小镇成为工业园区、产业园区的简单复制;二是泛旅游产业开发不足,小镇旅游的特色、卖点、项目、设施设备等无法有效支撑旅游市场需求。上述旅游开发方面的不当、不力、不足往往导致小镇陷入旅游项目搁置、建筑空置、资源闲置的现实困境,如部分特色小镇的会客厅仍然形同虚设。

2.浙江省特色小镇旅游发展的对策思考

针对当前浙江省特色小镇旅游开发过程中存在的现实问题,本研究在深度调研的基础上结合旅游发展的一定规律,提出以下 5 个方面的建议。

第一,景区化改造——解决"看什么"的问题。提前将景区化标准融入特色小镇的打造中,这是浙江省特色小镇一路走在前列的重要原因之一,应一以贯之。小镇的景区化改造有两大抓手:一是基于小镇核心资源(风情风貌、生态环境、产业特色等要素)凝练旅游吸引物,解决小镇最大的"卖点"问题。一般而言,景区化改造可以遵循自然生态式、主题营造式、文化体验式、互动游乐式等基本模式。二是按照高标准、高要求实施景区化改造,既注重建筑风貌、游览项目、旅游标识标牌系统等的建设,也要做好道路、停车场、卫生间等基础设施的建设,避免以后从3A级景区升5A级景区时的扩建改造工作,为小镇创A升A做好充分的前置准备。例如,德清地理信息小镇基于"地理信息"这一亮点,一方面打造小镇旅游服务中心、中科检测大楼、遥感卫星接收站、众创空间体验区、影院商业街、小镇特色街等体验科普旅游的景点;另一方面建设联合国全球地理信息管理德清论坛会址、德清大剧院、人才公寓、凤栖湖景观带、中央公园、地名博物馆等景区配套项目,让"地理信息"变得生动、美好。

第二,体验度设计——解决"体验什么"的问题。体验度是影响游客消费率、复游率的重要因素,特色小镇的体验度设计重在打造沉浸式旅游,让游客"留得下来、融得进去",具体有两大路径:一是深挖特色文化,创新体验内容;二是应用科技手段,创新体验方式。例如,在小镇的旅游演艺方面,建议通过科技手段和演出元素,让观众通过"视、听、嗅、味、触"来感受演艺活动,获得全新的观演体验。小镇中植入的体验项目既要有特色,同时更要有意义,如对小镇文化有传承意义、对游客有一定科普或教育意义等,避免各类小镇体验活动的同质化。例如,围绕"金融旅游"主题,玉皇山南基金小镇设计了"特色公园游憩、皇城遗韵旅游、杭州生活记忆、创意文化休闲、金融基金体验"五大旅游体验子产品。其中,"金融文化展示馆"融教育、收藏、展示、科研、交流等多功能为一体,定期推出各类特展和巡展;"金融博物馆"运用声、光、电、影、物等多种手段,以多元化视角与参观者互动,为大众展示金融业的发展历史及金融领域的最新发展成果。

第三,品质化服务——解决"满意与否"的问题。高品质的旅游服务是形成特色小镇口碑影响力和品牌传播力的关键。小镇的品质化服务提升可以从以下几个方面入手:一是服务内容系统化,应按照旅游景区要求构建完善的旅游咨询、讲解、医疗、救护、电讯、金融、交通等服务体系。二是服务团队专业化,应按照"五化"(员工职业化、流程规范化、服务精细化、管理系统化、改进持续化)标准构建小镇的常态化、高素质旅游服务团队,尤其是面对不断增长的研学旅游、考察旅游等市场，要加强配备"懂小镇"的专业讲解人员。三是服务手段智慧化，加强小镇游客旅游信息服务平台（App软件、智能导览、3D虚拟游、AR服务、VR体验）、旅游景区信息管理平台（智能售票、一卡通消费、车船调度、人员定位、客流统计、智能景观灯、智能停车、智能安防、投诉管理）、旅游大数据信息服务平台（可视化查询分析、安全预警、游客画像、数据挖掘、决策支持）"三大平台"建设，提升小镇在服务方面的快速响应能力。例如，云栖小镇的云咖啡吧、机器人餐厅，让游客有了别样的服务体验。

第四，文化度提升——解决持续发展的问题。特色小镇是文化传承创新的重要载体，寻找并强化文化差异是规避空间距离相近、景观相似、文化相像等同质化问题的有效途径。首先，在特色小镇更新规划设计时，应融合文脉多元要素，对特色小镇外在风貌和内在底蕴进行协调控制与建设引导，将碎片式的历史变成连续性、渐进式和综合性的历史，提高空间的可识别度与吸引力。其次，要兼顾现代与传统的和谐共生。特色小镇的职能、空间、风貌、机理都应该在继承传统的同时，将不同年代形成的片区与新规划片区进行整合，辩证地融入时代的功能、形式和技术，形成"过往为源、当下流行、未来传承"的空间脉络，保持特色小镇质朴、亲切的美感和格局机理。再次，要注重整合传统文化路线与景观游览路线。特色小镇的道路交通规划应尊重现有街巷、保护街区机理、延续文化记忆。最后，要结合自然环境，融入现代交通理念和方式，构建开合有序、节奏明晰、景观丰富和序列完整的空间体系，形成丰富多样的景观游览路线，吸引更多游客触摸小镇的文化脉络。

第五，功能聚合化——解决全面发展的问题。要有效把握特色小镇开发中各个功能之间的平衡，深化功能聚合程度。一是叠加好"旅游＋产业"功能。装备制造类小镇应重点做好产业旅游资源和体验旅游资源的开发，讲好特色产业的发展历程与历史故事，创设相关产业产品的风情体验区。时尚产业类小镇应注重开发学旅游资源和会展旅游资源，吸引专业人士、高级人才、企业家和设计师等来参加产品技术、设计创新及销售方面的交流研讨，提供供各界人士参观欣赏、购买产品、时尚游娱的文化中心、创意中心和会展中心。二是叠加好"旅游＋文化"功能。要深挖小镇文化元素，开发旅游文化产品。休闲旅游类小镇应重点开发自然生态文化、人文历史文化和乡土民俗文化，保持地域特有文化的原生性、鲜活性，讲好小镇故事。时尚产业、装备制造类小镇要深入开发创新文化，使创新资源、时尚元素等与自身根植性产业充分交融。信息类、金融类的特色小镇要重点探索创业制度文化，培养一种鼓励创新、包容失败的创业文化。三是叠加好"旅游＋社区"功能。一方面要积极吸纳小镇剩余劳动力到旅游项目建设中，提供向导、保洁员等岗位；另一方面要营造绿色环保的生态环境、优美舒适的生活环境、贴心周到的服务环境，提高小镇居民的身份认同度，实现小镇与居民的生态环境共享、发展结果共享。

参考文献

[1]BURNS P M, SANCHO M M. Local perceptions of tourism planning: the case of Cuellar, Spain[J]. Tourism management, 2003, 24(3):331-339.

[2] MURPHY C, BOYLE E.Test a conceptual model of cultural tourism development in the post-industuril city: a case study of Glasgow[J].Journal of tourism and hospitality research, 2006,10(2):111-128.

[3]DOGAN G, JUROWSKI C, UYSAL M. Resident attitudes: a structural modeling approach[J].Annals of tourism research, 2002, 29(1):79-105.

[4]FAULKNER B, VIKULOV S. Katherine, washed out one day, back on track the next: a post-mortem of a tourism disaster[J]. Tourism management, 2001, 22(4):331-344.

[5]GRAHAM P, JOHN F, CHRIS C. The Impact of tourism on the old town of edinburgh [J] .Tourism management, 1995, 16 (5): 355-360.

[6]HALL C M, SHARPLES L.The consumption of experiences or the experience of consumption? an introduction to the tourism of taste[J]. Food tourism around the world, 2003:1-24.

[7]HOWARD E.明日的田园城市[M].北京:商务印书馆, 2009.

[8]JOHN S, AKAMA , DAMIANNAH K. Tourism and socio-economic development in developing countries: a case study of Mombasa Resort in Kenya [J]. Journal of sustainable tourism, 2007, 15(6): 735-748.

[9]PRABAKAR K, DAVID T W.The future of competition-value-creating networks[J].Industrial marketing management, 2001, 30(4):379-389.

[10]PEARCE D. Tourist development. a geographical analysis [M]. London: Longman Press, 1995.

[11]ROBERT M. Residents' perceptions and the role of government [J]. Annals of tourism research, 1995, 22(1):86-102.

[12]白关峰.国外如何建设特色小镇[J].理论导报,2017(12):43-44.

[13]陈莉霞,祝胜利.浙江省特色小镇创建及其规划设计特点剖析[J].绿色环保建材,2017(12):58.

[14]陈水映,梁学成,余东丰,等.传统村落向旅游特色小镇转型的驱动因素研究:以陕西袁家村为例[J].旅游学刊,2020,35(7):73-85.

[15]陈宇.杭州特色小镇建设的动能转换机制研究[J].杭州(周刊),2018(46):28-29.

[16]陈占夺,齐丽云,牟莉莉.价值网络视角的复杂产品系统企业竞争优势研究:一个双案例的探索性研究[J].管理世界,2013(10):156-169.

[17]程国辉.基于产业生态圈构建的特色小镇产业规划策略与实践[J].江苏城市规划,2017(12):27-32.

[18]程立茹.互联网经济下企业价值网络创新研究[J].中国工业经济,2013(9):82-94.

[19]程立茹,周煊.企业价值网络文献综述及未来研究方向展望[J].北京工商大学学报(社会科学版),2011(6):65-70.

[20]程鹏,柳卸林,朱益文.后发企业如何从嵌入到重构新兴产业的创新生态系统:基于光伏产业的证据判断[J].科学学与科学技术管理,2019,40(10):54-69.

[21]董必荣.基于价值网络的企业价值计量模式研究[J].中国工业经济,2012(1):120-130.

[22]冯春盛,程晨.工业特色小镇概念与特征[J].中外企业家,2019(28):220-221.

[23]冯云廷.特色小镇建设的产业—空间—文化三维组织模式研究[J].建筑经济,2017,38(6):92-95.

[24]傅代国,田小刚.基于价值星系的战略成本管理研究:一个企业间的战略视角[J].中国工业经济,2008(10):119-128.

[25]高雅.浙江省特色小镇发展战略综述[A].中国城市规划学会、杭州

市人民政府.共享与品质:2018中国城市规划年会论文集(19小城镇规划)[C].中国城市规划学会、杭州市人民政府:中国城市规划学会,2018:10.

[26]高吉成.基于产城融合的产业园区发展路径研究[D].西安:西北大学,2016.

[27]杭宇.产业转型升级背景下的特色小镇建设[J].中国商论,2018(36):173-174.

[28]黄静晗,路宁.国内特色小镇研究综述:进展与展望[J].当代经济管理,2018,40(8):47-51.

[29]黄鲁成.研究区域技术创新系统的新思路:关于生态学理论与方法的应用[J].科技管理研究,2003(2):29-32.

[30]黄鲁成.区域技术创新系统研究:生态学的思考[J].科学学研究,2003(2):215-219.

[31]黄志雄.特色小镇价值取向与发展模式研究:基于浙江省第一批特色小镇"警告"与"降级"的经验证据[J].当代经济管理,2019,41(11):52-59.

[32]侯燚,蒋军成.乡村振兴战略下文旅特色小镇持续助力精准扶贫研究[J].现代经济探讨,2020(8):125-132.

[33]蒋志杰,吴国清,白光润.旅游地意象空间分析:以江南水乡古镇为例[J].旅游学刊,2004(2):32-36.

[34]李柏文.国内外城镇旅游研究综述[J].旅游学刊,2010,25(6):88-95.

[35]李金早.全域旅游的价值和途径[N].人民日报,2016-03-04(07).

[36]李龙,李春艳.特色小镇内涵及可持续发展研究[J].智库时代,2019(40):5-6.

[37]李平,狄辉.产业价值链模块化重构的价值决定研究[J].中国工业经济,2006(9):71-77.

[38]李强.特色小镇是浙江创新发展的战略选择[J].中国经贸导刊,2016(4):10-13.

[39]李娜,白小虎.特色小镇产业生态圈构建的实践研究:以浙江省云栖小镇为例[J].长春市委党校学报,2018(6):51-55.

[40]李文彬,陈浩.产城融合内涵解析与规划建议[J].城市规划学刊,

2012(S1):99-103.

[41]李学杰.城市化进程中对产城融合发展的探析[J].经济师,2012(10):43-44.

[42]李紫若.杭州特色小镇在"一带一路"中的机遇与挑战[A].浙江省长三角城乡社区发展研究院.浙江打造"一带一路"枢纽研究学术研讨会论文集[C].浙江省长三角城乡社区发展研究院:浙江省长三角城乡社区发展研究院,2018.

[43]厉新建.全域旅游是一种全新的发展模式[N].北京青年报,2016-03-01(T13).

[44]厉新建.全域旅游发展或将使景区地位边缘化[R].北京:2016全域旅游和景区发展高峰论坛,2016-04-20.

[45]厉新建,张凌云,崔莉.全域旅游理念体系[EB/OL].(2014-09-02)[2016-03-30].http://www.wtoutiao.com/p/1dfCTgj.html.

[46]林华.关于上海新城"产城融合"的研究:以青浦新城为例[J].上海城市规划,2011(5):30-36.

[47]刘继为.特色小镇研究的现状、热点与趋势:基于CNKI和CiteSpace的可视化分析[J].中国农业资源与区划,2021,42(8):107-117.

[48]刘明宇,芮明杰.价值网络重构、分工演进与产业结构优化[J].中国工业经济,2012(5):148-160.

[49]刘蔚.基于价值链(网络)理论的旅游产业竞争力分析[J].北方经济(综合版),2006(9):39-40.

[50]柳卸林,孙海鹰,马雪梅.基于创新生态观的科技管理模式[J].科学学与科学技术管理,2015,36(1):18-27.

[51]卢福财,胡平波.全球价值网络下中国企业低端锁定的博弈分析[J].中国工业经济,2008(10):24-32.

[52]罗来峰.特色小镇建设过程中的多元主体合作策略研究[J].课程教育研究,2018(50):30-31.

[53]马海涛,赵西梅.基于"三生空间"理念的中国特色小镇发展模式认知与策略探讨[J].发展研究,2017(12):50-56.

[54]毛长义,艾南山,胡国林.旅游依托型小城镇与景区联动开发初探:以汉水源头景区与汉源镇为例[J].乡镇经济,2007(8):31-35.

[55]梅亮,陈劲,刘洋.创新生态系统:源起、知识演进和理论框架[J].科学学研究,2014,32(12):1771-1780.

[56]孟庆红,戴晓天,李仕明.价值网络的价值创造、锁定效应及其关系研究综述[J].管理评论,2011(12):139-149.

[57]孟思.特色小镇的内涵延伸及空间建构策略探析[D].苏州:苏州科技大学,2017.

[58]闵学勤.精准治理视角下的特色小镇及其创建路径[J].同济大学学报(社会科学版),2016,27(5):55-60.

[59]内勒巴夫,布兰登勃格.合作竞争[M].王煜昆,王煜全,译.合肥:安徽人民出版社,2000.

[60]齐奇,丛海彬,邹德玲.产城融合视角下中国特色小镇持续性发展区域比较及评价:以三大城市群为例[J].科技与管理,2021,23(1):1-8.

[61]钱书法,卓岩.产业组织演进的路径分析及其模式选择[J].江海学刊,2003(6):47-52,206.

[62]盛世豪,张伟明.特色小镇:一种产业空间组织形式[J].浙江社会科学,2016(3):36-38.

[63]斯莱沃斯基.发现利润区[M].凌晓东,译.北京:中信出版社,2007.

[64]苏斯彬,张旭亮.浙江特色小镇在新型城镇化中的实践模式探析[J].宏观经济管理,2016(10):73-75,80.

[65]苏选良.管理信息系统[M].北京:电子工业出版社,2003.

[66]陶婷.绿水青山间的特色小镇安吉"大年初一"风景独好.[EB/OL].(2015-09-11) [2015-09-11]. http://tour. dzwww. com/lyzt/qinshan/news/201509/t20150911_13051436.htm.

[67]田娟.特色小镇研究的文献综述及展望[J].中国经贸导刊(理论版),2017(35):72-73.

[68]汤丁萌,张宇,黄家荣.聚合思维研究述评[J].内江师范学院学报,2018,33(4):8-14.

[69]汤志伟,张会平.面向产业价值网络的四川旅游信息资源整合[J].电子科技大学学报(社会科学版),2010(1):40-42.

[70]唐德军.全域旅游的空间与用地管理:全域旅游的空间功能组织与用地创新模式[N].中国旅游报,2016-04-27(A02).

[71]王黎."三生融合"导向下的特色小镇产业发展及空间布局研究[J].建材与装饰,2019(27):79-80.

[72]王琴.基于价值网络重构的企业商业模式创新[J].中国工业经济,2011(1):79-88.

[73]王小章.特色小镇的"特色"与"一般"[J].浙江社会科学,2016(3):46-47.

[74]王政武.中国新型城镇化建设应通过产城融合来保障人的生存和发展[J].改革与战略,2013,29(12):7-12,85.

[75]武前波,陈晓旭,胡晓辉.创新驱动下特色小镇的空间分布与类型划分研究:以杭州为例[J].城市发展研究,2021,28(5):60-69.

[76]吴晓波,杜健,韦影.基于价值网络的战略联盟研究[J].科学学研究,2005(1):59-63.

[77]吴晓波,姚明明,吴朝晖,等.基于价值网络视角的商业模式分类研究:以现代服务业为例[J].浙江大学学报(人文社会科学版),2014(2):64-77.

[78]吴晓云,张欣妍.企业能力、技术创新和价值网络合作创新与企业绩效[J].管理科学,2015(6):12-26.

[79]吴一洲,陈前虎,郑晓虹.特色小镇发展水平指标体系与评估方法[J].规划师,2016,32(7):123-127.

[80]韦绍兰,王金叶,吕华鲜,等.漓江沿岸大圩特色小镇旅游资源保护性开发研究[J].河北旅游职业学院学报,2013,18(4):14-18.

[81]熊正贤.旅游特色小镇同质化困境及其破解:以云贵川地区为例[J].吉首大学学报(社会科学版),2020,41(1):123-130.

[82]辛金国,宋晓坤,沙培锋.我国特色小镇生态位综合评价:以杭州特色小镇为例[J].调研世界,2019(9):3-9.

[83]徐梦周,潘家栋.特色小镇驱动科技园区高质量发展的模式研究:以

杭州未来科技城为例[J].中国软科学,2019(8):92-99.

[84]徐梦周,王祖强.创新生态系统视角下特色小镇的培育策略:基于梦想小镇的案例探索[J].中共浙江省委党校学报,2016,32(5):33-38.

[85]颜廷峰,孔月月.我国特色小镇建设的创新路径[J].金陵科技学院学报(社会科学版),2017,31(4):32-35.

[86]晏欣,余红伟.功能聚合物[M].北京:化学工业出版社,2013.

[87]杨振之,蔡寅春,谢辉基.特色小镇:思想流变及本质特征[J].四川大学学报(哲学社会科学版),2018(6):141-150.

[88]易开刚,厉飞芹.特色小镇的功能聚合与战略选择:基于浙江的考察[J].经济理论与经济管理,2019(8):104-112.

[89]易开刚,厉飞芹.基于价值网络理论的旅游空间开发机理与模式研究:以浙江省特色小镇为例[J].商业经济与管理,2017(2):80-87.

[90]叶振宇.城镇化与产业发展互动关系的理论探讨[J].区域经济评论,2013(4):13-17.

[91]叶振宇.雄安新区高水平城镇化的现实思考[J].河北师范大学学报(哲学社会科学版),2018.41(2):115-122.

[92]余东华,芮明杰.基于模块化的企业价值网络及其竞争优势研究[J].中央财经大学学报,2007(7):52-57.

[93]余东华,芮明杰.基于模块化网络组织的价值流动与创新[J].中国工业经济,2008(12):48-59.

[94]余浩,王玲娜.浙江特色小镇演化的启发式规则研究[J].科技与经济,2019,32(4):56-60.

[95]郁建兴,张蔚文,高翔,等.浙江省特色小镇建设的基本经验与未来[J].浙江社会科学,2017(6):143-150,154,160.

[96]查文,申绘芳.杭州市发展特色小镇的经验、问题与对策[J].杭州学刊,2017(4):65-74.

[97]赵闯,陈劲,李纪珍,等.企业创新系统:概念内涵与研究演进[J].创新与创业管理,2018(1):124-142.

[98]张慧敏,焦争鸣,李云凤.价值网络理论研究综述[J].中国电子商务,

2011(7):305-306.

[99]张立.特色小镇政策、特征及延伸意义[J].城乡规划,2017(6):24-32.

[100]张茜茜,喻晓玲.特色小镇乡村振兴与乡村旅游耦合协调发展研究:以河北周窝音乐小镇为例[J].武汉商学院学报,2022,36(3):11-16.

[101]占献骁.浙江省特色小镇建设存在的问题及对策研究[J].现代商业,2017(33):190-191.

[102]郑胜华,陈觉,梅红玲,等.基于核心企业合作能力的科创型特色小镇发展研究[J].科研管理,2020,41(11):143-152.

[103]周佳晖.特色小镇看"浙"里:三生共融的智慧小镇[EB/OL].(2015-07-22)[2015-09-01].http://www.cztv.com/topic2015/zlkxz/zhxz/11858785.html.

[104]周煊,程立茹.跨国公司价值网络形成机理研究:基于价值链理论的拓展[J].经济管理,2004,7(22):22-27.

[105]周煊.企业价值网络竞争优势研究[J].中国工业经济,2005(5):112-118.

[106]周易,王韵吉,吴梦婕,等.借鉴国外经验建设历史经典型特色小镇:以西湖龙坞茶镇为例[J].时代经贸,2019(24):66-67.

[107]朱莹莹.浙江省特色小镇建设的现状与对策研究:以嘉兴市为例[J].嘉兴学院学报,2016(2):1-8.

[108]宗文.全球价值网络与中国企业成长[J].中国工业经济,2011(12):46-56.

第三篇

科技创新人才引育与要素循环研究

一、科技创新人才引育与要素循环的研究背景

(一)科技创新人才引进培育研究聚焦:浙江省视阈

　　进入21世纪,全球科技创新进入空前密集活跃的时期,新一轮科技革命和产业变革正在重构全球创新版图、重塑全球经济结构。在此背景下,人才无疑是实现民族振兴、赢得国际竞争主动权的决定性战略资源。习近平总书记指出:"人是科技创新最关键的因素。创新的事业呼唤创新的人才。我国要在科技创新方面走在世界前列,必须在创新实践中发现人才、在创新活动中培育人才、在创新事业中凝聚人才。"党的十八大以来,以习近平同志为核心的党中央高度重视人才队伍建设,从"尊重人才、关爱人才",到"育才、引才、聚才、用才",再到多次强调"不拘一格降人才",对我国人才事业和人才工作做出一系列重要指示,为我国加快建设世界科技强国指明了方向。

　　浙江省历来重视科技创新人才队伍建设工作,紧密围绕习近平总书记提出的"立体化培育人才"要求落实人才强省战略,制定了《浙江省中长期人才发展规划纲要(2010—2020年)》《浙江省人才发展"十三五"规划》等重要规划文件,以指导人才队伍建设工作;出台了"人才+资本"、浙江红卡、职称评审改革等一系列人才政策,以释放人才红利;打造了杭州未来科技城、青山湖科技城、海外高层次人才创新创业基地、"千人计划"产业园、特色小镇等一批人才高地;建设了之江实验室、西湖大学等重要人才发展平台。截至2020年底,浙江省人才资源总量达到1418万人,比2015年增长31.9%;累计入选国家重大人才工程2160人次,比2015年增长151.7%;每万名劳动力中研发人员达到148人,比2015年增长50.1%;高技能人才占技能劳动者的比

例提升至 31.8%。[①]

　　值得注意的是,浙江省虽在人才队伍建设方面取得了显著成效,但仍存在人才结构性短缺、高层次高技能人才占比不高、人才承载能力不足、人才政策比较优势不够明显等问题。特别是随着"一带一路"倡议、长江经济带及长三角一体化发展战略、数字经济"一号工程"的深入实施,浙江省将在更大范围、更高层次参与全球竞争和区域合作。高层次创新型科技人才和产业创新人才是人才竞争的重点,是浙江省经济转型升级最紧缺的人才,因此,浙江省必须以战略眼光看待人才工作,以人才铸就优势,以人才赢得未来;深入实施人才新政、科技新政,在优化创新创业生态上不断发力,在加大政策落地和招才引智力度上下更大功夫,进一步激励创新创业,激发创造活力,不断增强发展新动能。

　　2018 年 11 月,浙江省人民政府印发《关于全面加快科技创新推动高质量发展的若干意见》,提出以创新强省为工作导向,以高新企业、高新技术、高新平台为重点,加快打造"互联网+"和生命健康两大科技创新高地。[②]为实现"两个高水平",加快建设创新型省份,为数字经济、生物医药等新经济、新产业发展提供科技与人才支撑,浙江省有必要进一步厘清科技创新人才队伍建设现状,根据重点产业布局和关键技术诉求,构建科学、合理的人才培育机制和路径,推动科技创新人才队伍向量的增长和质的提升并重转变。基于上述思考,本研究聚焦"科技创新人才队伍引进培育研究"这一主题,拟从人才队伍现状、人才培育机制等角度进行深度研究,切实助力科技创新人才队伍建设。

---

　　① 资料来源:聚天下英才共建浙江　新时代浙江人才工作纪事,http://www.qzdj.gov.cn/news/show-7621.html。

　　② 资料来源:浙江省人民政府关于全面加快科技创新推动高质量发展的若干意见,https://www.zjzwfw.gov.cn/zjservice/item/detail/lawtext.do?outLawId=ee4a6255-0235-4549-9ba0-f190a54bb646。

（二）科技创新人才要素循环研究聚焦：长三角视阈

2020年8月，习近平总书记在主持召开扎实推进长三角一体化发展座谈会时特别强调，要在一体化发展战略实施的过程中发现人才、培育人才、使用人才。人才是促进长三角高质量一体化发展的关键要素，也是驱动资金流、信息流、劳动力等要素有效流动的原动力。进一步看，人才要素循环是实现区域均等高质量发展的基础，只有实现人才资源的合理配置、循环流动，区域一体化才有保证（陈诗达，2019）。本研究认为，畅通人才要素循环是长三角一体化系统研究的重要议题，其中"科技创新人才要素循环"则是实现人才要素循环的关键一步和迫切一环。习近平总书记强调，长三角地区要勇当我国科技与产业创新的开路先锋，打造国家战略科技力量、创新策源地。长三角地区集中了全国近三分之一的科技创新资源，特别在集成电路、生物医药、人工智能、新能源汽车、航空航天、高端装备、新材料、智能家电等战略性新兴产业领域，已经确立了建设世界级产业集群的战略定位，其不仅对产业创新策源有强烈的需求，而且对关键核心技术创新策源和基础科技创新策源有更迫切的强烈需求。为此，与其他领域人才相比，打造区域创新策源地更需要产业创新人才、科技领军人才等科技创新人才要素的有序循环。

要推动长三角发挥如京津冀、粤港澳等经济圈的科技力量，成为国家关键核心技术攻关的区域创新高地，以及推动长三角率先构建新发展格局，畅通科技创新人才要素循环至关重要。但是，当前阻碍科技创新人才要素畅通的因素还客观存在，如区域内人才合作的目标定位还不够明确，人才、技术、资本等要素流动还不顺畅，跨区域人才流动的体制机制还不健全，人才政策和服务方面还存在较大差异，还有如各地社保、公积金缴纳标准不相同，人才评价标准不统一，职业资格和技术等级尚未实现互认，人才的养老、医疗等社保衔接存在一些瓶颈，人才平台建设、数据信息还处在分散、独立的孤岛状态，这些问题阻碍了区域间的科技创新人才合作，一定程度上也阻碍了人才自由流动。为此，本研究聚焦"长三角一体化战略视阈下畅通区域科技创新人才要素循环的机制与路径研究"主题,客观透视当前长三角地区科技创新人才要素循环的现状与障碍,创新设计畅通科技创新人才要素循环的机制与对策,以助力长三角一体化高质量发展。

二、科技创新人才引育与要素循环的理论基础

（一）科技创新人才引进培育的文献综述

1. 科技创新人才引育的基础研究

从科技创新人才的内涵与类型看，科技创新人才是指掌握关键技术、具有高层次研发能力，或具有较高社会知名度、有突出的管理业绩、通晓国际先进管理知识、善于运作资本的创新型人才（曹丽娟，2010）。科技创新人才是城市提升创新能力的核心资源，是科技进步的关键要素（彭川宇、刘月，2022）。从人才从事的领域，创新人才可分为技术创新人才、研究创新人才、管理创新人才（刘泽双、薛惠锋，2005）。从层次属性角度，创新人才可分为研究型创新人才、综合型创新人才、应用型创新人才（范伯元，2006）。从不同梯次，创新人才可分为高素质劳动者、专门人才和拔尖创新人才3种类型（时玉宝，2014）。由此可见，创新人才类型具有多层次、多领域和多梯队的特点。

从科技创新人才政策的类型与维度看，科技创新人才政策从开发与管理、从事职业领域、政策专门性、作用范围、法律效力等方面出发，可进行多角度的划分。Rothwell（1986）从创新政策工具的作用出发，将科技创新人才政策划分为供给型、需求型和环境型。杜红亮和任昱仰（2012）根据对象的不同，将科技创新人才政策细分为海外科技人才政策、国内科技人才政策以及综合类政策等3类。黄海刚和曲越（2018）则从我国实际出发，进一步将高端人才政策划分为培育、国际化、奖励、回流、使用与居留等6种类型。

由于科技创新人才政策工具涉及不同类型科技创新人才和人才体系的不同环节及技术周期的不同阶段，李良成和于超（2018）将科技创新人才开发政策划分为创新政策工具、科技创新人才开发和技术生命周期等3个维

度,构建科技创新人才开发政策的分析框架。曹钰华和袁勇志(2019)则从基本政策工具、人才多样性、机构(平台)的多样性和系统互动度等4个维度建立了创新人才政策分析与评价的四维模型。

2.科技创新人才引育的案例研究

第一,国外科技创新人才政策的典型经验与比较。

从国际范围来看,当前的高端人才政策主要分为3个典型体系:以知识换公民、以资本换人才和散居者政策(黄海刚、曲越,2018)。裴瑞敏、张秋菊和惠仲阳等(2014)通过梳理21世纪初美、日、德、英、法等国家在科技人才政策方面的新思路和新措施,发现发达国家增加了出台吸引科技人才的措施,更加注重通过科学奖励、产学研合作、国际交流等方式,加强本国科技人才的培养与开发,并出现侧重对青年人才、独创性人才、面向产业需求的人才及国际化人才的培养趋势。陈建新、陈杰和刘佐菁(2018)分析了美国、加拿大、韩国、日本等国家的创新人才政策,认为这些国家都大力实施创新人才引进计划,设立国家(地区)猎头机构主动招募人才,调整移民政策促进人才流入,建立多元创新人才评价制度体系,建立有利于科技成果转移转化的激励制度及鼓励继续教育和终身学习。

在具体的人才策略选择上,不同国家依据自身的资本和制度优势,选择了不同的政策工具。比如,美国强化基础及高层次教育,拓展本土人才培养和储备基础,优先资助基础研究并加强基础研究领域的杰出人才储备,鼓励创新,重视高风险性、高回报性及跨领域研究团队的建设,改革和完善全球优秀人才引进政策机制,建立和完善国家科技人才状况监控及评估机制(高峰、唐裕华、张志强等,2011)。英国制定以创新为核心的国家战略,设立卓越人才奖励/资助计划,执行专门的签证政策(望俊成、邢晓昭、鲁文婷,2013)。日本则主要采取3个方面的政策措施:首先通过官、产、学、研紧密结合,大力实施人才战略,吸引国际科技人才;其次以大学国际化为重点,资助高校建设各具特色的国际高水平人才聚集高地;最后借助跨国公司在新兴国家大量吸收优质科技人才(刘小婧、林继扬、吴华刚,2016)。

第二,国内科技创新人才政策的典型经验与比较。

从各个省市科技人才政策具体分析。刘媛和吴凤兵(2012)对江苏省苏南、苏中、苏北三大区域13个市的科技创新人才政策进行比较研究发现,江苏省的科技创新人才政策内容主要围绕人才引进、人才培养、人才激励3个方面。同时指出各个区都根据各自的发展态势和特点,在全区的主导产业上联合人事局及高校出台人才引进政策的具体条款,针对性更强。盛亚和于卓灵(2015)分析了浙江省近20年科技人才政策的阶段性特征,认为其表现为更为重视高层次科技人才和专业技术人才,偏重吸引人才,人才的流动、选拔及使用等方面。李帮彬和方阳春(2017)研究上海市创新人才政策后指出,上海的人才政策在海外高层次人才引进、人才管理、创新创业激励、环境营造等关键问题上不断进行突破创新。在人才引进方面,上海市着重加大紧缺急需的海外高层次人才引进力度,充分发挥居留证、户籍等政策在国内外人才引进中的激励作用,提高相应层次人员的市民待遇,以此减少国内外创新人才居住、落户的障碍及限制,提高上海对于国内外人才的吸引力。此外,在人才引进中,上海市鼓励通过项目引进人才,优先引进重大科学工程、重要科研公共平台、大科学研究中心、重大科技基础设施建设等领域高层次人才,从而保障上海创新人才的质量。在创新人才的管理与培养方面,上海市政府围绕"向用人主体放权,为人才松绑"要求,推出了一系列灵活、宽松的新政策,鼓励创新人才与企业共同成长。对于创新人才的激励与保障机制,上海市出台了相对完备的政策保障。陈建新、陈杰和刘佐菁(2018)总结了广东创新人才方面工作的实践经验,指出该省深入推进人才政策创新,大力实施人才集聚工程,推进粤港澳人才合作示范区先行先试,推进人才评价机制改革落地见效,推进人才激励保障机制改革落地见效,优化人才综合服务保障体系。

从不同省市创新人才政策的差异分析。孙智慧、范萤心和张相林等(2013)从政策目标、政策构成、政策特点等方面对北京中关村、武汉东湖、上海张江3个科技园区典型人才政策进行案例分析和政策比较。中关村人才政策的整体特点体现为注重政策设计和资源整合、重视高层次人才、在人才评价方面改革创新、加强软环境建设。东湖人才政策的整体特点体现为围绕特色产业聚集人才、重点引进及培育高端人才、为高端创新创业人才及其所在公司提供强有力的资金支持及积极探索、大胆创新,以构建充满活力的人才工作机制。张江园区人才政策的整体特点体现为实施"柔性"人才政策,加强对高校、科研机构等的人才资源的整合。可见,三地由于人才资源的差异,使得各自政策起点、目标和内容也不同。刘玉雅和李红艳(2016)选取北京、上海、广东、江苏、浙江5个地区具有代表性的人才政策为依据,从人才引进、人才培养、人才激励3个方面进行比较分析。研究发现,上述各地人才培养政策中侧重的人才培养对象偏好有所不同,大多根据各地区经济和社会发展的需要而有所侧重。北京主要培养科技领军人才,广东省主要的培养对象是中国工程院和中国科学院的后备型人才,浙江省的人才工程主要是针对学术技术带头人。各地区人才培养政策中的培养方式也有所不同,浙江省的"151人才工程"和江苏省的"333工程"是在工作中进行人才培养,出国培训与实践相结合。

3.科技创新人才引育的对策研究

在科技创新人才政策分析评价方面,李良成和于超(2018)从创新政策工具、科技创新人才开发阶段和技术生命周期等3个维度进行,曹钰华和袁勇志(2019)从基本政策工具、人才多样性、机构(平台)的多样性和系统互动度等4个维度进行分析与评价,盛亚和于卓灵(2015)采用政策年度、适用对象、政策类别和政策文种等4个维度进行政策分析。

从整体层面的政策建议出发,郑代良和钟书华(2012)强调启动"培养为主、引进为辅"的战略转型:改进创新政策评估机制,完善人才政策效果评价指标体系;改革国际接轨制度,强化以企业为主的人才政策导向等方面的完善与创新。黄海刚和曲越(2018)强调当前政策工具应当不断向多样性发展,注重政策的耦合性,强调"引""育""聚"并举;依据系统化、规范化和标准化原则,建立中国版的高端人才积分体系;促进高端人才的合理有序流动,提升中国参与全球高端人才竞争的能力;重视数据库建设,建立全球高端人才的需求预测与搜寻机制;创新人才招募策略,促进政府主导的高端人才政策向政府和社会资本合作的模式转变;促进人才战略的转型,实现人才政策从"引"向"聚"和"育"转变。陈建新、陈杰和刘佐菁(2018)结合国外发达国家在科技创新人才政策上的经验,指出应当建立政府猎头体系精准引才、跨国投资和开展国际合作网罗人才、发挥好教育育才的基础性作用、构建多元化的创新人才评价体制、注重发挥科技成果转化的激励作用及重视人才发展环境建设。刘玉雅和李红艳(2016)提出,应当建立健全人才政策法律体系,提高区域自主培养高层次人才能力,增强多梯度人才队伍建设,加强人才服务管理建设,优化人才创新创业环境。吴俊策(2022)通过对比国内外科技创新发展现状,发现我国创新人才指数存在区域差距大、创新产出区域差距明显等问题,最后从完善科技创新人才培养的体制机制和政策措施、完善科技创新人才培养体系两大方面提出对策建议。陈劲、杨硕和吴善超(2022)基于人才规模、结构和效能等维度构建了科技创新人才发展指数,并采用基尼系数和核密度测度全球科技人才发展差异及分布动态,发现中国在科技人才规模、结构和效能等维度上均取得长足进步,但中国"高、精、尖"人才匮乏,科技人才质量和人才培养体系亟待提升。中国应从科技人才发展的战略导向、人才集聚、自主培养与体制机制改革等方面入手,针对性地出台政策以提高科技创新人才能力。

杜红亮和任昱仰(2012)则针对海外高端人才政策提出完善路径:应通过积分体系建设、促进人才合理有序流动、完善人才搜索机制、创新人才招募和使用模式及实现从"引"向"育"和"聚"并举的战略转型,构建一个与教育、科技和对外开放战略新格局精准匹配、具有国际竞争力的高端人才政策体系。顾承卫(2015)也对地方海外人才引进政策提出相关建议:注重地区发展的实际需求;注重"适度"和"平衡";注重对海外人才团队的引进;注重海外人才引进与国际科技合作有机融合;注重对海外引进人才的服务和管理;注重营造良好的创新创业环境;注重制度建设。刘小婧、林继扬和吴华刚(2016)则重点针对科技领军人才提出了6个方面的政策建议:完善科技领军人才管理机制,主要包括把科技人才培养纳入科技管理指标范畴、进一步完善科技创新创业领军人才遴选评价工作、稳定支持科技创新创业人才及其团队;加强创新平台建设,主要包括积极引导重点实验室、工程技术研究中心、科技公共服务平台等创新创业平台建设;推进引才平台建设;推进合作平台建设;拓展科技领军人才创新创业融资渠道;完善科技领军人才评价、激励与跟踪机制。

还有学者从不同地区实际和人才需求特点出发,强调注重匹配性和差异性。姚娟、刘鸿渊和刘建贤(2019)指出,优化人才生态环境、提高人才与产业的匹配度是优化人才资源配置效率的关键。李帮彬和方阳春(2017)则强调在创新创业政策制定和完善的过程中,要依据不同的对象,将重点任务进行细化,各部门根据对象的特征、需求,制定相应的政策,各政策互相辅助,形成促进创新创业体系,并提出,全球科技人才发展非均衡问题突出,存在明显的区域重叠效应。芮绍炜、李祥太和高天昊(2022)对上海青年科技创新人才发展的现状与问题进行了调研,在学习借鉴国内外培育青年科技创新人才典型经验模式的基础上,从优化科研资助模式、改革人才评价机制、搭建干事创业平台、营造良好创新生态等角度提出了优化青年科技创新人才成长成才的路径建议。

当前文献对不同国家、地区近年来的科技创新人才政策的经验进行了比较全面的总结,从不同政策的内容、侧重的人才类型及人才体系构建的不同环节等多视角、全方位地进行了评价,进而提出科技创新人才政策完善的对策建议,同时强调需要结合区域实际制定有针对性、匹配性和有差异性的政策措施。这对于浙江省实施科技创新人才队伍的培育机制、打造科技强省具有重要的借鉴意义。但由于多数文献对科技创新人才的类型、层次没有进行细分,没有针对区域发展战略、重点产业需求、人才政策的开展和实施效果进行针对性分析,使得相应的经验总结、政策评价和对策较为宽泛。

(二)科技创新人才要素循环的文献综述

综观文献,本研究认为,与国内及不同区域经济形势变化相对应,对科技创新人才研究的焦点经历了区域人才要素集聚、区域人才要素共享、区域人才要素循环3个阶段转变(见表3-1)。

表 3-1 科技创新人才研究脉络

情境	目标	机制	模式	治理
区域人才 要素集聚	科技创新人才集聚的 前因、演化与影响	市场主导 个体层面自发	点状集聚	核心区域 治理
区域人才 要素共享	科技创新人才溢出的 机制与模式设计	政府引导 组织层面推进	线性辐射	核心—边缘 区域治理
区域人才 要素循环	科技创新人才一体化 机制与模式设计	市场、政府共同推进 区域层面协同	网络化交互	跨区域 协同治理

第一阶段:科技创新人才要素的区域集聚研究(自发流动)。改革开放初期,我国沿海省份和一些省会城市成为人才集聚高地,学者试图厘清科技创新人才集聚的前因、演化及其经济社会影响。在前因方面,学者普遍认为,经济发展、产业集聚、科技创新等市场化因素诱发科技创新人才个体自发集聚(齐宏纲、戚伟、刘盛和,2020)。在演化模式方面,区域人才集聚呈现出由边缘区向核心点集聚趋势(崔丹、李国平、吴殿廷等,2020),第一、二、三产业的发展在区域人才集聚时空演变中呈现出较大差异性(曹威麟、姚静静、余玲玲等,2015)。在治理方式方面,学者立足于核心区域,提出通过制度创新、高新技术集聚、创新创业文化营造、公共服务能力提升等举措,提升吸引力与集聚力,增强核心区域竞争力(Hajro,2019;张波,2017)。

第二阶段:科技创新人才要素的区域共享研究(主动共享)。面对日益严峻的人才分布碎片化、不均衡问题,学界试图设计有效促进科技创新人才从核心区域溢出的机制与模式。在共享机制方面,学界主张强化政府的引导作用与组织层面的有效推进,如人才飞地、科技镇长、第三方人才平台、校地合作等(Duggan,2020;王晓航,2020)。在演化模式方面,区域人才共享呈现出从核心区域向边缘区域线性辐射状态,区域辐射中心人才集聚指数与辐射力水平呈正相关关系(姚凯、寸守栋,2019)。在治理方面,立足于核心区域与边缘区域,强调省会城市、经济强市等核心区域对边缘区域的溢出、桥接与带动作用(Duggan,2020)。

第三阶段:科技创新人才要素的区域循环研究(协同交互)。随着有关京津冀、长三角、粤港澳大湾区等国家战略的提出及其纵深发展,学者着眼于科技创新人才区域循环对于区域一体化的支撑作用,对要素循环的机制与模式进行学理思考。在要素循环机制方面,学者强调市场与市场的双轮驱动作用,着力点放在区域内不同行政区域与主体的多主体协同上(Ostrom,2010)。在演化模式方面,要实现核心区域与核心区域、核心区域与边缘区域、边缘区域与边缘区域之间的网络化交互(朱鹏程、张宇、曹卫东等,2020;王振,2020)。在治理方面,要打破地域壁垒,立足于跨区域协同治理,倡导统一规划、统一市场、统一平台,提升区域竞争力(徐军海、黄永春、邹晨,2020;Elston,Maccarthaigh,Verhoest,2018)。

综观文献,科技创新人才研究从关注集聚(流动)到共享再到循环的研究脉络已十分清晰。本研究认为,科技创新人才实现从"流动型—共享型—循环型"的进阶,是区域经济协同发展的必然趋势。当前科技创新人才要素的区域循环问题在目标、机制、模式等方面尚需深入探讨:一是要素循环的现状方面,现有研究对要素循环的目标学理、现状问题缺少探究,基于此提出的要素循环机制和模式缺少针对性与内在逻辑的一致性;二是要素循环的机制方面,学者强调了市场与政府的协同推进,但市场与政府协同的资源投入、活动对接、责任边界尚不明确;三是要素循环的模式方面,现有研究认识到了多主体网络化交互的重要作用,但网络化交互的制度载体和实践平台缺乏系统化制度设计。

三、科技创新人才引育与要素循环的政策分析

（一）科技创新人才的范围界定

在我国，人才是政策的概念，在我们所看到的大多数人才统计指标中，"专业技术人才"显然要比"科技人才"使用广泛，统计数据也更加连贯完整。《中国科技统计年鉴》则认为，"专业技术人员"是指从事专业技术工作和专业技术管理工作的人员，即企事业单位中已经聘任专业技术职务从事专业技术工作和专业技术管理工作的人员及未聘任专业技术职务，现在专业技术岗位上的人员。

《国家中长期科技人才发展规划（2010—2020年）》对"科技人才"的解释是这样的：科技人才是指具有一定的专业知识或专门技能，从事创造性科学技术活动，并对科学技术事业及经济社会发展做出贡献的劳动者，主要包括从事科学研究、工程设计与技术开发、科学技术服务、科学技术管理、科学技术普及等工作的科技活动人员。该规划在随后提供的科技人才的现状（规模与结构）信息时，则是以研发人员（R&D人员）的数据来加以说明的。

国际上，通常以R&D人员指标比较各国科技人才情况。R&D人员队伍建设是提高国家研发能力和水平的重要保障，是科技活动的核心要素。R&D人员是指从事基础研究、应用研究和试验发展3类活动的人员，包括直接参与R&D活动的人员及直接为R&D活动提供服务的管理行政人员和办事人员。R&D研究人员是指R&D人员中从事新知识、新产品、新工艺、新方法、新系统的构想或创造的专业人员及R&D课题的高级管理人员。

综上所述，科技创新人才主要指在社会科学技术劳动中，以自己较高的创造力、科学的探索精神，为科学技术发展和人类进步做出较大贡献的人才。根据国家统计标准，主要采用专业技术人员和R&D人员的统计数据作

为研究数据来源。对于科技创新人才统计数据,为了方便利用现有数据说明问题,同时考虑到人才素质的时代背景,在下面的内容阐述中,除有特别说明外,本研究将R&D人员等同于科技创新人才,在具体数据的使用上采取用已有数据进行说明的方法。科技创新人才从层次上划分,有高层次科技创新人才和后备科技创新人才,其中高层次创新人才主要包括国家级高端人才和省级高端人才;后备科技创新人才主要指R&D人员。按照研究性质,科技创新人才分为基础研究、应用研究和试验发展三大类型。按照执行部门,科技创新人才分布在企业、研究与开发机构、高等学校三大类部门中。科技创新人才的范围界定详见表3-2。

表3-2 科技创新人才的范围界定

科技创新人才(R&D人员)	高层次科技创新人才	国家级高端人才:两院院士,享受国务院特殊津贴的知名学者与专家,国家"千人计划"、"万人计划"、长江学者、百千万人才工程国家级人选,高等学校学科创新引智计划("111计划")、杰出/优秀青年科学基金、海内外创新创业领军人才,专业技术拔尖人才,工程师及重大科技项目带头人等
		省级高端人才:省特级专家,省"千人计划"、省"万人计划"、各地方科技人才计划人选
	后备科技创新人才	具有创新意识和创新能力的专业技术人员
		按照科技人才发展报告中的R&D人员数据统计 国际上通常以R&D人员为指标比较各国科技人才情况

科技创新人才的引进与人才的培养虽然在概念和过程上可以分开,但在实际工作中,两者又紧密联系,特别是两者所依赖的资源、手段等方面,往往很难分开,而且从实际统计数据看两者也往往粘连在一起。因此,本研究将两者合并在一起,在科技创新人才现状的阐述中,总的思路是从科技创新人才引进与培育的基本状况、计划项目平台、硬件支撑载体、软件保证措施等方面展开。

（二）科技创新人才的引育计划

1. 科技创新人才引育计划的整体架构

《国家中长期人才发展规划纲要（2010—2020年）》启动实施了12项重大人才工程，面向国际国内两种人才资源，形成以国家高层次人才特殊支持计划（以下简称"万人计划"）等为核心的国家重大人才工程。"万人计划"于2012年9月启动实施，分3个层次、7个类别，重点遴选支持一批自然科学、工程技术和哲学社会科学领域的杰出人才、领军人才和青年拔尖人才。"万人计划"从国家层面提供特殊支持：科技部设立科技创新领军人才、科技创业领军人才平台，中央宣传部设立哲学社会科学领军人才平台，教育部设立教学名师平台，中央宣传部、教育部、科技部、国防科工局共同设立青年拔尖人才平台。

在国家重大人才工程的示范引领下，相关部门和地方紧紧围绕国家发展战略目标，组织实施一系列重大科技人才计划，以"创新人才推进计划"等重大科技人才计划为引领，凸显领域、行业、区域特色的科技人才计划布局。有关部门和单位按领域与行业，部署推出了一系列针对高层次创新人才培养的计划项目：由科技部牵头组织实施的"创新人才推进计划"已成为培养科技创新创业领军人才的主渠道；教育部组织实施的"长江学者奖励计划"是落实科教兴国战略、加速高校中青年学科带头人队伍建设的重大举措；人力资源和社会保障部牵头组织实施的"百千万人才工程"是培养中青年学术技术领军人才的一项综合人才培养工程；还有中科院"百人计划"、中国科协"青年托举工程"、生态环境部"环保百名人才工程建设"、农业部"农业科研杰出人才培养计划"、交通运输部"交通运输青年科技英才"等行业性、领域性的科技人才计划，支持培养各类科技人才发展。

地方科技人才计划结合区域创新驱动发展需求，以国家"万人计划"为统领，随着其实施，在吸引、凝聚、使用、激励、服务科技人才，以及营造良好的政策环境等方面开展了大量卓有成效的工作，促进了科技人才队伍的建设，提升了区域创新能力，推动了区域经济社会的发展。地方科技人才计划主要包括加大对各类科技人才的支持力度,探索人才和项目基地有机结合的机制,强化对青年人才的培养支持,创新对创业人才的支持方式,努力解决科技人才的后顾之忧,充分发挥人才示范带动效应。

2. 科技创新人才引育计划的区域设计

本研究主要对浙江省及其他5个地区(广东省、江苏省、北京市、深圳市和上海市)的科技创新人才引进培育计划进行了比较分析。

第一,浙江省科技创新人才引进培育计划。

浙江省在高水平建设人才强省战略中统筹推进"五位一体"总体布局,协调推进"四个全面"战略布局,贯彻落实创新、协调、绿色、开放、共享的发展理念,高水平建设人才强省,最大限度激发人才活力,把各方面的优秀人才集聚到经济社会发展各项事业中,具体行动纲要包括高站位谋划人才优先发展布局、高质量培养集聚急需紧缺人才、高规格打造人才发展平台、高层次参与国际人才竞争、高要求推进区域人才协同发展、高效率服务人才创业创新。在科技创新人才引进培育计划实施方面主要包括省领军型创新创业团队、省重点科技创新团队、省"万人计划"、省"千人计划"、省"151人才工程"等。浙江省科技创新人才类型详见表3-3。

表3-3 浙江省科技创新人才类型

人才层次	引才计划	人才类型	人才分类
高层次人才	省领军型创新创业团队	领军型创新团队	依托企业平台引进的海内外高层次人才团队
		领军型创业团队	主要引进自带技术、项目、资金且从海内外落户浙江省创业的高水平团队,要求其技术成熟并已进入开发阶段
	省重点科技创新团队	重点科技创新团队	
		企业技术创新团队	
		重点文化创新团队	
	省"万人计划"	杰出人才	

人才层次	引才计划	人才类型	人才分类
高层次人才	省"万人计划"	领军人才：科技创新领军人才、科技创业领军人才、人文科技领军人才、教学名师、高技能领军人才、传统工艺领军人才	
		青年拔尖人才	
	省"千人计划"	引进一批海外高层次人才	
	省"151人才工程"	重点加强本土人才培养，能跟踪国际科技前沿的领军人才、省内学科产业发展的学术技术带头人和后备青年人才	

省领军型创新创业团队：2014年，省政府启动浙江省领军型创新创业团队引进培育计划，支持企业从海内外成建制、团队式整体引进技术水平处于国际创新前沿的优秀团队，积极扶持带技术、带项目、带资金来浙江省创业的一流团队。领军型创新创业团队包括领军型创新团队和领军型创业团队两类。领军型创新团队是依托企业平台引进的海内外高层次人才团队，要求其研究成果处于国际领先和国内一流水平，是浙江省经济社会紧缺急需的，有明确的技术路线图，且团队致力于创新成果产业化；领军型创业团队主要指引进的自带技术、项目、资金且从海内外落户浙江省创业的高水平团队，要求其技术成熟并已进入开发阶段，有明确的产品线和较好的市场前景，符合浙江省产业发展战略和产业技术创新需求，且团队能引领浙江省产业创新发展。

省重点科技创新团队：中共浙江省委办公厅浙江省人民政府办公厅发布的《关于加快推进创新团队建设的意见》指出，要在全省经济、文化、社会等多个领域建设形成一批创新人才集聚、创新机制灵活、持续创新能力强、创新绩效明显，具有国内领先水平的省级创新团队。重点科技创新团队包括重点科技创新团队、企业技术创新团队和重点文化创新团队三大类。

省"万人计划"：省"万人计划"与国家"万人计划"对接。浙江省紧扣补齐科技创新短板和服务金融、文创等"八大万亿"产业需求导向，突出对科技创新创业人才、青年拔尖人才的支持，加大对应用型、技能型人才的支持，组织实施了省"万人计划"。具体支持对象包括杰出人才、领军人才、青年拔尖人才 3 个层次人才。

省"千人计划":结合本地区经济社会发展和产业结构调整的需要,有针对性地引进一批海外高层次人才。

省"151 人才工程":为了与国家组织实施的"百千万人才工程"对接,浙江省启动了"151 人才工程",重点加强本土人才培养。省"151 人才工程"按 10 年一个规划、5 年一个周期轮次开展。5 年一轮的目标是培养 100 名能跟踪国际科技前沿的领军人才、500 名能支撑省内学科产业发展的学术技术带头人、1000 名后备青年人才。省"151 人才工程"已经成为浙江省本土人才培养的知名品牌,培养人员逐渐成为各行各业的骨干中坚力量。

第二,广东省科技创新人才引进培育计划。

广东省在培养和引进科技创新人方面,先后推行的是"珠江人才计划""广东特支计划(广东省培养高层次人才特殊支持计划)""广东扬帆计划(粤东西北地区人才发展帮扶计划)""全国科技创新人才管理改革示范区"等政策,为培养和引进科技创新人才特别是高层次科技创新人才提供了政策基础。

"珠江人才计划"旨在提高广东省自主创新能力及吸引和培养高层次人才,计划引进 500 名能够突破关键技术、带动新兴学科、发展高新产业的高层次人才。"广东特支计划"是广东省培养省内高层次人才的举措,致力于支持和培养一批自然科学、工程技术和哲学社会科学领域的领军人才、杰出人才和青年拔尖人才。"广东扬帆计划"是政府为引进高层次人才,推进实施"粤东西北地区人才发展帮扶计划"的项目。为粤东西北地区突破人才短缺瓶颈,助力粤东西北地区加快发展,将"广州南沙—深圳前海—珠海横琴粤港澳人才合作示范区"打造成为国际高端人才和现代服务业人才集聚区、人才引领广东产业转型升级示范区、粤港澳人才紧密合作先导区。广东省科技创新人才类型详见表 3-4。

表3-4 广东省科技创新人才类型

人才层次	引才计划	人才类型	人才分类
高层次人才	珠江人才计划	科技创新创业团队（面向国外、省外引进高层次人才）	技术研发产业化团队
			应用基础研究团队
			海外青年英才团队
		本土创新科研团队	原创性基础研究团队
			应用技术研发团队
	广东特支计划	领军人才	科技创新领军人才
			科技创业领军人才
			教学名师
		杰出人才	南粤杰出人才
		青年拔尖人才	科技创新青年拔尖人才
			青年文化人才
			百千万工程青年拔尖人才
	广东扬帆计划	创新创业团队项目	团队引进后需在粤东西北地区连续工作5年以上
		紧缺拔尖人才项目	支持粤东西北地区引进急需紧缺的科技创新人才
		竞争性扶持市县重点人才工程项目	择优支持重点项目

珠江人才计划：面向国外、省外引进具有稳定合作基础的创新创业团队，具体分为技术研发产业化团队、应用基础研究团队、海外青年英才团队。技术研发产业化团队主要依托产业化项目引进，引进后重点围绕产业发展的核心关键技术问题进行研究，其项目具有快速产业化潜力和广阔的市场前景；应用基础研究团队主要依托重大研发平台、重点学科和重大项目引进，引进后重点围绕产业发展的战略性、前瞻性、基础性、原创性问题进行研究；海外青年英才团队所有成员年龄均不超过40周岁。本土创新科研团队分为原创性基础研究团队和应用技术研发团队。原创性基础研究团队主要依托重大研发平台、重点学科，围绕科技发展的战略性、前瞻性、基础性、原

创性问题进行研究;应用技术研发团队主要围绕广东省产业转型升级急需紧缺的关键核心技术及突破产业技术瓶颈问题展开研发。

广东特支计划:"广东特支计划"领军人才包括科技创新领军人才、科技创业领军人才和教学名师。科技创新领军人才具有卓越的科学研究水平和技术创新能力,研究方向符合科技前沿发展趋势或属于国家战略性新兴产业领域,成果具有重大创新性,产业化前景好,或能引导基础理论原始创新,对科技发展具有重要推动作用。科技创业领军人才是能运用自主知识产权创办企业的科技人才,且是企业核心专利技术或科技成果持有者,其创办企业符合广东省产业发展方向并处于领先地位,对产业转型升级具有示范引领和辐射带动作用。教学名师长期从事一线教学工作,师德高尚、爱岗敬业、教育理念先进,对教育思想和教学方法有重要创新,为教育事业做出突出贡献。"广东特支计划"杰出人才具有突出学术水平和强烈的事业心,研究方向处于科技发展前沿领域,在本学科领域有重大发现、较大影响力和较高的学术造诣,具有成长为中国科学院、中国工程院院士的潜力。"广东特支计划"青年拔尖人才(年龄35岁以下),具有较强的科学研究能力和技术创新能力,研究方向同样要符合科技前沿发展趋势或属于国家战略性新兴产业领域,成果具有较高创新性,产业化前景好或能引导基础理论原始创新,对科技发展具有一定推动作用。

广东扬帆计划:为贯彻落实广东省委、省政府进一步加快粤东西北地区振兴发展的战略部署,推进实施广东扬帆计划。该计划具体包括竞争性扶持市县重点人才工程项目、引进创新创业团队项目、引进紧缺拔尖人才项目。竞争性扶持市县重点人才工程项目,即通过竞争方式择优扶持以往入选项目中绩效较好的,或有利于加快推进当地产业转型升级,以及实现精准扶贫的新增项目。引进创新创业团队项目,即面向国外、省外及珠三角地区,按照"三注重两符合"(注重团队水平、注重技术成果、注重产业化前景,符合加快发展需要、符合优化经济结构需要)的原则,大力引进创新创业团队。引进紧缺拔尖人才项目,即面向国外、省外及珠三角地区,支持粤东西北地区引进急需紧缺的科技创新领军人才、经营管理人才、金融人才和青年拔尖人才。

第三,江苏省科技创新人才引进培育计划。

江苏省在推进人才培养支持计划改革方面,先后推行的是:"长江学者奖励计划"、"百千万人才工程"、"国务院政府特殊津贴"、"国家级有突出贡献的中青年专家"、"江苏省创新团队"、"江苏省重点创新项目、重点学科、重点实验室高层次人才引进计划"、"江苏创新创业人才奖"、江苏省"333高层次人才培养工程"、江苏省"特聘教授"、江苏省教育厅"青蓝工程"计划和江苏省"六大人才高峰"计划(见表3-5)。

表3-5　江苏省科技创新人才类型

人才层次	引才计划	人才类型或人才分类
高层次人才	江苏省重点创新项目、重点学科、重点实验室高层次人才引进计划	创业人才(A类)
		企业创新人才(B类)
		事业创新人才(C类)
	江苏省"333高层次人才培养工程"	30名中青年首席科学家
		300名中青年科技领军人才
		3000名中青年科学技术带头人
	江苏省"六大人才高峰"计划	培养、引进六大行业拔尖人才、高级专业技术人才和高级经营管理人才;国内外某一学科或技术领域的带头人
	江苏省教育厅"青蓝工程"计划	优秀青年骨干教师
		中青年学术带头人
		科技创新团队

通过以上人才计划形成国际化、高端化的"四支队伍",分别是:既懂科技又懂市场的复合型创新创业人才、处在国内外学术前沿的高科技领军人才、能够突破发展关键技术的战略性新兴产业高端人才、掌握绝技绝活的高技能领军人才。复合型创新创业人才需要熟悉国际国内市场、掌握核心科技、引领产业发展、社会影响和贡献大;高科技领军人才主要指"两院"院士、国家"千人计划"和"万人计划"入选者,以及国家重点学科、重点实验室、工程(技术)研究中心首席专家;新兴产业高端人才则重点围绕南京智能电网、

无锡传感网、苏州新一代信息技术和高技术服务业、盐城海上风电、泰州和连云港生物医药、常州智能制造等区域性特色产业集聚,形成特色产业人才集群;高技能领军人才围绕中国制造2025、"互联网+"行动计划等进行培养,需要解决企业关键性操作技术和生产工艺难题,推动生产水平、产品质量显著提升,并且具有国际视野。

重点创新项目、重点学科、重点实验室高层次人才引进计划:在国内外知名高校、科研院所、医疗卫生机构担任相当于教授(国外可放宽到副教授)的职务;具有世界一流研究水平,近5年在国际重要核心刊物上发表学术论文,或在本领域最核心的刊物上发表重要学术、技术报告;获得国际、国家重要科技奖项,掌握重要实验技能或科学工程建设、重大疾病预防与诊治关键技术;或主持过重大科研课题、科技攻关项目;为实施国家级重大科技项目、创建或提升省级以上重点学科及重点实验室所急需的高层次人才,主要包括创业人才(A类)、企业创新人才(B类)、事业创新人才(C类)。

"333高层次人才培养工程":从2011年起,江苏省选拔30名中青年首席科学家、300名中青年科技领军人才和3000名中青年科学技术带头人。通过培养,到2015年,第一层次的30名中青年首席科学家成长为国际一流的高级专家,在相关领域国际科学技术前沿取得重大突破,具有世界领先水平并能带领一个具有国际水准的创新团队,其中有10名左右力争成长为中国科学院院士或中国工程院院士;第二层次的300名中青年科技领军人才成长为国内一流的高级专家,在国内相关领域具有领先水平、做出重大贡献,其中100名左右成长为国家"973"首席科学家、国家重大科技专项项目负责人或国家重点学科、国家重点实验室、国家级工程中心、国家级工程技术研究中心等国家级创新平台负责人;第三层次的3000名中青年科学技术带头人,在省内科学技术界具有一流水平,取得显著成果和突出业绩,并能推动技术创新和实现科技成果转化,促进地区和行业发展,其中1000名左右成长为省重点学科和重点实验室负责人、省级以上重大科技项目负责人、省级企业科技研发平台负责人。

"六大人才高峰"计划:为加快构建教育、医药卫生、电子信息、机械汽车、建筑、农业六大人才高峰,江苏省出台10条政策措施,以六大行业为重点,实施"江苏人才高峰行动计划",即以优厚的条件,优先为六大行业引进高层次人才,引进的重点对象为高新技术产业、新兴产业、重点工程(项目)所急需的高级专业技术人才和高级经营管理人才,国内外某一学科或技术领域的带头人,高层次国际经营管理人才及其他江苏省急需的高层次人才。

"青蓝工程"计划:该计划中的中青年学术带头人培养对象要具有良好的思想政治素质,事业心强、治学严谨,有较强的开拓创新意识。优秀骨干教师培养对象要持有高校教师资格证书,一般应具有博士学位,并已担任副高级及以上专业技术职务,年龄一般不超过45岁。科技创新团队培养对象:研究方向属于经济社会发展的重点领域或重大科技前沿问题,具有明确的创新目标和技术路线,拟开展的研究工作能产生新技术、新工艺、新产品、专利、高水平论著等创新成果。同时,团队带头人具有高深的学术造诣和创新性学术思想,品德高尚、治学严谨,具有较好的组织协调能力和合作精神,在研究群体中有较强的凝聚作用,一般应为校科研教学第一线的中青年专家,年龄一般不超过50岁。

第四,北京市科技创新人才引进培育计划。

北京市一直高度重视科技人才工作,大力实施首都人才优先发展战略,于2010年发布实施《首都中长期人才发展规划纲要(2010—2020年)》,2011年3月又与中央人才工作协调小组发布实施《关于中关村国家自主创新示范区建设人才特区的若干意见》,2012年发布《首都中长期科技人才发展规划纲要(2011—2020年)》,大量有利于科技创新和科技人才发展的政策陆续出台,首都科技人才迎来了一个大发展历史机遇。北京主要人才规划有北京市"海聚工程"计划、科技北京百名领军人才培养工程、北京市科技新星计划和北京高层次创新创业人才支持计划。北京市科技创新人才类型详见表3-6。

北京市"海聚工程"计划:集聚10个由战略科学家领衔的研发团队;集聚50个左右由科技领军人才领衔的高科技创业团队;引进并有重点地支持1000名左右海外高层次人才来京创新创业;建立10个海外高层次人才创新创业基地;鼓励和吸引上千名具有真才实学和发展潜力的优秀留学人员来京创新创业。

表 3-6　北京市科技创新人才类型

人才层次	引才计划	人才类型
高层次人才	北京市"海聚工程"计划(海外人才)	集聚10个由战略科学家领衔的研发团队
		集聚50个左右由科技领军人才领衔的高科技创业团队
	"海聚工程"计划(海外人才)	支持1000名左右海外高层次人才来京创新创业
		建立10个海外高层次人才创新创业基地
	科技北京百名领军人才培养工程	引领和促进新兴学科形成与产业关键技术发展相关的科技领军人才
		由科技领军人才领衔的科技创新团队
	北京市科技新星计划	以项目为依托开展科技创新,促进科研水平和管理能力提升,培养造就一批政治素质高、创新能力强、富有创新精神的青年科技骨干,年龄不超过35周岁
	北京高层次创新创业人才支持计划	"高创计划"杰出人才:具有很高的学术造诣,有重大发明创造或取得重要研究成果,具有成长为世界级的科学家、工程师和文化名家的潜力,能够坚持全职潜心研究
		"高创计划"领军人才:计划支持900名,每年遴选一批,每批90名左右,主要包括科技创新与科技创业领军人才、哲学社会科学和文化艺术领军人才、教学名师和百千万工程领军人才
		"高创计划"青年拔尖人才:计划支持500名,每年遴选一批,每批50名左右,标准为:35周岁以下,一般应具有博士学位,有着广阔的学术视野、创新思维及突出的专业基础和发展潜力

科技北京百名领军人才培养工程:该计划实施时间为 2010 至 2020 年,利用 10 年时间,通过项目带动、产学研用结合、国际合作交流等形式,培养造就百名科研水平一流、管理能力突出、成果国际前沿、专业贡献重大,能够引领和促进新兴学科形成与产业关键技术发展的科技领军人才;立足首都发展需求,构建一批由科技领军人才领衔的,成熟、稳定、高效的科技创新团队;推动科技领军人才及其创新团队的创新成果在首都转化为现实生产力,引领和带动本市战略性新兴产业的形成与发展。

北京市科技新星计划:该计划是由北京市财政经费支持、北京市科委组织实施的科技人才培养计划。该计划旨在选拔优秀的青年科技骨干,以项目为依托开展科技创新,促进科研水平和管理能力提升,培养造就一批政治素质高、创新能力强、富有创新精神的青年科技骨干。申报该计划的科技人员,年龄不超过35周岁。

北京高层次创新创业人才支持计划:该计划按照"分领域、分类别、分年度"的遴选支持办法,统筹推进"高创计划"杰出人才、领军人才及青年拔尖人才3支队伍的建设。"高创计划"杰出人才:依托"北京学者计划",计划支持75名,每两年遴选一批,每批15名左右,遴选标准为具有很高的学术造诣,有重大发明创造或取得重要研究成果,具有成长为世界级的科学家、工程师和文化名家的潜力,能够坚持全职潜心研究。"高创计划"领军人才:计划支持900名,每年遴选一批,每批90名左右,主要包括科技创新与科技创业领军人才、哲学社会科学和文化艺术领军人才、教学名师和百千万工程领军人才。"高创计划"青年拔尖人才:计划支持500名,每年遴选一批,每批50名左右,遴选标准为:35周岁以下,一般应具有博士学位,有着广阔的学术视野、创新思维及突出的专业基础和发展潜力。

第五,深圳市科技创新人才引进培育计划。

深圳市实施"鹏城英才"计划,加大人才发展体制机制改革力度,加速构建世界一流人才发展生态体系,具体的科技创新人才类型如表3-7所示。

杰出人才培养专项:聚焦国家战略和深圳市重点领域、重点产业发展需要,每两年遴选10名左右具有成长为深圳市A类人才潜力的培养对象。对于关键领域的核心技术领军人才被列为培养对象的,可根据需要提高支持标准。培养对象可举荐其团队重要成员为深圳市C、D类高层次人才,并享受相应高层次人才政策待遇。

基础研究人才培养专项:深圳市整合市级基础研究类资助计划,设立自然科学基金,重点支持新一代信息技术、高端装备制造、绿色低碳、生物医药、数字经济、新材料、海洋经济、金融科技、航空航天等领域前沿基础和应用基础科学研究,打通基础研究和技术创新衔接的绿色通道,力争以基础研究带动应用技术群体突破。

表3-7 深圳市科技创新人才类型

人才层次	引才计划	人才类型	人才分类
高层次人才	"鹏城英才"计划	杰出人才培养	聚焦国家战略和深圳市重点领域、重点产业发展需要的深圳市A类人才、关键领域核心技术领军人才、深圳市C类和D类高层次人才
		基础研究人才培养	重点支持新一代信息技术、高端装备制造、绿色低碳、生物医药、数字经济、新材料、海洋经济、金融科技、航空航天等领域前沿基础和应用基础科学研究人才
		核心技术研发人才培养	围绕提高核心技术自主创新能力,培养关键行业核心技术研发人才队伍,重点支持在集成电路、显示面板、人工智能、生命健康、金融科技、医疗器械等领域开展关键核心技术攻关的人才
		创客人才培养	建设100个市级标准化创客空间,打造技术创新、知识分享、创意交流、协同创造等资源聚集的创客空间,为创客提供产品设计和原型创造所需的设备工具,以及创业场地、管理咨询、融资支持、工商注册、创业辅导等产品孵化服务
		商业模式创新人才培养	支持新型商业模式企业发展,符合条件的纳入"独角兽"企业种子库,并可根据研发投入、社会贡献等情况,给予科研团队或高管团队最高1000万元奖励
		各类设计人才培养	高标准推进工业设计研究机构建设,打造具有国际影响力的工业设计科研院所和人才培养基地。大力培养珠宝首饰、钟表、服装、家具、眼镜、建筑工程等方面设计人才

核心技术研发人才培养专项:深圳市紧紧围绕提高核心技术自主创新能力,培养关键行业核心技术研发人才队伍。重点支持在集成电路、显示面板、人工智能、生命健康、金融科技、医疗器械等领域开展关键核心技术攻关。对其中具有优势创新资源的人才团队,帮助最高1亿元的研发经费,并对研发成功的予以奖励。按"一事一议"原则,支持深圳市科技龙头企业设立科技创新平台或高端芯片联盟,与国内外高科技企业、高等院校、科研机构实行强强联合,对可弥补产业链关键环节缺失的核心技术进行协同攻关。积极探索"揭榜挂帅"机制,将拟定攻关的关键核心技术项目进行张榜公布,吸引有本事的领军人才、科研团队前来"揭榜"。每年从深圳市高等院校、科

研机构、医疗卫生机构、高新技术企业中,遴选100名左右应用性研究和技术攻关的带头人进行重点培养,每人每个培养周期(2年)给予最高200万元用于项目研发。支持深圳市高校、科研机构、科技领军企业牵头组织或参与国际大科学计划和大科学工程,择优给予最高1亿元资助。

创客人才培养专项:建设100个市级标准化创客空间,打造技术创新、知识分享、创意交流、协同创造等资源聚集的创客空间,为创客提供产品设计和原型创造所需的设备工具,以及创业场地、管理咨询、融资支持、工商注册、创业辅导等产品孵化服务。对列为市级标准化创客空间的,每年资助50万元运营经费。建立创客空间绩效考核奖励制度,每成功培育一家高新技术企业给予创客空间最高100万元奖励;每获得一项省级以上创新等奖项,给予创客空间最高50万元奖励,给予创客个人(团队)20万元的奖励。建设博士创客驿站等创客空间,符合条件的给予最高100万元资助。扩大创客导师队伍,推动创客导师进校园活动,广泛开展创客教学,培养学生创新精神和创新能力。支持中小学校建设创客实践室,符合条件的给予最高80万元资助。

商业模式创新人才培养专项:支持新产业、新业态、新模式发展,举办深圳商业模式创新大赛。支持新型商业模式企业发展,符合条件的纳入"独角兽"企业种子库,并可根据研发投入、社会贡献等情况,给予科研团队或高管团队最高1000万元奖励。支持深圳市高校、人才培养机构与国内外行业领军企业合作开设创新商业模式培训课程。

各类设计人才培养专项:高标准推进工业设计研究机构建设,打造具有国际影响力的工业设计科研院所和人才培养基地;大力培养珠宝首饰、钟表、服装、家具、眼镜、建筑工程等方面的设计人才。

第六,上海市科技创新人才引进培育计划。

上海市在深化人才发展体制机制改革过程中,注重制度创新,突出市场导向,扩大人才开放,推进简政放权,实施更具竞争力的人才集聚计划,主要包括海外人才引进计划、国内人才引进集聚计划、建设国际人才试验区、培养造就青年英才(见表3-8)。

表3-8　上海市科技创新人才类型

人才层次	引才计划	人才类型	人才分类
高层次人才	上海市优秀科技创新人才培育计划	青年科技英才扬帆计划	青年拔尖人才:在自然科学、工程技术、哲学社会科学和文化艺术重点领域崭露头角,获得较高学术成就,具有创新发展潜力,有一定社会影响,且38周岁以下的优秀科技人员
		青年科技启明星计划	A类:以高等院校、科研院所等单位为依托,具有博士学位
			B类:主要以企业为依托,从事技术研发工作
			C类:开展应用基础研究,以企业为依托
		学术/技术带头人计划	进入世界科技前沿的学术带头人
			引领产业技术创新的技术带头人
		浦江人才计划	A类项目
			B类项目
			C类项目
			D类项目
	上海市领军人才计划	领军人才计划	聚焦重点,服务发展的领军人才
			专业技术一线岗位上创新创业团队带头人

青年科技英才扬帆计划:面向38周岁以下的科技人员,目的是选拔和培养一批崭露头角的优秀青年科技人员,鼓励其进行原始创新和大胆探索,尽快成长为上海科技创新的中坚力量。

青年科技启明星计划:面向35周岁以下的科技人员,目的是选拔和培养一批脱颖而出的杰出青年科技人员,促进其加快向学术、技术带头人成长的步伐。

学术/技术带头人计划:面向50周岁以下的科技人员,目的是选拔和培养一批进入世界科技前沿的学术带头人与引领产业技术创新的技术带头人,促进其建设高水平科研梯队和创新团队,带动上海科技和产业发展。

浦江人才计划:面向50周岁以下回国工作的海外留学人员,目的是加快集聚优秀海外留学人员,向其提供在上海创新创业的"第一桶金"。其资助项目分为A、B、C、D等类型,上海市科委主管其中A、B两类项目。A类项目资助以高等院校、科研院所等单位为依托的自然科学和技术研究,B类项目主要资助以企业为依托的科技创新创业项目。

领军人才计划:聚焦重点,服务发展。聚焦本市人才高峰工程重点领域,聚焦科技创新和创业、科技成果转化、战略性新兴产业化及高新技术产业化,开展领军人才选拔工作。同时,要加大对哲学社会科学领军人才的选拔力度,突出一线,团队优先。以在科研、生产等专业技术一线岗位上创造优异成绩的创新创业团队带头人为选拔重点。要加大经确认的高峰人才团队核心成员选拔力度。

3.科技创新人才引育计划的对比分析

全国发达地区科技创新人才竞争更高频。根据浙江省与5个地区的对比分析,"十三五"期间,浙江省的科技创新人才团队引进培育工作有了一定突破,但对比北京、上海、广东、江苏等地,仍存在一定相似性和差距性。浙江省科技创新人才的培养多数围绕中央的12项重要人才工程,以"团队＋平台＋项目"的组织方式,通过高层次人才引进来提升"金字塔"高度,打造"人才特区"和"科技特区"的绩效考核体系,采取"一事一议、按需支持"政策,为顶尖人才和团队发展提供平台、资金、政策和环境保障。从人才培养类型来看,浙江省的人才工程主要是针对学科技术带头人,北京主要培养科技领军人才,上海主要培养国际性科技领军团队,广东省主要培养中国工程院和中国科学院的后备型人才,江苏省主要培育科技型企业家人才。从科技新政角度看,上海实行"向用人主体放权,为人才松绑"的海外高层次人才引进制度,广东省率先开展"引进创新创业团队专项计划",深圳的"十大诺奖实验室""领航计划""1+3+1"人才政策体系,江苏的"人才新政26条""科技创新40条"等,无疑都是在全国甚至全球范围内争取创新人才资源。

区域合作战略引导人才合作新模式。"十三五"期间,浙江省的科技创新人才发展仍存在结构性短缺、高层次高技能人才占比不高、重大团队引进政策比较优势不够明显等问题。同时,随着"一带一路"倡议、长江经济带发展战略、长三角一体化发展战略、数字经济"一号工程"的深入实施,浙江省将在更大范围、更高层次参与人才竞争和区域合作。对于浙江省而言,培育高层次科技创新人才和领军型创新创业团队是人才培育的重点工作,同时应当考虑在长三角一体化发展战略下,如何加强人才培养的差异化定位和区域性的人才合作,如何深入实施人才新政、科技新政以加大招才引智力度。

(三)科技创新人才的引育政策

通过对浙江省及5个地区科技创新人才引育计划的对比分析,本研究发现,各地区的人才培养政策基本类同,但是在人才引进与使用激励的政策中,各地区之间又表现出多元化的特点及不同的力度。在人才政策现状分析中,本研究主要从人才引进政策、人才激励政策、人才评价政策、成果转化政策和支持保障政策5个方面进行对比分析。

1.人才引进政策

科技部在高端外国专家引才计划申报原则中规定:聚焦"高精尖缺"引才重点,引进具有重大原始创新能力的科学家,具有推动重大技术革新能力的科技领军人才,具有世界眼光和开拓能力的企业家,符合国家战略发展需要的人文社科专家。着力引进青年创新人才、创新团队和各类急需紧缺人才,使引进外国专家规模、层次结构与我国经济建设和社会发展要求相适应。坚持项目成果绩效导向,推进实施外国专家项目绩效评价,将评价结果作为项目经费持续支持的重要依据。项目类别包括战略科技发展类、产业技术创新类、社会与生态建设类和农村与乡村振兴类。各地根据这一原则制定了符合本区域特色的人才政策。浙江省及5个地区海外人才引进政策对比详见表3-9,从海外人才引进政策的力度看,广东省相对更强,其次是深圳市。可知,浙江省应进一步加大海外人才引进力度,特别是奖励力度。

表3-9　浙江省及5个地区海外人才引进政策对比分析

省市	海外人才引进政策
浙江省	(1)浙江省海外高层次人才引进计划是浙江省为贯彻落实《中央人才工作协调小组关于实施海外高层次人才引进计划的意见》精神,深入推进"创业富民、创新强省"总战略而实施,主要设有创新人才长期项目、海鸥计划项目、创业人才项目、外专千人项目、"海外工程师"计划 (2)引进的外国专家入选浙江省"海外工程师"计划,所聘企业上一年度内支付每位海外工程师的年薪在50万元(含)以上的,最高不超过60万元,给予每次10万元生活补助 (3)项目启动资金:按重点项目和一般项目两类标准及注册资金的到位情况,可分别申请最高不超过600万元和300万元的项目启动资金 (4)安家补助:A类人才,由评审专家组以"一事一议"的方式确定引进政策,最高可给予总额不超过300万元的安家费补助。B类人才,提供120平方米的人才公寓房,租金先缴后补,期限3年。C类人才,提供40平方米的人才公寓房,租金先缴后补,期限3年
广东省	(1)广东省实施"珠江人才计划",面向国外引进具有稳定合作基础的创新创业团队,团队分为技术研发产业化和应用基础研究两类 (2)对入选的技术研发产业化类团队按3个档次给予1000万—1亿元的资助。第一档次:世界一流,资助8000万元;第二档次:国内顶尖、世界先进,资助3000万—5000万元;第三档次:国内先进,资助1000万—2000万元 (3)对入选的应用基础研究类团队定额资助2000万元
江苏省	(1)扩大人才对外开放面,创新外国人才引进方式和使用机制,深入实施"外国人才智力引进工程",着力引进处于国际产业和科技发展前沿,具有世界眼光和深厚造诣、对华友好的各类优秀外国人才。研究制定国有企事业单位聘用外国人才的方法和认定标准。积极争取优秀外国留学生毕业后直接在苏创业就业试点 (2)推进下放县级公安机关出入境管理机构外国人签证证件审批权进程,缩短审批期限。试点扩大外国人才R字签证(人才签证)范围,对符合条件的外国人才提供办理口岸签证、工作许可和长期居留许可的便利。完善海外高层次人才居住证制度,全面落实各项待遇
北京市	(1)北京实施"海聚工程"计划,重点聚集一批具备较高专业素养和丰富海外工作经验、掌握先进科学技术、了解国际政治经济、熟悉国际市场运作,具有广泛的国际联系,能够突破关键技术、发展高新产业、带动新兴学科的战略科学家、科技创新人才和产业领军人才;着力研发和转化国际领先的科技成果,做大做强一批具有全球竞争力的创新型企业;培育一批国际知名品牌,全面提高首都自主创新能力 (2)申报类别共分8类:全职工作类、青年项目、短期项目、外专长期项目、外专短期项目、创业类、创业团队项目、战略科学家项目。北京市政府对"海聚工程"入选人员给予一次性奖励50万—100万元,并在落户子女入学签证购买住房等方面给予优先办理

省市	海外人才引进政策
深圳市	(1)为营造有利于海外高层次人才来深创新创业的良好生活环境,对深圳市海外高层次人才提供的优惠奖励政策如下:A类人才可享受300万元的奖励补贴;B类人才可享受200万元的奖励补贴;C类人才可享受160万元的奖励补贴 (2)在居留和出入境便利、落户、子女入学、配偶就业、税收、医疗、保险等方面,享有相应的优惠措施
上海市	(1)上海围绕国家重大战略和上海重点发展战略的人才需求,引进一批紧缺急需的海外高层次人才,并在符合条件的企业、高等院校、科研院所、园区,建立20—30个市级海外高层次人才创新创业基地。将有关投融资、股权激励、成果转化等方面政策在人才基地先行先试,营造宽松环境,把基地建设成海外高层次人才最能发挥作用、最能产生效益的"人才特区" (2)海外高层次创新人才具体分为重点实验室、重点创新项目、重点学科、重大工程重大项目、企业金融、航运等七大方面人才 (3)提供更加完善的特定生活待遇,主要包括居留和出入境、落户、社会保险、住房通关、医疗保障、子女入学等方面

2. 人才激励政策

科技人才创新创业激励政策旨在激发科技人才创新创业的内在动力,释放科技人才活力,目的是通过保障和增加科技人才收入及营造创新创业良好环境,激发科技人才创新创业积极性、主动性。其涉及的内容包括工资制度、科技计划、经费管理、科技成果转化机制、创新创业保障和公共服务等。其中科技成果转化机制和创新创业保障,将在下面内容中单独阐述。浙江省及5个地区人才激励政策对比详见表3-10,从人才激励政策的比较分析看,北京市人才激励政策更为具体和翔实,激励措施力度更大,其次是广东省和江苏省,浙江省在人才激励政策上应加大措施力度。

表3-10　浙江省及5个地区人才激励政策对比分析

省市	人才激励政策
浙江省	(1)完善人才顺畅流动机制。鼓励高校、科研院所吸引优秀企业家、企业"千人计划"人才和天使投资人兼职,担任研究生兼职导师或创业导师 (2)高校、科研院所科研人员经所在单位同意,可以在职创业并按规定获得报酬。担任公益类、生产经营类事业单位中层领导职务且从事教学科研任务的科研人员,经本单位批准可以在不受本人职务影响的企业兼职,是科技成果主要完成人或者对科技成果转化做出重要贡献的,可依法获得现金、股份或者出资比例等奖励和报酬 (3)事业单位科研人才可以与单位签订离岗协议,明确离岗期间双方权利义务关系、社会保险、科研成果归属、收益分配等事项后,5年内保留人事关系离岗创业
广东省	(1)对博士和博士后占科研人员比例30%以上的企事业单位,核定工资总量时予以倾斜;对关键岗位、贡献突出的博士和博士后,绩效工作分配予以单列核发 (2)单位实施科技成果转化转让所得利益作为科研团队(人员)的奖励部分,单位承担的各类财政资助科研项目的间接费用作为科研人员的绩效支出部分暂不列入绩效工资调控管理 (3)国有企事业单位引进或聘用海内外优秀博士和博士后,可根据市场标准采用年薪制、协议工资制等方式确定,其薪酬在单位工资总额内单列 (4)高校采用协议工资制、年薪制、项目工资、特别补贴、一次性奖励等方式给予高层次人才的收入,不计入高校绩效工资总额基数
江苏省	(1)赋予企事业单位科技成果使用、处置和收益自主权,提高职务发明成果转让收益用于奖励研发团队的比例 (2)开展高校、科研院所等单位与发明人对知识产权分割确权和共同申请制度试点。鼓励企事业单位通过股权、期权、分红等激励方式,调动科研人员创新积极性 (3)非上市公司授予本公司专业技术人才的股权激励等,符合条件的可按规定递延至转让股权时缴纳个人所得税 (4)有条件的设区市、县(市、区)应当对对本地产业发展有特殊贡献的科研人员予以奖补,奖补数额可相当于其缴纳的个人所得税 (5)鼓励企事业单位设立首席研究员、首席科学家、首席工程师等专业技术岗位,给予其具有市场竞争力的相应待遇

省市	人才激励政策
北京市	(1)健全人才激励服务保障机制。完善与人才贡献相适应的激励机制,创新技术、技能要素参与收益分配的形式,探索采取期权、股权激励方式,收益分配重点向创新创业人才倾斜。积极打造以留创园、博士后站、继续教育基地、高技能人才培训基地等为主体的高层次人才服务平台 (2)加大人才激励力度。加大对创新创业团队奖励力度:对于近3年累计获得7000万元以上(含)股权类现金融资的创新创业团队,可给予最高500万元的一次性奖励;近3年累计获得1.5亿元以上(含)股权类现金融资的创新创业团队,可给予最高1000万元的一次性奖励。制定优秀人才奖励措施,建立与个人业绩贡献相衔接的奖励机制,业绩贡献突出的可给予每年最高200万元的奖励。设立"青年北京学者计划",鼓励优秀青年人才积极从事前沿科学研究和原始创新,入选人才可享受周期性经费支持。设立建言献策奖励资金,鼓励社会各界对本市高精尖产业发展提出意见建议,被采纳应用或形成制度性成果的可根据贡献大小给予10万—100万元的一次性奖励。在京创新创业成绩突出的高层次海外人才,可不受年龄、学历等条件限制,优先入选"海聚工程",享受相应奖励资助和生活待遇
深圳市	创新完善人才激励保障机制。健全完善体现人才价值、鼓励人才创新创造、激发人才活力的激励保障机制。坚持人才价格与人才价值相适应,加强对收入分配的宏观指导,逐步建立激发活力、注重公平、秩序规范的工资薪酬制度,注重激励分配向关键岗位和优秀拔尖人才倾斜。实行精神激励和物质激励相结合的制度,调整规范各类人才奖项设置,突出表彰和奖励各领域各行业的杰出创新创业人才。健全以政府奖励为导向、用人单位奖励为主体、社会力量参与的人才奖励制度
上海市	创新人才激励政策。加大创新人才激励力度,鼓励企业通过股权、期权、分红等激励方式,调动科研人员创新积极性。积极落实高新技术企业科研人员通过科技成果转移转化取得股权奖励收入时,享受在5年内分期缴纳个人所得税的税收优惠政策。进一步研究实施股权奖励递延纳税试点政策,完善事业单位绩效工资制度,健全鼓励创新创造的分配激励机制,开展高校经费使用自主权改革试点,探索提高科研项目人员经费比例,探索实施委托社会机构开展上海杰出人才遴选工作,大力表彰创新创业的杰出人才,加强创新成果知识产权保护

3.人才评价政策

根据中共中央办公厅、国务院办公厅印发的《关于分类推进人才评价机制改革的指导意见》,各地区各部门结合实际落实、出台了相关实施意见,分类推动具备条件的高校、科研院所、大型企业、国家实验室、新型研发机构及其他人才智力密集单位、重点产业园区自主开展评价聘用工作,建立健全以科研诚信为基础,以创新能力、质量、贡献、绩效为导向的科技人才评价体系。浙江省及5个地区人才评价政策对比详见表3-11,通过比较分析,广东省人才评价措施更为具体翔实,针对不同类型的人才详细制定了评价标准。浙江省可在人才评价方面进一步细化,使评价机制更具有可操作性。

表3-11　浙江省及5个地区人才评价政策对比分析

省市	人才评价政策
浙江省	(1)构建人才分类评价机制。对进行基础研究、应用研究、成果转化等不同类型人才,建立体现职业特点和成长规律的分类评价标准体系,并建立标准化人事考试测评基地 (2)改革职称评审前置条件,对外语职称和计算机应用能力考试不做统一要求。将专利创造、标准制定及成果转化作为职称评审的重要依据,发明专利转化应用情况与论文指标要求同等对待,横向课题与纵向课题指标同等对待。将企业工作经历和工作业绩作为高校工程类教师晋升专业技术职务的重要条件。业绩突出的优秀工程技术人员,可以破格或越级申报专业技术职称 (3)开辟海外高层次人才高级职称评审绿色通道。将县以下医疗卫生单位高级职称评审权下放至各设区市,省级医院高级职称试行自主评聘制度
广东省	(1)《广东省引进高层次人才认定标准》(2017年) (2)《广东省引进青年拔尖人才认定标准》(2017年) (3)《广东海外专家来粤短期工作资助计划专家认定标准)(2017年) (4)《广东省引进金融人才认定标准A类和B类》(2017年) (5)《广东省引进高端经营管理人才认定标准》(2017年) (6)《广东省引进科技创新领军人才认定标准》(2017年)
江苏省	(1)完善符合科研人员岗位特点的分类评价机制,增加技术创新、专利发明、成果转化、技术推广等评价指标的权重,将科研成果转化取得的经济和社会效益作为职称评审的重要条件 (2)对科研院所从事基础研究和前沿技术研究的科研人员,弱化中短期目标考核,建立持续稳定的财政支持机制
北京市	(1)《首都科技领军人才培养工程实施管理办法》 (2)《中关村高端领军人才聚集工程实施细则》
深圳市	(1)创新完善人才评价发现机制。以能力和业绩为导向,针对各类人才的不同特点,建立多元化人才评价标准和人才评价指标体系,提高人才评价的科学性 (2)设置专业人才特聘职位。探索在专业性较强的政府机构和国有企事业单位设置高端特聘职位,实施聘期管理和协议工资,通过灵活的方式吸引与集聚岗位急需的高层次专业人才
上海市	《上海市海外高层次人才引进标准》

4. 成果转化政策

按照国家关于促进科技成果转化的相关政策,各地纷纷出台相关意见办法和规定,推进科技成果转移转化,打通中央与地方科技成果转化链,让科技人员在科技成果转化中得到合理回报,让有真才实学且做出重要贡献的人才有成就感、获得感。浙江省及5个地区成果转化政策对比详见表3-12。

表3-12　浙江省及5个地区成果转化政策对比分析

省市	成果转化政策
浙江省	(1)《浙江省促进科技成果转化条例》(2017年修订) (2)《关于促进科技与产业融合加快科技成果转化实施方案》
广东省	《广东省促进科技成果转化条例》
江苏省	(1)《江苏省促进科技成果转化条例》 (2)江苏省《重大科技成果转化资金项目》 (3)《关于促进科技与产业融合加快科技成果转化实施方案》
北京市	(1)《北京市促进科技成果转化条例》 (2)《北京市科学技术奖励办法实施细则》
深圳市	《深圳市技术转移和成果转化项目资助管理办法》
上海市	《上海市促进科技成果转移转化行动方案》

5. 支持保障政策

科技人才流动与服务保障政策旨在破除人才流动障碍,打破户籍、地域、身份、学历、人事关系等制约,实现人才资源合理流动、有效配置。各地区出台多项科技人才流动与服务保障政策,以健全人才顺畅流动机制。特别是近几年,通过出台相关政策,进一步畅通高校、科研院所与企业之间人才流动渠道,促进人才在不同地区间有序自由流动,加快科技人才流动服务保障体系建设。浙江省及5个地区支持保障政策对比详见表3-13。

表 3-13　浙江省及 5 个地区支持保障政策对比分析

省市	支持保障政策
浙江省	(1)完善人才服务机制。鼓励市县财政设立人才创业投资引导基金,吸引社会资本、风险投资进入人才科技创新领域,同时建立风险投资促进机制 (2)开展股权众筹等新型融资服务,积极探索和规范发展互联网金融,支持创新型中小企业信用担保基金发展。鼓励开展知识产权证券化交易,大力发展知识产权质押业务 (3)建立人才服务银行,鼓励金融机构对符合条件的高层次人才创业融资给予无须担保抵押的平价贷款 (4)加快科技大市场建设,建立科技公共服务平台,推广应用创新券。健全落实人才服务例会制度,完善党政领导联系高层次人才制度,妥善解决高层次人才在住房、医疗、子女入学等方面的问题 (5)浙江人才新政 25 条
广东省	(1)科技创新券:改革省科技创新券使用管理办法,扩大创新券规模和适用范围,实现全国使用、广东兑付,重点支持科技型中小企业和创业者购买创新创业服务 (2)创业投资及信贷风险补偿资金是指由省财政预算安排,用于科技企业孵化器发展,对孵化器内创业投资失败项目和对在孵企业首贷出现坏账项目所产生的风险损失,按一定比例进行补偿的财政专项资金 (3)《广东省技术先进型服务企业认定管理办法》(粤科规范字〔2018〕3 号) (4)科技企业孵化器、众创空间后补助施行办法 (5)持续加大科技领域"放管服"改革力度
江苏省	(1)《江苏人才新政 26 条》 (2)《江苏省科技创新人才推荐计划》 (3)《江苏省 333 高层次人才培养工程》 (4)《江苏省六大人才高峰项目资助计划》
北京市	(1)《北京市引进人才管理办法(试行)》 (2)《公安部推出支持北京创新发展 20 项出入境政策措施》 (3)《关于新时代深化科技体制改革加快推进全国科技创新中心建设的若干政策措施》 (4)《中关村国家自主创新示范区优化创业服务促进人才发展支持资金管理办法》 (5)《首都科技领军人才培养工程实施管理办法》 (6)《中关村高端领军人才聚集工程实施细则》

续表

省市	支持保障政策
深圳市	(1)深圳市高层次人才认定及优惠政策 (2)深圳市海外高层次人才认定及优惠政策(孔雀人才) (3)深圳市留学人员来深创业前期费用补贴 (4)深圳市产业发展与创新人才奖 (5)深圳市海内外高层次人才创新创业团队资助(孔雀团队) (6)2016年度深圳市引才伯乐奖申领发放工作 (7)深圳市海外高层次人才创新创业专项资金技术创新项目 (8)深圳市海外高层次人才创新创业专项资金创业项目 (9)深圳市海外高层次人才创新创业专项资金创业场租补贴 (10)新引进人才租房补贴
上海市	(1)《上海"千人计划"创业园科技创新政策实施细则》 (2)《关于进一步深化人才发展体制机制改革加快推进具有全球影响力的科技创新中心建设的实施意见》 (3)《上海市促进人才发展专项资金管理办法(试行)》 (4)《上海市科技创新计划专项资金管理办法》

四、科技创新人才引育与要素循环的现状分析

（一）科技创新人才的引育现状

1. 科技创新人才规模对比

本研究以2016—2019年的数据为依据，对比分析了浙江省与广东省、江苏省的科技创新人才规模，可知2019年浙江省R&D人员总量低于广东省和江苏省，是广东省的70%、江苏省的71%。

第一，浙江省科技创新人才规模现状。

浙江省紧紧聚焦两个高水平建设，坚持高端引领，围绕"高精尖缺"培养造就了一批具有全球视野和国际水平的战略科技人才，其中青年拔尖人才和高水平创新团队为浙江省实现高质量发展提供了战略支撑。2019年，浙江省研发人员数达46万人，约是2012年27.81万人的1.65倍。2016—2019年浙江省R&D人员总量见表3-14。

表3-14 2016—2019年浙江省R&D人员总量

（单位：人）

指标名称		2016年	2017年	2018年	2019年
R&D人员		376553	398091	429937	460033
按执行部门分	研究机构	7066	7800	8424	9013
	工业企业	321845	333645	360336	385560
	高等学校	17714	20046	21649	22971
	其他	29928	36600	39528	42489
按活动类型分	基础研究	8897	9495	10254	10972
	应用研究	15544	17596	19003	20334
	试验发展	352112	371000	400680	428727

第二,广东省科技创新人才规模现状。

广东省围绕创新驱动和人才强省发展战略,以珠三角国家自主创新示范区和粤港澳大湾区建设为重点,深化人才发展体制、机制改革,优化重大人才工程实施,加大本土人才培养力度,加快吸引海内外高层次人才集聚广度,科技人才队伍的建设为广东省实现"四个走在全国前列"目标提供了坚实的基础。2016—2019年广东省R&D人员总量见表3-15。

表3-15 2016—2019年广东省R&D人员总量

(单位:人)

指标名称		2016年	2017年	2018年	2019年
R&D人员		515649	565287	610509	653245
按执行部门分	研究机构	14101	14466	15623	16716
	工业企业	423730	457342	493930	528506
	高等学校	23938	25847	27914	29868
	其他	53880	67632	73042	78155
按活动类型分	基础研究	20424	22106	23874	25546
	应用研究	42189	48805	52709	56398
	试验发展	453036	494376	533926	571301

第三,江苏省科技创新人才规模现状。

江苏省紧紧围绕"聚力创新"发展取向,坚持"企业是主体、产业是方向、人才是支撑、环境是保障",把科技创新人才队伍建设放在优先位置,实施人才、项目、载体、金融、服务"五位一体"联动,鼓励更多高端人才到江苏省创业,更多创新成果到江苏省转化,以高层次人才支撑高水平创新、引领高水平发展。2016—2019年江苏省R&D人员总量见表3-16。

表 3-16　2016—2019 年江苏省 R&D 人员总量

（单位：人）

指标名称		2016年	2017年	2018年	2019年
R&D人员		543438	560002	604802	647138
按执行部门分	研究机构	24032	26578	28704	30713
	工业企业	451885	455468	491905	526338
	高等学校	26350	27063	29228	31274
	其他	41171	50893	54965	58813
按活动类型分	基础研究	16818	19098	20625	22069
	应用研究	28640	31851	34399	36807
	试验发展	497980	509053	549778	588262

2.科技创新人才结构对比

如表 3-17 所示,浙江省拥有的国家级人才数量除院士和万人计划人才外,均少于广东、江苏两省;拥有的国家级顶尖人才、领军人才总量较小,高水平创新团队尤其短缺,且国家级人才 80% 集中在浙江大学。浙江省需要加大科技创新人才引进培育力度,需要通过多种手段引进科技创新人才,以各类载体吸引科技创新人才,以公共导向和社会服务吸引科技创新人才,以多种手段培养科技创新人才,同时要提高人才引进培育的层次。浙江省在今后的高能级创新平台发展方面,争取让之江实验室入选国家实验室,在省级重点实验室梯队中择优培育发展对象入选国家重点实验室,提升浙江省国家级科技创新平台的竞争力。

表 3-17　2019 年高层次人才数量比较分析

人才类别	口径	浙江省	广东省	江苏省
中国科学院院士	总人数	24	24	41
	其中地方高校	5	12	6

续表

人才类别	口径	浙江省	广东省	江苏省
中国工程院院士	总人数	28	16	34
	其中地方高校	10	9	11
小计		52	40	75
长江学者奖励计划 特聘教授	总人数	109	113	196
	其中地方高校	22	40	37
长江学者奖励计划 青年学者	总人数	40	46	68
	其中地方高校	7	12	15
小计		149	159	264
国家杰青	总人数	161	220	283
	其中地方高校	23	81	69
国家优青	总人数	173	182	289
	其中地方高校	23	58	99
小计		334	402	572
万人计划杰出人才	总人数	0	0	0
	其中地方高校	0	0	0
万人计划百千万工程领军人才	总人数	4	1	11
	其中地方高校	2	0	6
万人计划科技创新领军人才	总人数	85	86	137
	其中地方高校	22	33	42
万人计划哲学社会科学领军人才	总人数	18	20	16
	其中地方高校	13	12	6
万人计划教学名师	总人数	19	19	33
	其中地方高校	16	13	12
万人计划青年拔尖人才	总人数	46	46	76
	其中地方高校	6	7	12
小计		172	172	273

（二）科技创新人才的产出现状

1. 相关数据分析

根据《中国区域创新能力评价报告2019》，本研究选择广东省、江苏省与浙江省进行了科技创新人才相关产出的数据分析。[①]

第一，在知识创造方面。

如表3-18所示，浙江省的优势指标为研究与试验发展全时人员当量增长率，劣势指标为政府研发投入、政府研发投入占GDP比重、政府研发投入增长率、国内论文数量增长率和国际论文数量增长率。在政府研发投入上，浙江省总量、占比、增速全面落后，如政府研发投入增长率，浙江省为5.83%，江苏省为7.81%，广东省为27.80%，差距较大。在国内、国际论文数量增长率方面，浙江落后于广东、江苏两省，分别列全国第30位、第27位。

表3-18 2019年3省知识创造的主要优劣势指标

优劣势	指标名称	单位	浙江省	广东省	江苏省
优势	研究与试验发展全时人员当量增长率	%	5.78	0.92	4.59
劣势	政府研发投入	亿元	82.68	160.76	195.93
	政府研发投入占GDP比重	%	0.17	0.24	0.21
	政府研发投入增长率	%	5.83	27.80	7.81
	国内论文数量增长率	%	−10.16	−7.94	−4.39
	国际论文数量增长率	%	10.68	17.01	16.83

资料来源：《中国区域创新能力评价报告2019》。

第二，在知识获取方面。

如表3-19所示，浙江省的优势指标为高校和科研院所研发经费内部支出额中来自企业的资金比例，劣势指标为作者异省合作科技论文增长率

[①] 资料来源：相关数据分析源自《中国区域创新能力评价报告2019》。

等5个。就科技创新人才队伍而言,合作发表论文方面,浙江省的作者异省合作科技论文数增长率、每十万研发人员作者异国合作科技论文数、作者异国合作科技论文数增长率3个指标均较低,分别列全国第30、28、26位。

表3-19 2019年3省知识获取的主要优劣势指标

优劣势	指标名称	单位	浙江省	广东省	江苏省
优势	高校和科研院所研发经费内部支出额中来自企业的资金比例	%	27.03	15.81	16.84
劣势	作者异省合作科技论文数增长率	%	-4.66	-3.45	-2.03
	每十万研发人员作者异国合作科技论文数	篇/十万人	34.95	40.56	58.49
	作者异国合作科技论文数增长率	%	-5.43	-2.56	1.62
	技术市场交易金额(按流向)	亿元	302.74	832.18	950.86
	技术市场企业平均每项交易金额(按流向)	万元	75.44	194.94	198.51

资料来源:《中国区域创新能力评价报告2019》。

第三,在企业创新方面。

如表3-20所示,浙江省的优势指标为企业就业人员中研发人员比重、有电子商务交易活动的企业数和企业新产品销售收入占总销售收入的比重等5个;劣势指标为企业平均有效发明专利数、企业平均研发经费外部支出、企业平均技术改造经费支出和有电子商务交易活动的企业数增长率等6个。如浙江企业每万名研发人员平均发明专利申请数仅相当于广东的40%,列全国第23位。

表3-20 2019年3省企业创新的主要优劣势指标

优劣势	指标名称	单位	浙江省	广东省	江苏省
优势	企业就业人员中研发人员比重	%	6.31	4.27	5.76
	企业研发活动经费内部支出总额占销售收入的比例	%	1.50	1.36	1.59
	有电子商务交易活动的企业数	家	12852	17313	10508

优劣势	指标名称	单位	浙江省	广东省	江苏省
优势	有电子商务交易活动的企业数占总企业数的比重	%	15.64	12.18	10.08
	企业新产品销售收入占总销售收入的比重	%	34.32	23.31	18.83
劣势	企业每万名研发人员平均发明专利申请数	件/万人	488.21	1223.4	847.42
	企业平均有效发明专利数	件	10115	58275	25846
	企业有效发明专利增长率	%	17.97	38.48	28.68
	企业平均研发经费外部支出	万元/个	302.73	832.18	950.86
	企业平均技术改造经费支出	万元/个	50.21	50.45	114.41
	有电子商务交易活动的企业数增长率	%	12.68	42.96	53.12

资料来源:《中国区域创新能力评价报告2019》。

第四,在创新环境方面。

如表3-21所示,浙江省的优势指标为科技服务业从业人员增长率、平均每个科技企业孵化器孵化基金额、科技企业孵化器孵化基金总额增长率、平均每个科技企业孵化器当年毕业企业数;劣势指标为互联网用户增长率、大专以上学历人口数、科技企业孵化器当年获得风险投资额、科技企业孵化器孵化基金总额和高技术企业数占规模以上工业企业数比重。劣势指标中,浙江互联网用户增长率仅为1.4%,列全国第28位;大专以上学历人口数(抽样数)为7040人,相当于广东的57%。

表3-21　2019年3省创新环境的主要优劣势指标

优劣势	指标名称	单位	浙江省	广东省	江苏省
优势	科技服务业从业人员增长率	%	16.03	-6.73	0.20
	平均每个科技企业孵化器孵化基金额	万元/个	2648.9	2144.8	1752.5
	科技企业孵化器孵化基金总额增长率	%	152.09	94.75	36.42

优劣势	指标名称	单位	浙江省	广东省	江苏省
优势	平均每个科技企业孵化器当年毕业企业数	家	6.96	4.01	4.81
劣势	互联网用户增长率	%	1.4	3.4	2.3
	大专以上学历人口数(抽样数)	人	7040	12367	10980
	科技企业孵化器当年获得风险投资额	亿元	23.43	72.94	48.49
	科技企业孵化器孵化基金总额	亿元	42.38	123.54	96.04
	高技术企业数占规模以上工业企业数比重	%	6.79	16.16	10.97

资料来源:《中国区域创新能力评价报告2019》。

2. 相关原因分析

如上文所述,浙江省在科技创新人才的产出方面,多项指标与广东省、江苏省存在较为显著的差距,本研究认为,相关原因主要包括以下几个方面。

一是创新策源能力不足。一方面科技人才总量不够宏大,另一方面面临人才结构性不足的突出矛盾,距离打造全球人才"蓄水池"的要求还有不少差距。科学前沿领域高水平人才、高端研发人才等存在较大的缺口。高能级创新创业平台也比较少,大院名所少,"国字号"创新大平台比较缺乏,大科学装置缺乏。因为缺乏大量高端创新要素的集聚,所以科研成果产出指标明显滞后。

二是创新型企业吸纳高层次人才能力不足。浙江省虽然培育了像阿里巴巴、海康威视等一批具有国际影响力的企业,但总量明显偏少。浙江省2019年有效高新技术企业达12885家,与广东省的45282家、江苏省的18175家,有明显差距。企业的科技人才工作时面临着"六多六少"的状况,即小企业数量多,大企业数量少;劳动密集型企业多,资本和技术密集型企业少;低附加值产品制造的多,高端产品制造的少;一般科技人才多,高层次的专家少;高层次专家柔性工作的多,长期工作的少;解决具体应用问题的多,从事基础和前沿研究的少。由于上述原因,浙江省企业对高层次人才的承载能力相对较弱,人才数量虽达到一定规模,但属行业领军的人才屈指可数。

三是科技人才评价激励机制有待完善。在打破"四唯"、更好落实中央和浙江省"三评"改革精神、体现业绩贡献和结果导向、充分激发创新创业活力等方面还有优化空间。

四是服务人才的发展环境有待优化。面对广东等省市的人才竞争压力,浙江省在打造人才生态最优省等方面,有待进一步创新思路、加大力度。如2019年6月,广东省出台了粤港澳大湾区个人所得税优惠政策,明确规定:对于在大湾区工作的境外高端人才和紧缺人才,在珠三角9个市应缴纳的个人所得税中已缴税额超过其按应纳税所得额的15%计算的税额,由当地政府给予财政补贴,该补贴免征个人所得税,这一政策将吸引更多国际人才到粤港澳大湾区工作和生活。

(三)科技创新人才的国际化现状

1. 浙江省科技创新人才的国际化概况

浙江省高度关注国际化人才引育工作,源源不断的国际人才引进为浙江经济社会的发展提供了优质智力支持。截至2019年,浙江省科技创新人才的国际化概况如下。[①]

第一,高端外国人才加速集聚。

大力引进"高、精、尖、缺"外国人才。2019年上半年浙江省引进外国高层次人才1500余人,其中有20名外国专家新入选国家"千人计划"外专项目,占全国总入选人数(73名)的27.4%,实现六连冠。截至2019年,浙江省入选国家"千人计划"的外国专家已累计达84名,其中高新企业聘用的占69.4%,这成为浙江面向经济主战场在引进外国高端人才方面的一大特色和亮点。

---

① 资料来源:浙江省外国专家局相关工作总结。

第二,创建高能级功能型外国人才科技创新平台。

积极创建高能级功能型外国人才科技创新平台。通过创建综合型创新平台,把外国人才科技优势与浙江省地方产业、市场优势有机结合起来。在绍兴筹建中国—南非科技转移中心,在温州与德国经济发展与对外合作总会合作成立中德智能制造研究院。同时,精准服务企业加强外国人才智力和技术供给。以"请进来"和"走出去"相结合的方式,小规模、经常性、有针对性地邀请外国高端人才团队来浙江省开展项目推介,以有效供给刺激释放企业创新需求。组织美国生物医药高端专家、南非院士专家代表团、意大利国家研究委员会材料研究所所长、日本氢能源整车技术项目、加拿大院士清洁能源项目、意大利工业设计团队、乌克兰材料专家团队、印度生物制药技术团队、德国工业4.0技术团队、法国院士时尚设计与新材料团队等600余名专家携近800个技术项目,来浙江省对接洽谈人才智力、技术转化等项目合作事宜。会同省级有关部门组织省内部分企业赴印度参加"亚洲生物医药峰会";组团出访印度,精准对接生物医药和IT领域人才与技术,并拓展了一批新的引才引智渠道。

第三,"万名国际化人才培训工程"稳步推进。

围绕浙江省重大战略决策部署、重点产业发展和重大工程建设,组织实施"万名国际化人才培训工程"。2019年度,浙江省计划组织出国(境)培训项目136个,培训3000余人,优先支持科技人才、技能人才和企业经营管理人才类项目,此3类项目占比达96.3%。

第四,高端外国人才绿色通道畅通便捷。

实施外国人来华工作许可制度和外国人才签证制度。开展业务培训,加强部门协调与业务协同,确保外国人才来浙江工作的各环节衔接畅通。以"科技大脑"建设为牵引,对外国人来华工作许可业务流程进行了再造,对高端外国人才执行"容缺受理"和"零跑"措施。截至2019年6月,浙江省共办理外国人来华工作许可(境外+境内+延期)11207件,其中A类946件,B类5492件,C类4769件。

2.浙江省科技创新人才的国际化困境

浙江省国际化人才引育已取得显著成果,但有一个不容忽视的问题——引来的国际化人才仅有一小部分长期留在浙江工作和生活。据很多企业和单位反映,花大力气把海外人才引进来,但人才流动性较大,导致"引进来、留不住"现象频现。国际化人才待不长,既有个人和用人单位的原因,也有人才引进政策的问题。

第一,尖端人才总量不足与人才结构失衡难以构成多层次人才生态。

浙江省全职"两院"院士、国家"千人计划"专家数量及国家重点实验室数量均与北京、上海、广州等地尚有较大差距。此外,浙江省现聚焦于七大战略型新兴产业和四大未来产业的发展,但这些领域的高层次和高技能人才相对短缺。从城市的发展阶段来看,深圳正在加大对基础研究领域的投入,客观上对国际人才尤其是顶尖科研人才的需求更加旺盛。

第二,原始创新能力不够导致发展相对受限。

浙江省的人口规模已经进入了全国前列,但顶尖人才和高端研发团队缺乏,自主创新能力有待增强,一些核心技术仍未做到真正自主可控,基础科研水平较为薄弱,创新人才、高技术人才数量与科技发展的需要难以匹配。对标硅谷的创新能力来源,即其周边的很多高校和研究所,孕育了大量的诺贝尔奖获得者及众多技术人才,他们正是推动硅谷科技创新的生力军,而目前浙江省在科技创新这一方面的优势还未如此突出。以国内"双一流"高校建设来看,浙江省只有3所大学(浙江大学、中国美术学院和宁波大学)进入名单。因此浙江需要快速发展高水平高等教育,弥补高水平高等教育短板。

第三,缺乏沟通的长效机制导致高投入低产出。

首先,浙江省政府高度重视高层次人才引进工作,出台了一系列针对高层次人才的政策,但引进来后国际人才的生活保障、子女教育、养老等问题则被忽视。例如,在海外高层次人才政策中的医疗保健、配偶就业等相关配套措施缺乏实施细则,因而无法付诸实施,而且某些高层次专业人才政策落实程序复杂没有考虑人才的实际需求。如申报学术津贴的材料多且时间长,加深了高层次专业人才享受这一政策的烦琐程度,而且该项补贴标准不高,导致部分高层次专业人才放弃享受这一政策。其次,大多数单位在引进国际人才时,给予很高的工资待遇,但对于国际人才的培训、职业发展和职业生涯规划问题欠缺考虑,且缺乏人才需求分析;思想上认定国际人才待不长,工作几年就会回国,缺乏一些激励机制和保障制度留住人才,甚至很少有用人单位长期聘用国际人才,特别是顶尖高端人才,这也表明浙江省国际人才引进政策的短效性。

第四,影响国际人才引进和服务的体制机制障碍仍然存在。

在海外人才引进和服务方面,涉及人社、公安、外事、教育、侨务等部门,各项政策碎片化,各个部门只负责本部门管辖范围的事情,这有一定的合理性,但是对整个人才服务来说,容易造成块化倾向,削弱整体协同作用。由于缺乏有效的多部门协调机制,各个部门的人才信息资源难以形成有效对接。另外,人才引进的市场化程度不高,目前引进海外人才主要依赖于政府部门,缺少社会机构对人才供需信息的共享开放,难以实现科学化预测人才需求。

第五,人才发展环境欠缺导致难以发挥人才效用。

在知识密集、技术含量高的新兴产业,对掌握关键技术的人才需求相对较为急迫,浙江政府为此引进了数量可观的专家人才,但落到用人单位时,往往因为企业文化、经营机制及用人制度等方面的局限性,无法提供兼容并蓄、开放的工作环境,导致海外人才流失。另外,部分单位过于注重"用人"而忽视了对人才的再培养,或是因为短期收益不显著而放弃对人才的培养,存在"重引进,轻留用"倾向。同时,许多国际人才在海外工作和生活多年,刚到浙江必定会出现一些"水土不服"现象。

第六,缺少更具国际竞争力的海外人才专项薪酬制度和社会保障体系。

薪酬和福利是影响人才流动的最直接因素,主要体现在税收和社会保障两个方面。目前浙江海外人才的个税税率和起点工资对比中国香港、新加坡等地区存在较大差距,必然会导致海外人才的收入大幅度缩水。另外,不同于香港,浙江省的社保与国外没有任何衔接和关系,同时在养老保险、医疗保险、住房保障和子女教育等方面有所欠缺,加上文体设施总量较少、布局不均、服务不足,导致国际化社区环境不够完善,这成为引进国际化人才的一大障碍。

五、科技创新人才引育与要素循环的对策研究

党中央在国内外形势发生深刻变化的情况下,全面分析形势和任务,做出重大判断。当今世界面临着百年未有之大变局,我国发展仍处于并将长期处于重要战略机遇期,呈现长期向好发展前景。浙江省要牢牢把握新一轮科技革命和产业变革的新机遇、改革开放走深走实的新机遇、扩大国内市场的新机遇、国际环境和国内条件变化的倒逼机遇及长三角一体化发展上升为国家战略的新机遇,积极落实中央和省委、省政府的重大决策部署,加强科技人才工作的系统谋划,使科技人才工作成为新时代全面展示中国特色社会主义制度优越性"重要窗口"的一个重要方面。本研究结合浙江省相关部门政策,提出如下4个方面的对策建议。①

(一)明确人才引育方向

集聚一批具有全球影响力的科技创新领军人才。大力集聚一批战略科学家、拥有原创能力的科技创新领军人才,即全力引进造就一批在类脑芯片、人工智能、量子信息、未来网络和智能感知等领域,在结构生物学、肿瘤与分子医学、脑与脑机融合、生命健康大数据、传染病医学等领域,在化工新材料、高性能纤维及复合材料、高端磁性材料、氟硅钴和光电新材料等领域拥有原创能力的科技高层次人才,加强基础研究。各地优化"千人计划"实施机制,根据本地区产业发展优势,动态调整引进人才专业结构,适当扩大"海鸥计划"规模,落实顶尖人才直接认定机制。允许企业海外研发中心或

---

① 说明:对策建议主要结合浙江省科技厅、浙江省人力资源和社会保障厅等部门的相关政策。

海外分公司新引进的高端人才申报省"千人计划",并配套制定相应政策。

引进培育攻克产业关键核心技术的科技创新人才。重点围绕新兴产业培育发展和传统产业改造升级提升的技术需求,在信息通信、生物医药、新材料、新能源与节能、高端装备制造、农业新品种、生态环境保护与修复等前沿领域引进攻克关键核心技术的科技创新人才。加快突破万亿级产业和汽车、五金、机械、石化等块状特色产业关键共性技术,推动产业转型升级。培育关键核心技术融合应用创新人才,推进"城市大脑"在城市治理中的全面应用,加快智慧城市建设。推动人工智能、物联网、云计算、大数据等信息产业技术在农业、制造业和服务业的应用与融合创新。开展细胞治疗技术创新发展试点,支持在智能汽车、智慧医疗、数字农业、数字文化等应用场景开展先行先试。支持杭州建设国际金融科技中心,做大做强金融科技产业,打造移动支付之省。各地区主管部门根据产业关键核心技术发展需要编制产业关键核心技术科技创新人才引进培育计划,有计划地遴选一批科技创新人才入选省"万人计划"。

培育一批科技创业领军人才。加强企业家人才队伍建设,开展"浙商名家"成长行动,组织产业领军企业家赴国外学习考察、对接合作、投资并购。建立企业家参与战略决策对话咨询制度,支持龙头企业整合人才、技术、资本、市场等要素,建立人才创新创业专业孵化器。分级分业对全省规模以上企业主要负责人进行普遍轮训,开展"浙商薪火"传承行动,采取专题培训、创新论坛、代际交流、导师帮带等方式,提升新生代企业家经营管理能力。选送优秀青年企业家到世界500强企业、境外合资合作企业、海外分支机构学习交流。开展"科技浙商"培育行动,突出科技创业、海归创业,综合运用产业基金、专项资金、政府采购等工具,在项目申报、团队建设、产业对接、市场推广等方面提供支持服务,培育一批科技创业领军人才。探索建立经济效益与社会效益相结合的企业家评价机制。各地区完善科技创业领军人才培育计划,鼓励创业项目符合浙江省战略性新兴产业发展方向并且技术处于领先地位,且具有较好的成长性,能够运用自主知识产权创建科技企业的科技人才或具有卓越经营管理能力的科技企业高级管理人才,申报科技创业领军人才。

　　引进培育一批高水平科技创新创业团队。聚焦"互联网+"、生命健康及新材料三大科技创新高地建设,面向国(境)外、省外引进具有稳定合作基础的高水平科技创新创业团队,团队分为科技创新团队和科技创业团队。科技创新团队主要依托重大研发平台、重点学科和重大项目引进,引进后重点围绕产业发展的战略性、前瞻性、基础性、原创性问题进行研究。科技创业团队主要依托产业化项目引进,引进后重点围绕产业发展的核心关键技术问题进行研究,具有快速产业化的潜力和广阔的市场前景。科技创新创业团队以引进为主,突出增量、提升存量,重点围绕国家新一代人工智能开放创新平台"城市大脑"建设为核心,以创新药物研发与精准医疗为重点,促进基础研究、应用研究与产业化对接融通,推动数字经济、生物医药产业和新材料产业竞争力整体提升。每个专项确定多个主攻方向,产学研结合、省市县联动、滚动实施,鼓励各地根据优势产业发展需要编制科技创新创业团队发展规划,推动形成各级各部门联动配套的重大科技创新创业团队引进体系。

　　支持本土创新研发团队。支持以已在浙江省从事创新科研工作的国家级、省级高层次人才为带头人组建团队,开展原创性基础研究和应用技术研发,分为原创性基础研究团队和应用技术研发团队。原创性基础研究团队主要依托重大研发平台、重点学科,围绕科技发展的战略性、前瞻性、基础性、原创性问题进行研究;应用技术研发团队主要围绕浙江省产业转型升级急需且紧缺的关键核心技术及突破产业技术瓶颈问题展开研发。鼓励各地立足本地重大战略平台和重点项目,对本土创新研发团队制定各级各部门联动配套的支持政策,有计划地遴选一批团队带头人入选省"万人计划"。

　　加大高端外国人才引进力度。聚焦浙江省重大发展战略,实行更加积极、开放、有效的人才引进政策,大力实施国家、省"千人计划"。深入实施海外工程师引进计划,实施高校海外精英集聚计划,支持建设高等学校学科创新引智基地和高校国际化示范学校,以更加灵活的方式引进一批世界一流学术精英和团队。鼓励外国人才参与浙江省科研项目(专项、基金等),放宽参与条件,取消不必要的限制,建立外国高层次人才担任重大项目主持人或首席科学家制度。制定多层次的来华留学奖励制度,优化留学生生源结构,重点吸引优秀留学生来浙江攻读学位。吸引国外优秀青年人才来浙江从事博士后研究，扩大外籍博士后招生规模。实施符合地方特色和产业发展需要的外国人才引进计划。鼓励各地立足本地资源禀赋，主动对接重大战略、平台和项目，制订实施一批具有当地特色的外国人才引进计划。各行业主管部门根据产业发展需要编制人才发展规划，引进一批急需且紧缺的外国人才，推动形成各级各部门联动配套的外国人才引进体系，有计划地遴选一批国外高层次人才入选省"千人计划"。

大力培育青年科技创新人才。加大各类计划对青年人才的支持力度，鼓励设立青年人才专项，提高青年人才入选比例。在自然科学、工程技术、哲学社会科学和文化艺术、经济金融等重点领域崭露头角，获得国际国内较高学术成就，具有优秀的科学研究和技术创新潜能，课题研究方向和技术路线有重要创新前景的青年人才，可入选省"万人计划"青年拔尖人才。提高博士后青年创新人才支持力度，以企业博士后工作为重点，加快产学研合作培养青年人才。鼓励支持研发能力强、产学研结合成效显著的企业独立招收博士后。深入实施之江青年社科学者行动计划，加大对青年社科拔尖人才培养力度。

高质量培育高技能领军人才。对于具有高超技能水平、良好职业道德，在技术革新、发明创造中有重大贡献，或在培养技能人才和传授技艺等方面业绩突出，为企业和社会创造重大经济效益，在企事业单位生产和工作一线起到示范带头作用的高技能人才，培育其成为高技能领军人才。各级政府可根据技能人才发展需要，制订高技能人才发展计划，推动形成各级各部门联动、配套的高技能人才培养体系，有计划地遴选一批高技能领军人才入选省"万人计划"。

积极培育乡村振兴领军人才。推动农业农村领域科技研发、产业基地、人才队伍一体化发展，创新驱动乡村振兴。各地区根据省《全面实施乡村振兴战略高水平推进农业农村现代化行动计划（2018—2022年）》制定乡村振兴领军人才实施方案，做好培养计划，推动形成各级各部门联动、配套的乡村振兴领军人才培养体系。

（二）强化人才引育平台

发挥重大科研平台的承载力和聚合力。发挥重大科研平台对科技创新领军人才的支撑作用，加快之江实验室建设与发展，完善"一体双核多点"新型研发机构体制机制，争创国家实验室。建设人工智能研究院和未来网络技术研究院，在智能云、工业物联网、大脑观测及脑机融合等领域谋划建设若干重大科研基础设施。建立省市县三级联动的财政保障机制。加快建设大科学装置及试验基础设施，建设超重力离心模拟与实验装置，筹建重大工程工业控制系统信息安全大型实验装置等重大科技基础设施（装置）项目。推动长三角区域国家实验室等高水平创新平台共建共享，促进重大科技基础设施集群融合发展，合力参与国际或国家大科学计划。支持创新型领军企业打造顶级科研机构，发挥对关键核心技术科技创新人才的支撑作用。引导企业在大数据、量子计算、芯片技术、生命科学、创新药物等领域突破一批关键核心技术，在数字经济、生命健康、新材料等产业领域跻身全球领先地位。推动组建国家数据智能技术创新中心，形成辐射带动产业发展的技术创新网络。

打造科技创新区域协同创新平台。全力打造杭州城西科创大走廊，理顺杭州城西科创大走廊管理体制，明确责任分工。支持杭州紫金港科技城打造以科研及成果转化为核心、研发服务为支撑的新型高能级板块，推动杭州未来科技城和青山湖科技城成为技术研发、企业孵化和成果转化基地，支持特色小镇建设，打造之江数字文化产业园。将杭州国家自主创新示范区打造成为"互联网+"科技创新中心。加快G60科创走廊建设，在杭州、湖州、嘉兴、绍兴、金华布局建设各具特色的高新区、科技城、特色小镇、产业园，打造以智能制造、航空航天、工业互联网、微电子、生物医药、新能源为特色的高新技术产业集聚带，推进长三角区域科技创新一体化发展，建设具有全国影响力的产业协同发展示范区。加快宁波甬江科创大走廊建设，以宁波国家高新区为核心，在新材料、智能制造、生命健康等重点领域取得一批具有自主知识产权的科技成果，培育一批占据全球高端制造业主导权的科技型企业,打造全球一流的新材料与制造领域产业技术创新基地。以温州国家级高新区为核心建设具有全国影响力的生命健康创新中心和智能装备基地,通过该基地辐射带动台州市、舟山市,建设宁波、温州国家级自主创新示范区,打造民营经济创新创业新高地。建设高新技术特色小镇,在国家级高新区和省级高新园区择优规划建设一批以高新技术产业为主导的特色小镇。建成一批以高新技术产业为支柱、创新创业高度专业化、产业链与创新链高度融合的特色小镇,形成一批在全国有影响力的科技强镇。

发挥高校引才聚才的核心载体作用。支持浙江大学加快建设世界一流大学,瞄准国家战略目标和国际学术前沿,面向未来科技、产业和社会重大需求,建设具有引领作用的跨学科、大协同的创新基地。聚焦生命科学、信息科学、物质科学的交叉融合,围绕脑科学与人工智能、生命调控与医药健康、生物技术与绿色智慧农业、纳米技术与功能材料等重点领域,集聚全球顶尖学者和创新人才,打造享有世界声誉的顶尖科技创新中心和杰出人才培养基地。支持西湖大学加快建设高水平研究型大学,集聚顶尖人才,建设重大科研基础设施,努力打造具有全球影响力的生命科学等研究中心。鼓励在生命科学、理学、工学等领域参与各类科技计划,对于符合条件的,在基础工艺研究、重点研发、创新团队、创新载体等方面给予竞争性立项支持。实施高校创新能力提升工程,推进有关高校一流学科建设,扶持省重点建设高校创建国内一流大学,加强数字经济、生物医药等相关优势特色学科建设,力争一批学科进入国内前列、世界一流行列。引导高校加强科研管理制度创新,加大对自主开展科学研究的稳定支持力度。支持跨学科团队合作和集智创新。引进大院名校共建创新载体,支持引进建设具有先进水平的新型创新载体。鼓励国内外知名企业、高校、科研院所在浙江省设立研发机构和研发总部。发挥地方政府和高校的积极性,争取国内外著名高校来浙江办学。

创建一批新型人才研发机构。重点在家纺、皮革等传统产业和生物医药、物联网等新兴产业布局一批产业创新服务综合体,提供创意设计、研究开发、检验检测、创业孵化、教育培训、技术市场等产业创新服务。创建省级产业创新服务综合体,引进和培育一批技术开发人才、成果转化人才、科技中介人才等。支持创建军民融合人才创新研究院,积极承接军队人才科技成果在省内转化。各地区主管部门根据本地实际情况,建立产业创新服务综合体,做好人才培养计划,推动形成各级各部门联动,创建一批新型人才研发机构。

构建高技能人才培育平台。探索高职院校与应用型本科院校之间、技工院校与龙头企业之间联合办学,引进国际培训资源和国际技能职业资格,支持社会资本创办国际技师学院。完善特级技师评审制度,贯通技能人才与专业技术人才职业发展。深化"千企千师"培养行动,新建多个省级技能大师工作室。制定重点产业职业培训清单,通过培训取得高级工及以上资格证书的,可按规定提高补贴标准。各地区主管部门可根据本地区技师学院、高职院校和应用型本科院校的发展现状,积极构建差异化高技能人才培育平台,推动形成各级各部门联动、配套的高技能人才培养体系。

加快建设一批国际科技合作基地。国际科技合作基地是浙江省利用全球科技资源、参与国际科技竞争与合作的中坚力量,对全省国际科技合作的发展具有重要引领和示范作用。加快建设一批国际科技合作基地,吸引国际高端创新型机构、跨国公司研发中心、国际科技组织落户,形成面向全球的技术转移集聚区。鼓励浙江省企业跨国并购、合资、参股国外创新型企业,设立海外研发中心、国际科技创新中心。

多形式构建外国人才创新创业平台。按照以民间资本投入为主、政府政策配套支持、市场机制运作的思路,依托特色优势产业,推动建设一批国际技术转移平台和高端外国人才创新集聚区,开展人才引进、研发转化、项目孵化、标准认证、检测咨询一体化服务。鼓励各地差异化创办国际人才创新创业园区,探索吸引拥有核心技术专利、有海外创业经历或国际知名企业管理经验的国外高端人才来浙江创新创业的新途径。鼓励各地探索设立各种形式的海外孵化创新平台。鼓励在行业龙头企业建立外国专家工作站。

(三)完善人才引育政策

实施更加开放的海外人才引进政策。强化特聘岗位引才作用,政府机关、事业单位、国有企业及新型研发机构,可按需设置特聘岗位,聘请具有全球视野、掌握世界前沿技术的海外人才。为高层次海外人才办理最长期限的工作许可,并在申请办理在华永久居留方面提供便捷服务。高层次海外人才可担任本省重大科研项目主持人或首席科学家,探索建立高层次海外人才担任事业单位性质的新型研发机构和民办非企业单位法定代表人制度。创造性地开发使用海外人才资源,设立海外人才寻访资金,依托知名"猎头"、驻外机构、人才联络站、华人社会团体等,在全球范围内寻访人才。运用大数据、云计算等手段动态绘制海外人才分布图,为人才供需精准对接提供支撑。鼓励各类创新主体设立海外创新研究机构、海外院士工作站或科学家工作站,通过远程在线指导、离岸创新等多种方式共享全球智力资源,打造跨境协同创新和成果转化平台。各市、县(区)主管部门应当根据区域科技创新发展要求,立足本地资源禀赋,主动对接重大战略、重大平台和重大项目,制定和实施中长期海外人才与团队引进计划,在项目立项和资助、科研决策、人才奖励、保障待遇等方面,大力增强有利于引进和培养海外高精尖人才与团队的政策力度,并根据经济社会发展情况对人才引进政策进行动态调整。

实施更大力度的国内人才引进政策。建立高层次国内人才引进"绿色通道"。支持各类创新主体引进高层次国内人才来浙江从事原始创新、技术研发和科技成果转移转化,聘用的"万人计划""高创计划"等重大人才工程入选人,获得国家级科学技术奖二等奖及以上奖项、省科学技术奖一等奖及以上奖项的主要获奖人,可办理人才引进。支持创新创业团队人才引进,高层次人才在浙江省承担国家科技重大专项、重大科技基础设施、重大项目和工程等任务或进行其他重要科技创新的,经其推荐,团队中的科研骨干、经营管理人才、高技能人才等,可申请办理人才引进。获得股权类现金融资较大且具有发展潜力的创新创业团队,其主要创始人和核心合伙人可办理人才引进,团队优秀核心成员经主要创始人或核心合伙人推荐可申请办理人才引进。加大科技创新人才引进力度,贡献突出的科技创新人才,具有高级专业技术职称或硕士及以上学位的,可申请办理人才引进。破除人才引进障碍,人才引进年龄原则上不超过45周岁,个人能力、业绩和贡献特别突出的可进一步放宽年龄限制。引进人才可在聘用单位的集体户或聘用单位所在市县(区)人才公共服务机构的集体户办理落户,引进人才的配偶和未成年子女可随调随迁。市县(区)各级管理部门应当根据区域科技创新发展要求,制订和实施中长期国内人才与团队引进计划,在项目立项和资助、科研决策、人才奖励、保障待遇等方面,大力增强有利于引进和培养国内高精尖人才与团队的政策力度。到2025年,形成一支自主创新能力强、引领带动作用突出、具有国际竞争实力的高层次科技创新人才队伍,总体规模和竞争力居全国前列。

以更加有效的措施支持人才创新创业。创新职称评价方式,国家和本省重大科技项目的负责人,自主创新和科技成果转化成效突出的人才,为浙江省高精尖产业发展做出突出贡献的人才,可不受学历、职称层级等条件限制,直接申报工程技术系列或科学研究系列正高级职称。在条件成熟的省市县科研院所、新型研发机构、新型智库、创新型领军企业下放职称评审权,由创新主体自主评价人才。打破国籍、户籍、体制等制约,建立健全各类人才的职称申报渠道。加大人才激励力度,加大对创新创业团队奖励力度。制定优秀人才奖励措施,建立与个人业绩贡献相衔接的奖励机制。设立省"万人计划"青年拔尖人才,鼓励优秀青年人才积极从事前沿科学研究和原始创新,入选人才可获得周期性经费支持。设立建言献策奖励资金,鼓励社会各界对本省高精尖产业发展提出意见建议,被采纳应用或形成制度性成果的可根据贡献大小给予一定奖励。在省创新创业成绩突出的高层次海外人才,可不受年龄、学历等条件限制,优先入选省"千人计划",享受相应奖励资助和生活待遇。支持科研人才流动,建立科研人才在事业单位内外自由流动双向通道,本省高等学校、科研院所的科研人才可利用本人及所在团队的科技成果,采取兼职、在职创办企业、在岗创业、到企业挂职、与企业合作项目、离岗创业等方式创新创业,获得相应报酬或成果转化收益。创新创业期间取得的业绩可作为其职称评审、岗位聘用、考核奖励等的重要依据,离岗创业的,3年内保留人事关系、基本工资待遇和社保待遇,情况特殊的可延长到5年。

完善并形成更加科学的人才评价政策。改革人才评价政策,以市场认可、业内认可和社会认可为导向,进一步探索以科研能力和创新成果等为导向的科技人才评价标准。把科技成果转化、知识产权应用、创新平台贡献度、社会认可度等纳入人才考核评价体系,评价结果作为岗位聘用和薪酬分配的重要依据。根据不同类型科研活动特点,分类健全人才评价标准,完善基础研究、应用研究、科技成果转化人才的分类评价体系。对基础研究人才,着重评价其提出和解决重大科学问题的原创能力、学术水平与影响;对从事应用研究和技术开发的人才,着重评价其技术创新与集成能力、产生的知识产权与标准、成果转化及效益等;对科技管理服务和实验技术方面的人才,着重评价其工作绩效。优化项目评审机制,各行业主管部门和主管单位要以激发科研人员的积极性、创造性为核心,全面改进科研项目评审、机构评估和人才评价,优化项目评审机制,建立科研机构分类绩效评价制度,规范项目评审流程和科研机构管理,减轻科研人员负担,营造潜心科学研究的创新环境。

落实更加开放的市场化成果转化政策。建立以企业为主体、市场为导向、产学研深度融合的技术创新体系。加快构建协同创新体系,让市场真正在创新资源配置中起决定性作用,坚持企业家出题、实验室解题,探索产学研深度融合的新路子,加快创新成果转化应用。加强知识成果保护转化,健全知识成果保护机制,设立知识产权保护中心,为人才在专利申请、授权、保护、维权援助、运营转化等方面提供定制服务。支持知识成果转化增值,科研人才领衔开展项目研究并将相应成果在本省落地转化的,成果转化单位可将70%以上的成果转化收益作为领衔人及其创新团队、对科技成果转化做出重要贡献人员的报酬和奖励。对符合条件的科研院所以科技成果作价入股的企业,依规实施股权和分红激励政策。允许科研院所按规定自主决定科技成果转化收益分配和奖励方案。以科技成果作价入股对科技人员的奖励涉及股权注册登记及变更的,无须报科研院所主管部门审批。进一步落实有关政策的落地实施,创新创造、成果转化、社会服务等业绩突出的单位或团队,可适当增加绩效工资总量。事业单位对急需且紧缺的高层次人才,经主管部门审核,可单独制定收入分配倾斜政策,不纳入绩效工资总量。科研人员承担企业科研项目所获收入、科技成果转化奖励、科研经费绩效奖励,均不纳入绩效工资总量。事业单位科研人员承担企业科研项目,经费纳入单位统一管理,用途由企业与人才自行约定。依法妥善处置科研人员在创新创业中的争议和矛盾,维护科研人员创新创业合法权益,落实高新技术企业科研人员通过科技成果转移转化取得股权奖励收入分期缴纳个人所得税的税收优惠政策。对高新技术企业和科技型中小企业转化科技成果给予个人的股权奖励,递延至取得股权分红或转让股权时纳税。由财政资金支持形成的科技成果,其使用权、处置权、收益权下放给高校、科研院所。除涉及国防、国家安全、国家利益和重大社会公共利益外,其使用权、处置权、收益权下放给高校、科研院所,单位主管部门和财政部门对科技成果在境内的使用、处置不再审批或者备案。各地主管部门要优先保证对人才发展的资金投入,建立稳定持续的人才投入增长机制,优先保障高层次人才培养、紧缺人才引进、杰出人才奖励及重大人才开发项目所需经费。完善以政府投入为引导,用人单位投入为主体,社会投入为补充的多元化投入机制,保持人才投入与经济发展同步增长。充分发挥省级政府投资基金的作用,通过政府引导与市场运作相结合,支持社会资本发起设立子基金,从而加大对人才项目的投入。

实施人才对外合作交流的支持性政策。扩大人才对外交流合作,鼓励有实力的研发机构积极参与国际科技合作、国际大科学计划和有关外援计划,加强与国外顶尖科学家和团队的合作交流。加强与"一带一路"沿线国家和地区的人才合作,以共建国际产业园、互设分基地、成立创投基金等多种方式,构建双边多边开放合作平台。培养和推送更多优秀人才到国际组织任职。支持教学科研人员参与国际学术交流,对其出国(境)开展教育教学、科学研究、学术访问等活动,实行计划报备、区别管理。吸引各类国际组织、学术论坛、高端智库、科技会展在浙江举办或永久性落地,举办世界互联网大会国际人才论坛。加快本土人才国际化步伐,支持跨国公司在浙江设立地区总部或研发中心,鼓励其升级成为参与母公司核心技术研发的大区域研发中心和开放式创新平台。鼓励外资研发机构与浙江省单位共建实验室和人才培养基地。行业主管部门、行业协会定期公布一批国际行业资质证书,支持省内人才申请取得相应国际资质,把人才国际化程度列入相关行业协会等级评估的指标体系,每年遴选一批外语好、业务强的优秀人才,到国际友好城市政府机构、国际组织和大型企业锻炼。鼓励用人主体输送人才外出留学、访学、培训,加强对"一带一路"沿线国家和地区非通用语种人才和国别区域研究人才的培养。

(四)优化人才引育环境

完善人才创新创业服务环境。优化"产学研用金、才政介美云"十联动创新创业综合服务环境,发挥体制机制优势,统筹政府、产业、高校、科研、金融、中介、用户等力量,整合技术、资金、人才、政策、环境、服务等要素,形成创新链、产业链、资金链、人才链、服务链闭环模式,打造科技创新人才、创业企业、创投资本、科技中介等创新创业群体的理想栖息地和价值实现地。打造具有特色的十联动创新联合体,坚持政府引导、企业主体、高校科研院所和行业协会及专业机构参与,加快建设集创业孵化、研究开发、技术中试、成果推广等功能于一体的产业创新服务综合体。支持龙头企业整合高校、科研院所的力量,建立专业领域技术创新联合体。建设科技成果交易中心和面向全球的技术转移枢纽,推进国家科技成果转化示范区建设,构建省市县三级联动的科技成果转化体系,推广特色鲜明的科技成果转化模式。加快建设"互联网+"浙江科技大市场,打响"浙江拍"品牌。鼓励高校、科研院所建立具有法人资格的专业化技术转移机构,加快浙江知识产权交易中心建设,打造长三角区域技术市场共同体。增强创新创业专业化服务功能,培育市场化、专业化的研究开发、技术转移、检验检测认证、知识产权、科技咨询、科技金融、科学技术普及等专业科技服务和综合科技服务中介服务机构。加强技术经纪人培育,促进技术经纪人队伍发展。鼓励各行业协会和社会组织帮助科技创新人才获取信息、提升能力、实现价值。

建立更加完善的人才保障环境。强化人才金融扶持,深化"人才投",扩大人才创业投资引导基金,强化对创新成果在种子期、初创期的投入。成立人才创投联盟,汇聚一批有品牌、实力强、影响大的创投机构,为人才项目拓宽投融资渠道。完善"人才贷",扩大人才服务银行评价信用贷款受益范围。

争取投贷联动试点,探索商业银行与私募股权投资基金组成业务联盟,实施股权与债权相结合等融资服务方式。推广"人才险",支持保险机构开展人才保险产品创新,探索科技企业创业保险,开发推广首台(套)保险、融资保险、关键研发人员保障保险等保险产品,对科技保险保费予以适当补贴。探索出台创业失败补偿金,加强对创业失败者的帮扶和保障。探索"人才保",建立政策性担保机构和商业银行的风险分担机制,创新人才担保业务模式,通过共建风险池、实行优惠担保费率等措施,为人才提供信用增进服务。扩大"人才板",支持符合条件的人才企业在主板、中小板和创业板上市或在"新三板"挂牌。提升省股权交易中心"国际人才板"融资等服务功能。大力发展高端人力资源服务业,深化人力资源服务产业园建设,完善园区公共服务功能,加快集聚高级人才寻访、人才测评、人力资源管理咨询等高端专业人才中介机构。支持设立人力资源服务产业引导基金,可先行垫付用人单位引进高层次人才的前期费用。加大政府购买公共服务的力度,将人才招聘、培训、测评等人才服务项目纳入政府购买服务指导目录。加强人才住房保障,研究制定省属事业单位引进高层次人才住房保障政策。分层分类向人才提供安家补贴、购(租)房补贴,鼓励以货币化、市场化方式解决人才住房问题。对顶尖人才采取"一事一议"方式,解决住房问题。探索新建商品房住房项目中配建不低于5%的人才专用房,政府投资建设的公租房在满足当地保障性需求后可调剂作为人才临时租住的人才专用房,通过建立外国专家楼、专家公寓、人才公寓等,定向对人才出租。鼓励人才集聚的产业园区和企事业单位利用自用存量用地建设人才保障房及其配套设施。符合条件的高层次人才在工作地购买商品房时,可不受户籍限制。高层次人才购买首套商品房时,在按规定交完首付后,对所余房款施行放宽购房提取额度、缩短申贷缴存时限、提高贷款最高限额等住房公积金优惠政策。

优化人才生活环境。优化科技创新人才生活服务,鼓励和支持外资独资或合资医疗机构、国际化医疗管理团队参与浙江省医疗市场运营,加快推进国际化医院试点,健全国际医疗服务结算体系。定期组织专家体检和疗休养,加强特殊一线岗位专家医疗保障工作。各地教育部门统筹安排高层次人才子女幼儿园、义务教育阶段就学事宜,在海外人才集中的区域加快建设国际化学校,鼓励中小学为外籍人员子女随班就读创造更好条件,支持各地按需求有计划地设立外籍人员子女学校。实施高层次人才出行便利化措施。定期组织开展联谊交流、人才服务、结对帮扶等活动。高起点打造国际人才社区,支持各地按照产城融合、开放共享、居创相宜、功能完备的要求,加强统筹规划,打造一批高端人才云集、国际要素富集、创新氛围浓厚、发展环境优良的国际人才社区,并实现与各类创新创业平台的有机结合。依托国际人才社区,整合利用各类资源,加快完善国际医疗、国际教育、跨境商贸等配套服务,建立专业化、市场化的外国人工作与生活一站式服务平台。深化人才领域"最多跑一次"改革,梳理完善人才领域行政服务事项目录,制定"最多跑一次"服务指南,明确人才管理服务权力清单和责任清单。打造"互联网+人才"应用示范,整合人才领域基础数据,联动建设全省人才云信息平台和人才公共服务平台。推行"全程电子化",大力发展移动客户端、自动服务终端等服务渠道,凡具备网上办理条件的,实行网上受理、网上办理、网上反馈。加快推进资格证书电子化工作,实施资格证照信息网上查验措施。将人才档案建设纳入浙江"人社电子档案袋"建设计划,畅通高效便捷外国高端人才"绿色通道",深入实施外国人才签证制度和外国人来华工作许可制度,改革再造业务流程,在全国率先对外国高端人才实现"零跑",最大限度畅通"绿色通道"。

优化人才文化环境。支持营建利于科技创新人才发展的良好社会氛围,大力宣传党和国家人才工作的重大战略思想与方针政策,宣传浙江省"科技新政"和"人才新政"的重大意义、指导方针、目标任务和重大举措,宣传"科技新政"和"人才新政"实施中的典型经验、做法和成效,形成全社会关心、支持科技创新人才发展的良好社会氛围。培育鼓励创新、宽容失败的社会氛围,大力弘扬科学精神、创新精神、创业精神。提升浙江文化的多样性和包容性,优化双语环境,加强涉外部门网站和新闻网站的外文版建设。在全社会进一步形成鼓励创新、宽容失败的价值观和尊重创造、崇尚科学的社会环境。

参考文献

[1]DUGGAN J, SHERMAN U, CARBERY R, et al. Algorithmic management and app-work in the gig economy: a research agenda for employment relations and HRM[J]. Human resource management journal, 2020(30): 114-132.

[2]ELSTON T, MACCARTHAIGH M, VERHOEST K. Collaborative cost-cutting: productive efficiency as an interdependency between public organizations[J]. Public management review, 2018, 20(11-12): 1815-1835.

[3]HAJRO A, STAHL G K, CLEGG, C C, et al. Acculturation, coping, and integration success of international skilled migrants: an integrative review and multilevel framework[J]. Human resource management journal, 2019(29): 328-352.

[4]HOWARD M D, BOEKER W, ANDRUS J L. The spawning of ecosystems: how cohort effects benefit new ventures[J]. The academy of management journal, 2019, 62(4): 1163-1193.

[5]OSTROM E . Beyond markets and states: polycentric governance of complex economic systems[J]. Transnational corporations review, 2010, 100(2): 167-209.

[6]曹威麟,姚静静,余玲玲,等.我国人才集聚与三次产业集聚关系研究[J].科研管理,2015,36(12):172-179.

[7]曹钰华,袁勇志.我国区域创新人才政策对比研究:基于政策工具和"系统失灵"视角的内容分析[J].科技管理研究,2019,39(10):55-65.

[8]曹丽娟.引进高层次创业创新人才评价指标体系研究[J].科技管理研究,2010,30(5):45-46.

[9]陈建新,陈杰,刘佐菁.国内外创新人才最新政策分析及对广东的启

示[J].科技管理研究,2018,38(15):59-67.

[10]陈劲,杨硕,吴善超.科技创新人才能力的动态演变及国际比较研究[J].科学学研究,2022(7):1-18.

[11]崔丹,李国平,吴殿廷,等.中国创新型人才集聚的时空格局演变与影响机理[J].经济地理,2020,40(9):1-14.

[12]杜红亮,任昱仰.新中国成立以来中国海外科技人才政策演变历史探析[J].中国科技论坛,2012(3):18-23.

[13]范伯元.培养创新人才建设创新城市是地方高校的责任[J].中国高教研究,2006(12):1-2,20.

[14]高峰,唐裕华,张志强,等.21世纪初主要发达国家科技人才政策新动向[J].世界科技研究与发展,2011,33(1):168-172,92.

[15]顾承卫.新时期我国地方引进海外科技人才政策分析[J].科研管理,2015,36(S1):272-278.

[16]黄海刚,曲越.中国高端人才政策的生成逻辑与战略转型:1978—2017[J].华中师范大学学报(人文社会科学版),2018,57(4):181-192.

[17]李帮彬,方阳春.杭州市创新人才发展政策分析[J].科研管理,2017,38(S1):159-163.

[18]李良成,于超.基于内容分析法的广东省科技创新人才开发政策研究[J].科技管理研究,2018,38(5):49-56.

[19]刘小婧,林继扬,吴华刚.福建省科技创新创业人才队伍建设的对策研究[J].甘肃科技纵横,2016,45(2):35-38.

[20]刘玉雅,李红艳.京沪粤苏浙地区人才政策比较[J].中国管理科学,2016,24(S1):733-739.

[21]刘媛,吴凤兵.江苏三大区域科技创新人才政策比较研究[J].科技管理研究,2012,32(1):72-75.

[22]裴瑞敏,张秋菊,惠仲阳,等.主要发达国家科技人才开发政策综述[J].全球科技经济瞭望,2014,29(9):31-39.

[23]彭川宇,刘月.城市科技创新人才政策扩散动力因素时空差异研究[J].科技进步与对策,2022,39(24):81-90.

[24]齐宏纲,戚伟,刘盛和.粤港澳大湾区人才集聚的演化格局及影响

因素[J].地理研究,2020,39(9):2000-2014.

[25]芮绍炜,李祥太,高天昊.青年科技创新人才成长要素与路径研究:基于上海的调查[J].创新科技,2022,22(6):58-68.

[26]申峥峥,张玉娟,于怡鑫.上海科技人才政策文本分析[J].情报工程,2018,4(1):89-100.

[27]盛亚,于卓灵.浙江省科技人才集聚的政策效应[J].技术经济,2015,34(6):43-47,84.

[28]盛亚,于卓灵.科技人才政策的阶段性特征:基于浙江省"九五"到"十二五"的政策文本分析[J].科技进步与对策,2015,32(6):125-131.

[29]时玉宝.创新型科技人才的评价、培养与组织研究[D].北京:北京交通大学,2014.

[30]孙智慧,范萤心,张相林,等.科技园区高端人才战略的横向比较研究:以中关村、东湖、张江为例[J].中国人力资源开发,2013(5):75-79.

[31]王振."十四五"时期长三角一体化的趋势与突破路径:基于建设现代化国家战略背景的思考[J].江海学刊,2020(2):82-88,254.

[32]望俊成,邢晓昭,鲁文婷.英国吸引和培养国际优秀科技人才的举措和特点[J].科技管理研究,2013,33(19):28-32.

[33]徐军海,黄永春,邹晨.长三角科技人才一体化发展的时空演变研究:基于社会网络分析法[J].南京社会科学,2020(9):49-57.

[34]姚娟,刘鸿渊,刘建贤.科技创新人才区域性需求趋势研究:对四川、陕西、上海的预测与比较分析[J].科技进步与对策,2019,36(14):46-52.

[35]姚凯,寸守栋.区域辐射中心人才集聚指数与辐射力关系研究[J].经济理论与经济管理,2019(6):16-26.

[36]郑代良,钟书华.中国高层次人才政策现状、问题与对策[J].科研管理,2012,33(9):130-137.

[37]郑代良,钟书华.高层次人才政策的演进历程及其中国特色[J].科技进步与对策,2012,29(13):134-139.

[38]朱鹏程,张宇,曹卫东,等.长三角企业经营管理人才空间分布及其地理流动网络:基于上市公司董监高团队数据分析[J].人文地理,2020,35(4):121-129.

第四篇

创业教育与创新人才培养研究

一、基于创业生态系统视角的高校创业教育研究

随着就业形式的日益多元化,创业正成为越来越多的人创造财富、实现自我价值的重要途径。其中,大学生是创业群体的重要部分,是推动创业浪潮的生力军。然而,不可否认的是,当前大学生创业成功的比率非常低。创业是一个过程,需要包括高校、政府、行业企业、服务机构等多元主体在内的"创业生态系统"提供多种支持。尤其对大学生进行创业活动而言,他们不仅需要经历新创企业在生命周期各个阶段的瓶颈与问题,而且会遭遇由于创业经验不足、创业技能不佳、创业毅力不强、创业资源不够等问题引发的多重危机。因此,大学生创业者与社会创业者相比,更需要丰富的创业知识与技能,更需要坚定的创业意愿与精神,更需要创业生态系统赋予的资源与机会。作为大学生创业思维的萌芽地、创业项目的孵化园,以及对接社会需求和创业活动的平台,高校无疑在大学生创业生态系统中扮演着引导型角色,其的创业教育发挥着基础性作用。面对当前大学生创业成功率不高的现实,迫切需要重新审视高校创业教育的目的与定位,转变创业教育"可有可无"的普遍性思维,构建以高校创业教育为基础的创业生态系统,创新符合大学生需求的创业教育模式。

(一)基于创业生态系统视角的高校创业教育定位思考

自 Colin(1989)在"面向 21 世纪国际研讨会"上首次提出将创业教育作为"第三本教育护照"的理念后,创业教育越来越为教育界所重视。我国政府部门也在不遗余力地鼓励学生创业、加强创业管理,并相继出台了一系列政策措施。2010 年,教育部 3 号文件《教育部关于大力推进高等学校创新创业教育和大学生自主创业工作的意见》指出,"高校要加快开展创新创业教

育,积极鼓励学生自主创业"。值得注意的是,国内创业教育虽已取得一定成效,但仍存在缺位、错位等明显问题。在思想观念上,创业教育存在"主体纯粹化、目的功利化、认知过度化"困境;在实际操作上,教育课程、"第二课堂"、管理制度等方面都存在着制约发展的因素;在学术研究上,"研究内容表层化、研究队伍兼职化、研究方法单一化"等问题尚未得到有效解决(周霖、朱贺玲,2010)。面对创业教育的诸多问题,当前的首要工作是重新审视高校创业教育的出发点,科学定位创业教育的真正目的。创业教育的定位关系创业教育应朝着构建一门系统的学科的方向发展,还是朝着向所有学生提供创业教育机会的全校性方向发展的问题(梅伟惠,2012)。高校创业教育不是独立的模块,其定位必须综合考虑创业教育的内涵本质、大学生的创业需求及创业生态系统这三大要素。

从创业教育的内涵本质看,创业教育是提供个人具备认知商业机会能力的过程,并使其具备创业行动所需的洞察力、自信、知识与技能(Colin和Jack,2004)。从较为广义的概念上理解,创业教育是一种素质教育,其目的在于向更多主体传递创业的精神、知识和技能;从较为狭隘的概念上理解,创业教育是一种人才教育,其目的在于培养具有综合性创业素养的创业者或未来企业家。由此可见,高校创业教育的内涵本质是在学校的引导下,培养具有创新精神的、对社会有用的人才,尤其是创新创业型人才;创业教育的重点在于培养将才,即具备执行力、能将理想转变为现实的人才。从这个角度理解,衡量创业教育绩效的关键不在于高校孵化了多少创业项目,也不在于引导创业企业创造了多少产值,而是高校通过创业教育传播了多少创业理念,激发了多少创业意愿,培养了多少通过创业创造价值的创业型人才。

从大学生的创业需求看,多样的需求决定了高校创业教育的内容和方式。需求虽然呈现动态、复合的变化趋势,但每一阶段都会有一种主导需求。因此,从创业活动的周期看,大学生的创业需求仍然有规律可循,高校的创业教育必须根据每一阶段的需求特征进行合理的内容设置和服务提供。在创业活动的孕育期,学生的最大困境在于从纷繁的市场信息中有效识别"想做、能做、可做"的创业机会,因此需要高校为学生树立正确的创业价值观,引导学生走出"创业妄想症",帮助其合理定位创业方向。在初创期,学生的困境在于摆脱生存困境,寻找到合适的创业团队和资源,将创业意愿落实为有效行动,因此需要高校提供必要的场所、资金、技术及人才支持。在成长期,学生的困境在于将创业模式稳固化、将项目规模扩大化以实现经济效益,高校应为学生搭建有关信息、资金、政策的平台,帮助其制定科学的发展战略。在成熟期,学生的困境在于如何突破成功的僵化瓶颈,真正将创业项目发展成企业经营,此时高校应该提供全方位的管理支持。

从创业生态系统的角色功能看,高校应该明确在系统中的角色定位,最大化自身的存在价值。创业生态系统可以分为3个层次:一是微观层面的创业战略和创业支持要素(包括高校、投资机构、孵化器、供应商、竞争者等微观组成单位);二是中观层面的创业网络,是对微观支持要素的有机整合;三是宏观层面的创业环境,是包括金融环境、激励政策、舆论氛围等要素在内的支持创业活动存在和发展的外部环境(林嵩,2011)。显然,在该系统中,高校不仅仅是创业教育及实践的中心,它还承担着传播教育创业理念、传授创业知识的任务;也不仅仅是创新思想的策源地,还要发挥创业平台、试验场、孵化器的作用(杨利军,2011);更应该将高校置身于创业活动的全过程中,置身于创业生态系统发端的中心位置,成为创业方向的引导者、创业资源的整合者、创业平台的搭建者、创新信息的输送者、创业活动的管理者。对接大学生创业活动和社会需求,培养大学生创业者成为成熟的职业创业者。

由此可见,高校创业教育的重心不在于培养多少大企业,而在于培养多少创新创业型人才;创业教育的核心在于培养大学生的创业精神,培养大学生理论与实践兼备的综合创业素养。大学创新创业教育的内在规定性需要高校、政府、企业形成合力(董世洪、龚山平,2010)。因此,在创业生态系统中,高校要充分发挥引导作用,尤其在大学生创业初期,要协同多元主体,围绕以培养具有综合创业素养的创业型人才为核心,创新创业教育的理念、内容与方法,整合资源、搭建平台、沟通信息、加强管理,为大学生创业活动提供每一阶段的必要支持。

（二）基于创业生态系统视角的高校创业教育理念变革

当前，国内诸多高校仍然对"创业是否可教"存在质疑，从而忽视了创业教育的软硬件投入，忽视了创业教育与社会网络的对接，忽视了创业教育与专业教育的融合，导致创业教育"呼应口号、流于形式"，严重制约了创业教育的效果。因此，在创业教育定位的指导下，高校必须首先将自身置于创业生态系统中，置于创业活动周期的全过程中，转变价值理念，视创业价值从"可有可无"到"不可或缺"（见图4-1）。

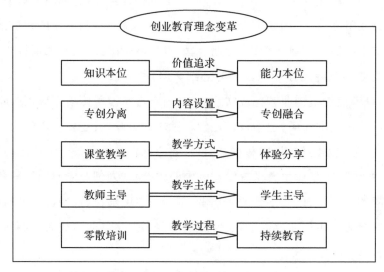

图4-1 高校创业教育的理念变革路径

1. 从价值追求上看，应由"知识本位"型转向"能力本位"型

目前，高校创业教育的最大问题是功利主义的价值倾向（许进，2008）。高校要突破创业教育的价值困境，改变"创业万能论"或"创业无能论"的错误观点。其价值困境主要表现在两个方面：一是尚未明确开展创业教育的价值与必要性；二是尚未帮助学生厘清创业的真正价值。部分高校过分夸大创业的意义，难以把握专业教育和创业教育之间的平衡，导致教学体系偏

离了专业培养的基础。同时,一些学生往往容易被一两次的创业讲座点燃创业热情,在尚未深入了解创业的本质和规律、尚未具备创业知识与技能的情况下,过早地脱离专业课程学习转而投入创业实践。由此导致学校课堂上,出现学生缺课、逃课去创业的怪现象。另外,部分学校在创业、考研、考公、就业等方面陷入风险与价值的博弈困境,往往忽视了创业教育的重要作用,将创业教育"形式化"。显然,创业存在较多风险和不确定要素,对一些更为关注"就业率"指标或者求稳的学校而言,自然倾向于鼓励大学生去选择考研、考公等较为稳定且社会认可度高的方式,从而导致校园内部的创业氛围并不浓厚,大学生缺乏创业的意识与理念。因此,高校进行创业教育时,必须更新观念,从"知识本位"走向"能力本位",着力培养具有国际视野、创新思维、健全人格和综合能力的高素质创业人才。

2. 从内容设置上看,应由"专创分离"型转向"专创融合"型

高校首先要突破的是创业教育的内容困境,改变将创业教育与专业教育孤立或者等同的错误理念,加强两者之间的有机融合。创业本质上是"一个以既定目标为方向的动态过程,在这个过程中,个人将富有创造性的思维与市场潜在的需求或机遇相结合,运用管理和组织的能力、获取和整合资源的能力,以及适应环境的能力,并承担因此而产生的各种不同类型的风险,以达到所希冀的目标"(Zhan 和 Deschoolmeester,2004)。由此可见,一个合格的创业者应该具备两大素质:创业技能(entrepreneurial skills)与创业精神(entrepreneurship)。但是,当前高校在创业教育过程中往往过于强调创业技能的培养而忽视创业精神的引导,导致教育内容偏于"务实化",缺乏对大学生意志品质的重视和培养。其次,诸多高校尚未明确创业教育和专业教育的差异,或将两者过于对立,导致有创业意愿的学生忽视专业知识的积累,盲目追逐创业活动;或将两者过于等同,在课程设置、教育内容上出现重复,导致大学生掌握不到真正的创业知识。由此可见,创业教育内容的设置必须系统全面、科学合理,且有针对性,因此高校需要结合自身定位,重新思考创业教育的详细内容,有机实现学科交叉,尤其是加强创业教育与专业教育的有机融合。

3. 从教学方式上看，应由"课堂教学"型转向"体验分享"型

高校需要突破创业教育的方法困境，改变当前囿于课程教学的固定模式，加强教学手段的创新，改变"点到为止"或"流于形式"的现状。创业型人才不仅要学会理论，还要会实践，创业者需要具备较强的管理能力。管理对象的复杂性和管理环境的多变性决定了运用管理知识的技巧性、灵活性和创造性。而仅靠学校的理论教学培养不出"合格"的管理者。高校在创业教育过程中，需要加大实践教学的比重和投入，让学生理论联系实际，在实践中获得隐默知识，进一步提高学生分析问题和解决问题的能力。这样，教师就变成了教练，不仅能传播知识，还能指导学生进行创造性思维，分享各自的心得和体会，创造性地解决现实中碰到的问题。从单向的创业知识传播到互动的创业经验分享，使得创业教育的学习过程走出了课堂的空间囿限，打破了45分钟的时间限制，给予学生更多接近教练、接近创业实际的机会，从而有利于形成校园内浓厚的创新创业文化氛围。同时，创业教育的教学方式需要多元化，在遵循普遍性模式的基础上，结合高校自身的特色创新出适合学生、适合教师的品牌教育模式。

4. 从教学主体上看，应由"教师主导"型转向"学生主导"型

创业型人才强调自主学习、决策和责任意识，能够自主把握学习的机会与节奏，结合实践过程中所面临的问题，通过系统的理论知识的学习和研究进行科学的决策。教师角色重在"激发学生潜力和能力"而非"传授知识"，创业教育模式必须将学生置于更为重要的地位，充分发挥其积极性、创造性和主动性，变"让学生学"为"学生自觉学"，变"被动机械式学习"为"主动创造型学习"，实现学习的主动、实时与交互。当然，这样的变革对教师提出了更高要求，考核教师教学质量和学生综合素质的手段、方式、方法都将发生相应的变化，高校应当加强相应的考核方式创新。此外，从"教师主导"型向"学生主导"型的转变，要求学校更为关注学生的需求，客观冷静地判断学生对创业的观念和理解，有效甄别创业类型和不同学生对创业的阶段性需求；同时，高校能够根据创业的规律和周期特性，给予学生不同阶段的特殊指

导,提升学生面对创业逆境的技能和心智。

5. 从教学过程上看,应由"零散培训"型转向"持续教育"型

创业是一个不为时间所限的过程,由此需要创业教育的持续追踪和影响,可见培养一个专业过硬、职业素养全面的创业型人才是一个长期持续的过程。目前,在诸多学校内,专业教育和创业教育同时进行,通常以专业教育为主、创业教育为辅。因此,大部分学生接受创业教育的方式主要以短期培训项目开展,这些短期培训项目往往"重术轻道""重财富创造,轻财富支配",往往呈现零散、非系统状态,容易忽视学员的道德修炼和人格成长,也缺乏持续、有效的连续性教育过程。这在一定程度上造成了创业教育的间断性和片面性,无法使学生获得全方位、全过程的创业教育体验。因此,需要在教育过程中导入一个长期持续的学习实践过程,加强整个创业教育过程的连续性和相关性,并通过以创业知识和技能为主题的系列教育课程与活动,强化学生的创业意识,使得学生在具体实践中体验、反思创业知识并内化为自己的素养和人格。

(三)基于创业生态系统视角的高校创业教育模型构建

创业教育新理念的落实,需要包括高校在内的创业生态系统的共同支持(见图4-2)。创业生态系统由众多功能互补且密切联系的项目与中心、学生团体和创业课程等诸多要素共同组成(刘林青、夏清华、周潞,2009)。在大学生创业活动初期,高校要积极发挥在创业生态系统中的引导作用,既发挥基础性的创业教育作用,启蒙学生创业意识,引领创业价值观、传播创新创业理念,又借助高校平台整合创业生态系统内的各个主体、各项资源,为大学生创业提供最适宜的环境。

1. 以高校创业教育为基础的创业生态系统构成

如图4-2所示,大学生创业生态系统主要由以下主体构成:高校、大学生创业群落、服务支持机构(政策服务、金融服务、信息服务、技术服务等机

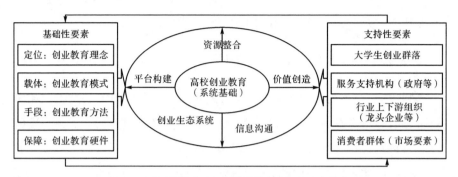

图4-2　基于创业生态系统的高校创业教育理论模型

构）、行业上下游组织（供应商、销售商、行业领头企业、竞争者等）、消费者群体。在该系统中，高校既是基础教育的中心，通过创业课程与实训为学生传递创业的知识和技能；也是资源整合的中心，积极对接社会资源和需求，整合各种资源，做好创业教育的培训宣传、项目评估、基金管理、创业顾问等工作，为学生营造良好的创业环境。在此过程中，围绕以资源为核心，高校协同创业生态系统中的其他主体，主要发挥以下两大功能。

创业生态系统提供基础性资源：创业教育是过程式教育，需要学校在理念、方法、模式、设施等方面的全方位、全过程投入。其中，创业教育理念是顶层设计，需要包括全体教职工与学生在内的全员理念重树和更新，重视创业经验与文化的迭代累积，重视创业理念与创业行为的有效对接。创业教育模式是载体，是将教育内容传播与泛化的平台和渠道，重视大学生创业需求的发现和创业实际能力的培养，重视教育模式的借鉴与创新。创业教育方法是手段，是将创业知识和技能传授给大学生的方法和路径，重视教学过程中的互动性与针对性，重视创业活动开展后的后续关注与指导。创业教育硬件设施投入是保障，是学生模拟创业活动的实训载体，也是学生开展创业项目的组织依托，重视创业活动基地的建设，为学生提供一个"转角即可遇到"的便利场所。由此可见，创业教育需要渗透到"前期教学"和"后续指导"的全过程中，以全方位提升学生的创业执行力。根据"选苗+育苗+护苗+助苗=优秀创业型人才"的过程式，塑造抗压力、践行力、自组织力强的有效创业人才。

创业生态系统整合支持性资源：创业教育除通过高校提供的基础性资

源得以保障外,还需要创业生态系统中其他主体提供的资源支持。其中,高校作为大学生创业活动与社会环境的对接平台,自然发挥了资源整合、平台构建、信息沟通、价值创造等多重功能。在大学生创业生态系统中,创业群落发挥着集群效应,一方面吸引着有相同创业意愿的大学生来学习模仿,另一方面在不同创业群体之间共享信息和平台,形成更为强大的资金、技术吸引力和辐射力。服务支持机构包括政府部门、风险投资机构等金融部门、科研机构、校友、学生团体、创业型社会组织等多个主体,为创业生态系统注入政策支持、资金支持、技术支持、信息支持等。需要注意的是,高校不仅需要为大学生积极开拓资源的获取渠道,还要严格把关各类信息与资源,减少大学生在资源利用过程中的风险,同时需要统一资源信息获取的口径,设立专门的部门为学生提供该方面的咨询和对接。其中,特别需要发挥创业型社会组织的协调作用,如中国大学生创业协会联盟等组织,协助高校做好创业教育工作。当前,政府已出台多项支持性政策,涉及项目启动资金、税收优惠、创业基地等,这些信息应该有效传递给大学生创业者。同时,在当前风险投资机构、银行等部门不愿过多投资大学生创业项目的现实情况下,高校有必要一方面培养学生的财务管理能力和资金拓展能力,另一方面做好与金融机构的沟通工作,鼓励银行开通创新大学生贷款业务。此外,行业上下游组织可为大学生创业提供各项必要资源,一方面是行业的市场信息、运营经验,另一方面为大学生创业组织提供原材料供应、销售渠道拓展等资源。特别需要指出的是,当前行业领头企业尚未充分发挥引导、扶持作用,高校应该充分做好与这些企业的对接工作。消费者群体则是创业组织的市场需求基础,为避免大学生创业的盲目性,高校需要为大学生做好创业方向引导、创业项目评估等工作,从源头上减少大学生创业活动的风险性。

2.以高校创业教育为基础的创业生态系统机制创新

围绕高校创业教育这一基础,创业生态系统通过资源整合机制、风险共担机制、价值创造机制发挥其组织能力,推动创业活动的开展。在此系统中,高校要充分应用并创新上述机制,为大学生搭建创业教育的学习平台、信息平台、项目孵化平台和团队平台。

创业生态系统的资源整合机制：大学生创业活动的顺利开展需要来自高校基础性要素和外部环境支持性要素所提供的各类资源。创业生态系统的资源整合机制使得各个主体所提供的独立、分散的资源能够汇聚在一起，并以一个系统化整体呈现，服务于大学生创业活动中各个阶段的不同需求。因此，创业生态系统存在的首要作用就是服务于大学生创业组织，而资源整合机制需要通过高校这一平台充分发挥作用，对接大学生的创业需求和系统资源。在创业活动的孕育、诞生、成长、成熟等不同发展阶段，大学生对创业信息、创业资金、创业技术呈现不同程度的需求。尤其对刚准备创业的大学生或者初创企业而言，往往缺乏规范经营的创业经验、技能及客户等重要资源。而一个健全的创业生态系能够提供多方面的资源支持和问题解决方案。由政府部门、风险投资机构、行业协会、孵化机构、上下游组织等不同主体及外部创业环境所构成的综合性系统，能够汇聚多元化的资源，通过创业生态系统内部稳定有序的流动机制，借由高校平台将资源以一定的规律和比例汇集到创业活动上，从而保证新创企业的良性成长。

创业生态系统的风险共担机制：创业活动是一个系统过程，不同环节存在着创业失败的潜在危机，创业生态系统的风险共担机制使得风险因子得以化解。创业风险的预防和处理需要依赖系统的沟通协调，与自然环境中的生态系统一样，创业生态系统同样需要维持"生态平衡"。在创业生态系统的情境中，其生态平衡是指大学生创业活动的发展及与外部环境之间的交流和联系达到的一种稳定状况。在这种平衡状态下，一定范围内创业群落里的创业活动呈现出稳定发展的整体特征，创业生态系统内部的资源整合机制和价值创造机制也始终稳定运行，这是一种有益于创业活动发展的良性环境。创业生态系统要维持平衡，必须依托于系统内部的沟通协调机制，这是系统环境、系统主体、创业网络与创业活动在复杂的互动联系中演变出来的自发协调机制。如果在特定环境下某一主体退出创业生态系统（如由于市场竞争淘汰了部分上下游企业），市场交易的竞争机制就会催生出新的组织机构，来弥补系统里的职能空缺。同时，由于创业生态系统里各主体间存在信息隔阂和利益冲突，需要高校作为中心发挥沟通协调的作用，帮助大学生创业组织在纷繁的市场信息中攫取有用信息，并协调创业组织与各主体之间的沟通和利益,保持整合系统的平衡发展。

创业生态系统的价值创造机制:创业生态系统本身是一条以创业活动为中心的价值链,其存在的最大作用是协同各方创造价值。因此,创业生态系统在保障大学生创业活动发展的同时,也在积极促进系统内部其他主体的发展,在每个环节创造价值。这个价值创造过程依托于各个主体之间的互动合作,正如在自然生态系统中,各要素之间依靠对方汲取养分,通过食物链有机链接在一起,创业生态系统也是通过价值创造和价值交换凝结在一起的。价值创造机制给创业生态系统内不同主体带来相应的信息、物质和资源,在外部组织为大学生创业活动提供资源的同时,新创企业也在用不同的形式回馈系统。事实上,这些外部组织与创业活动之间的联系是价值的传递和转换,这种双向的互动联系实现了各方的多赢。正如波特的价值链模型显示,企业的整个生产运营过程可以分为基础性和辅助性多个价值环节,这些价值环节形成了企业独特的价值链。将价值链置于创业生态系统的情境中,可以发现大学生识别创业机会、开发创新项目、实现市场成长的过程,同时也是不断与外部组织交换价值的过程。这一过程以创业活动为中心进行整合,最终形成创业生态系统内部的价值网络,从而维系整个创业生态系统的运转。高校在这一过程中,要做好价值交换的协调工作。

从整体上看,创业生态系统的资源整合机制、风险共担机制、价值创造机制三者之间互相补充促进。在此过程中,高校必须发挥机制的创新维护作用,通过整合各方资源、沟通协调各主体的信息和利益,让大学生创业活动真正创造价值,也使其他主体价值最大化。

(四)基于创业生态系统视角的高校创业教育实现路径

创业教育是一项系统工程,创业型人才的培养需要创业生态系统中所有成员的通力合作。以高校为主导,各个主体需要明确在创业教育过程中的角色定位,配合学校做好创业教育目标定位、组织构建、平台建设、体制完善、课程创新工作,即通过各个模块的有机搭配与合作,提高创业型人才培养的效率与效益。

1. 正视创业教育价值,营造良好创业氛围

高校要正视创业教育的重要意义,在理念上从认为其"可有可无"转为"不可或缺",明确创业教育的目标:培养创业精神、健全创业心理、丰富创业知识、提高创业能力(李时椿、常建坤、杨怡,2000)。此外,多元主体要共同营造良好的创业文化氛围。首先,政府要充分发挥引导和协调的作用,给予创业者大量的政策支持和资金支持。其次,社会组织或企业应营造良好的创业氛围,支持鼓励大学生创业,传授并互相交流创业经验,以此充分激发大学生的创业热情,提高大学生创业的成功率。最后,高校、家庭必须大力支持大学生创业,比如制定鼓励大学生创业的有关措施,激发大学生的创业精神和动力,设立相关创业基金并提供经费上的支持;同时,家庭应注重培养学生的创业观念和创业精神,全方位营造良好的创业环境。此外,大学生作为创业的主要执行者,其自身综合素质至关重要。高校创业教育需要注重学生在综合思维方面的训练和培养,打造各类丰富学生校园生活、增加经验和知识的平台,鼓励大学生参与多元化的活动,在参与各项竞赛和活动的过程中,学会分析利弊;同时,把握时机,注重团队协作与和谐。参与各项活动对提升大学生综合素质有重要作用,可锻炼大学生与人相处的能力,同时塑造思维的缜密性、多样性,有利于大学生全方位了解创业存在的瓶颈、威胁与机遇,构建和谐的创业人际关系网络。

2. 健全创业教育体制,搭建创业教育平台

在创业教育目标的指引下,高校要协同政府、企业等组织加快完善多项运作机制,建立学分制、休学制、转学制等弹性学制;建立健全创业教育的激励制度、评价体系和考核制度,在学分平台上,逐步实现主修制、辅修制、重修制、选修制等教育制度。同时,要设立创业教育委员会,推动创业教育制度的落实,并依托大学生社团和校友会等组织,做好创业教育的研究、培训宣传、项目评估、基金管理、创业顾问等工作。此外,要加强创业教育的基础设施建设,搭建创业教育的学习平台(教室、实验室、活动室等)、信息平台(市场与政策信息、技术专利信息、兼职实习信息等)、项目孵化平台(学校孵

化器、社会孵化器）、团队平台（高校内跨专业团队、高校间合作团队、高校与企业间合作团队）。例如，宁波大学引入"平台—模块—窗口"式创业教育模式，该模式是一种基于学生自主选择，采用"创新创业人才教育"和"创新创业团队培育"两个阶段，创业素质培养平台、创业技能提升模块和创业实习实践窗口3个层次结构的新型教育模式（李政、唐绍祥，2011）。总之，高校要充分发挥自身办学优势、地区优势，整合创业生态系统中的各主体资源，为大学生搭建可获得性高的创业平台。

3. 加强专创教育融合，创新创业教育课程

高校要加强创业教育和专业教育的平衡与融合，把创业教育理念和内容融入专业教学主渠道的教学计划设置、教学内容更新、教学方法改革、教学管理建设等环节。在创业教育课程内容设置方面，可以按照创业的流程来设计，形成包含创业意义、创业者、创业机会识别、创业计划与资源需求、企业成长等理论教学和创业成功经验、创业失败教训、模拟创业等实践教学的创业教育内容体系（胡宝华、唐绍祥，2010）。同时，加强教学内容和教学方式的改革，即改变单一的理论授课方式，处理好课堂教学与网络教学、第一课堂与第二课堂、理论教学与实践教学之间的关系，提高实验、实习和社会实践在课程体系中的比重，重视对大学生创新、创造和创业精神的培养。在专创融入模式和策略方面，可以根据高校特点选择课程建设模式、课堂嵌入模式和专业实践模式，选择适宜的发展模式，构建有效的教学方式，转变专业教师的角色，健全辅助的联动机制，促进创业教育与专业教育的结构性融合、功能性融合、感知性融合和长效性融合（曾尔雷、黄新敏，2010）。此外，要重点做好创业教育课程体系设计工作，分块进行课程完善与创新，具体包括学科课程教育模块（围绕创业过程设置课程内容，学科交叉实现"1+n"形式）、活动课程教育模块（科技创新活动体系、学生课外创新竞赛体系）、实践课程教育模块（模拟实验型实践、直接操作型实践）（木志荣，2006）。

4. 对接社会创业需求，释放创业学生活力

高校在引导学生创业的过程中，必须以社会需求为导向，充分对接社会

需求和社会资源,提升学生创业项目的可行性和实用性。同时,要帮助大学生辨识社会创业过程中的风险和危机。为此,高校必须协助学生掌握创业的基本步骤和规律:树立创业意识—识别创业机会—组建创业团队—编写创业计划书—企业孵化与设立—企业成长阶段。在创业过程中,学生会经历从"产品研发阶段"到"产品复制阶段"的过渡,该过渡期同时是问题多发期。学校要协同行业领头企业、政府部门帮助学生突破该阶段的多种瓶颈,尤其要发挥行业企业的引导作用,与学生共享创业经验,避免该过程中的陷阱和误区。例如,温州大学面向不同类型的学生需求和社会需求开展创业教育,多渠道开展创业实践,以课程体系设置、教学方法、师资队伍组建、考核方法、质量监控等方面改革为突破口探索推进创业教育的新路径,强调应实现从"提高就业率"向"提升就业层次"、从"粗放式"的创业实践教育向培养"专业+创业"复合型人才、从培养"自主创业者为主"向培养"岗位创业者为主"的转变(黄兆信等,2011)。此外,风险投资机构、银行等组织要加大对学生创业项目的金融支持,充分释放高校内创业学生的活力和创造力,帮助学生成为职业创业者。

二、基于双重知识网络嵌入的高校创业教育研究

社会网络理论认为,个体与组织处于动态变化的网络关系中,借由社会网络实现知识、信息、机会等核心资源的外溢、获取与共享。社会网络的核心是"知识",知识网络是人、企业等知识主体之间相互联结构成的网络。作为社会网络的一种,知识网络涉及知识在不同主体间的流动与传播(黄兆信、王志强,2017)。创业生态系统是创新创业语境下社会网络的重要表现形式,该系统具有"开放互联"与"内生成长"两个关键特征。作为创业生态系统建构主体的高校在开展创业教育过程中,不但其教育受众即学生无时无刻不受到外部社会的深刻影响,而且组织教育的教师群体也同样受到外部多重网络的复杂影响。在知识经济时代,创新创业具化为将原创知识实现价值创造的过程。从这一层面来看,高校创业教育的核心要义体现为创新创业知识的生产、传播与应用。处于错综复杂社会网络中的高校,在开展创业教育中,不但会通过自我内部探索创造出新的知识,而且会通过深度嵌入外部多重社会网络获取知识,进而实现知识整合,不断提升高校创业教育能力。在众多的外部社会网络中,高校集群知识网络和社会企业集群知识网络对高校的影响尤为突出(严毛新、厉飞芹,2019)[①]。

(一)双重知识网络对高校创业教育学习的不同影响

1. 高校集群知识网络对"借鉴式学习"的显著影响

高校集群网络,是指由于地域、行业、学科、专业等各种原因,与所在高

---

① 该部分内容为作者业已发表的学术论文:严毛新,厉飞芹.双重知识网络的嵌入与高校创业教育能力提升[J].中国青年社会科学,2019,38(2):85-92。

校互动交往频度较高的高校群体。事实上,高校集群是产业集群理论向高等教育领域迁移的一种表现。集群是高校集聚现象的本质特征,而随着信息技术的广泛应用,高校之间的互动交流形式、渠道、频次等借由新媒体手段已突破空间距离带来的阻滞。高校集群不仅表现为地理空间上的有限区域集聚,如传统形式的"高教园区",还表现为学科相近、属性相同、水平相等的"泛区域"集聚,如全国性乃至全球性的"高校联盟"或"高校办学联合体"。网络是节点的集合及反映出节点间是否存在关系的边的集合(Brass,Galaskiewicz, Greve, et al.,2004),而集群组织间的网络关系实质上是基于知识的分工网络关系(冯盈,2014),因此高校集群知识网络可以理解为高校集群内部组织及其之间知识关系的集合。地理空间的邻近和学术交流的加强有利于高校之间实现知识溢出与共享,集群内高校之间密切的关系网络(正式关系和非正式关系)可以有效地促进知识资源的流动与共享,使不同学校、不同学科的知识可以有效地发生碰撞与衔接,促进新的知识的产生,表现出明显的知识竞争优势(潘海生、周志刚,2009),而这种知识溢出效应正是形成高校集群的主要动力之一。从创新创业教育角度看,我国高校创业教育全面推进的时间并不太长,深层次推进的难度系数高,因此高校之间相互学习借鉴的主观需求普遍较大。综合考量知识的可得性与相关性后得知,各大高校所处的高校集群中的知识网络对高校的创业教育影响显著。

强弱联结是社会网络理论的核心理论之一,关系要素和结构要素则是社会网络理论的两大分析要素。从关系维度看,集群内组织基于相同或相似的社会背景和文化特征的信任促使它们互帮互助、互相信赖与认可(徐蕾、魏江、石俊娜,2013)。与国外的高校集群自发形成的发展模式相比,我国的大学集群发展模式具有明显的人为特征及行政特点(沙迪,2007)。回顾我国高校创业教育的历程,可以看出,政府强力推进的轨迹明显。由于处于同一社会文化背景,拥有基础性的信息,在同样的考核管理前景下,内部组织结构高度相似,信息交流非常顺畅,高校彼此之间开展深度学习时,碰到的文化阻力很小。这也意味着,某个高校相对成功的创业教育组织形式,很容易被处于集群网络中的其他高校模仿与借鉴。目前高校之间相互模仿成功做法,不但得到教育行政主管部门的支持,被模仿的高校还很容易被当作典型从而更可能得到积极性评价,而且教育行政主管部门也会不定期评选各种创业教育示范性院校,向其他学校推广创业教育的先进做法。从结构维度看,高校集群知识网络往往呈现"强联结"形态,学术会议、学术讲座、考察参观等多样化的学习交流方式建立起了集群内高校之间频繁而紧密的互动,同样推动了创业教育知识的溢出。

从管理视阈看,创新创业管理既是一门科学,也是一门艺术。艺术性符合创业教育的逻辑起点——"创业"这一规定性,而科学性符合创业教育的逻辑重点——"教育"这一规定性。高校集群知识网络中,各高校对创业教育知识的学习,往往注重在总结其他高校的成功经验和失败教训的基础上,整合内部知识,优化本校创业教育的组织活动形式和程序。该类知识通常属于符合创新创业普适规律和共性因素的科学性知识,是易于编码或易于表达的显性知识。高校在集群网络中学到的创业教育知识与已有的知识具有较大的相似性,常常体现为对已有知识的深化和已有能力的拓展,从而实现对已有资源的更好配置和运用,如优化创业教育课程设置、改善创新活动开展方式等。由于高校集群知识网络中创业教育语境的相似性,该类学习行为常常与模仿、应用、效率、选择、执行等关键词相联系,其学习形式也属于高校集群知识界域内和趋同教育情境下目标导向的"借鉴式"迁移学习。

2.社会企业集群知识网络对"探索式学习"的显著影响

社会企业集群网络,是指高校所嵌入的与自己创业教育联系相对较为紧密的企业组织群体。学校创业教育是创业教育系统的有机组成部分,与家庭创业教育、社会创业教育相互"补位"推动社会创业生态系统处于一定的均衡发展状态。高校创业教育根植于高校所在区域的社会文化语境中,与家庭创业教育依托的"血缘亲属集群网络"及社会创业教育形成的"地缘产业集群网络"(区域产业集群网络)共同架构了广义概念上的社会企业集群网络。由于创业教育具有实践性、艺术性很强的特征,难以单纯通过理论研究和分析加以传播,需要高校通过多种形式将师生与企业,特别是初创企业进行对接互动,从而实现信息的持续有效流动。例如,高校所在地附近都有一些产业集群,聚集着大量的创业者群体,这些群体往往是当地良好创业生态的重要构成部分,高校的创业教育如果能够很好地嵌入这一网络,就可能高效地分享产业集群中的创业信息和创业知识。学生创业素质提升需要大量不可言说、难以编码的默会性知识和实践性知识,这类知识在相对封闭的高校传统课程教学中较难提供。当高校深度嵌入地方产业集群时,这类知识将会很自然地由产业集群的创业者群体向高校的师生传播,最终弥散融会于高校创业文化之中,整体改进高校创业教育资源和信息的质量,无形中助推高校创业教育(严毛新,2015)。因此,高校嵌入社会企业集群知识网络,对于推动高校创业教育差异化发展具有非常重要的作用。

从关系维度来看,高校与企业组织战略目标迥异,异质性明显,组织文化差异大,常态化交集少,因此高校在学习整合中,在将外部知识内化的过程中,所面临的来自高校内部的传统文化阻力较大。如果创业教育创新学习的切入点选择不当,或推进力度把握不准,很容易出现"水土不服"现象。从结构维度来看,目前国内高校与大部分社会企业在创业教育方面仍处于"弱联结",高校与社会企业集群网络的学习交流、互动频率相对较少,但很多高校由于自身的地域优势、行业专业优势、校友优势等,其所处的社会企业网络规模较大,而且网络中拥有更多异质性资源。通过学习整合,大部分情况下,很可能使高校突破已有知识库,与现有的知识体系形成差异化补充。

知识基础论观点认为,企业是异质的、作为知识载体的经济主体。知识是影响企业能力的深层次因素,企业的核心竞争力源自企业的技能、诀窍、经验等知识要素(朱兵、张廷龙,2010)。这些知识要素主要表现为不易被编码、不易传播的隐默知识,比如工商行业的地方性知识、祖传手艺、商业习俗、生意经、共同的产业选择等(杨轶清,2009)。社会企业集群知识网络为高校内潜在的创业者提供了匹配度很高的特定知识体系和学习机制。高校嵌入社会企业集群知识网络,在创业教育学习中对异质性隐默知识的"探索式学习"的影响显著,在推陈出新、解决现有问题、尝试前所未有的创业教育方法等方面具有巨大的作用,即高校通过不断搜索外部现实需求,筛选整合企业网络知识,试验新的组织活动形式及程序来提高校内部创业教育的效率。其学习行为常常与变化、冒险、尝试、试验等关键词相联系(March,

1991),其学习形式属于突破高校传统教育语境和知识边界的"探索式"迁移学习。

(二)两类学习对高校创业教育能力提升的影响

1."借鉴式学习"对创业教育能力的渐进式提升

高校集群是知识传递、扩散、传承和创新的生产源与集散地(张海生、吴保根、黄利利,2010),嵌入于高校集群知识网络中的高校,显然会通过该网络有效获取并吸收高校群体性知识,通过知识的交流、共享、创新、增值来实现从知识到能力的转化,从而培育高校创业教育的独特能力,提升集群内各高校对创新创业现实需求与发展趋势的生态适应力。这种作用具体表现为高校集群内创新网络通过集体学习促进知识溢出,对集群内高校创业教育能力创新具有积极影响。另外,由于集群内高校同质性较强,使"借鉴式学习"更多在理性归纳、对比分析的基础上进行,驱动集群内高校的创业教育能力呈现出渐进式提升。"借鉴式学习"以高校自身创业教育的理念目标为基点,以已有的创业教育知识体系为框架,以"短频快"的考察、交流为路径,以具有普适意义的创业教育显性知识为输入,以模仿、改进、修正创业教育方式为输出,由此获得的渐进式能力提升表现为高校在获取、内化溢出的基础性知识后对自身创业教育的补充与完善,这也充分体现了知识的可转移性、收益递增性和自增强性等特征。值得注意的是,"借鉴式学习"的强度如果过大,也容易引发集群内高校创业教育发展模式的集体趋同和路径锁定,从而可能导致对突破式创新产生不利影响。

据此,本研究认为,在高校集群知识网络中的"借鉴式学习"有利于高校创业教育能力的渐进式提升,这一知识转化为能力的作用机理,从本质上看是高校集群知识网络中创业教育经验的"归纳式迁移"和基础性知识的"量变式积累"。经过一段时间的发展,我国高校之间深度学习,实践过程中的成功经验被组织编写成高校创新创业教育先进经验材料和大学生创业成功案例集,以交流学习的形式对高校创业教育能力的渐次提升发挥了显著作用,《教育部关于大力推进高等学校创新创业教育和大学生自主创业工作的意见》（教办〔2010〕3号）明确规定：省级教育行政部门应定期组织创新创业教育经验交流会、座谈会、调研活动，总结交流创新创业教育经验，推广创新创业教育优秀成果。[①]由于创业教育时滞效应的存在（李明章，2013），这种"借鉴式学习"的短期效果表现为大学生创业意向的培育。《2017年中国大学生创业报告》数据显示，2017年近9成大学生考虑过创业，26%的在校大学生有较强的创业意愿，与2016年相比，上升了8个百分点，其中有3.8%的学生表示一定要创业。[②]

基于Stufflebeam（1966）提出的CIPP教育评价模型[③]，高校创业教育能力可以从"创业环境基础能力、创业资源配置能力、创业过程行动能力、创业成果绩效能力"4个维度构建评价体系（葛莉、刘则渊，2014）。从创业环境基础能力看，本研究以"创业教育"为关键词，在中国知网数据库中共计检索到相关论文20705篇（1986—2018年预计值），其中近10年发表的文献量呈大幅增长趋势。在文献引用方面，截至2018年7月，被引量排位列前十的文献合计被引次数高达2842次。可见，高校之间以学术论文发表和观点引用的方式一定程度上实现了创业教育知识的外溢、交流与借鉴。2002年，教育部借鉴国外高等学校创业教育经验，在清华大学等9所高校试点创业教育。试点工作开展十几年以来，我国高校创业教育的"借鉴式学习"已逐步"由外到内"，开始注重本土经验的学习和知识挖潜。2017年，继2月教育部公布99所"全国首批深化创新创业教育改革示范高校"名单之后，6月又开展了101所"全国第二批深化创新创业教育改革示范高校"的认定工作。典型高校的示范效应对其他高校创业教育能力的提升具有显著的驱动力。

2."探索式学习"对创业教育能力的突破式提升

高校创业教育必须着眼于整体，校内创业教育"小生境"必须置身于社

---

① 资料来源：中华人民共和国教育部，《教育部关于大力推进高等学校创新创业教育和大学生自主创业工作的意见》（教办〔2010〕3号）。

② 资料来源：《2017年中国大学生创业报告》（由中国人民大学牵头，北京师范大学、上海交通大学等30余家高校、企业和社会组织联合跟踪调查）。

③ CIPP评估模型说明：背景评估（context evaluation）、输入评估（input evaluation）、过程评估（process evaluation）、成果评估（product evaluation）。

会大环境之中，方能紧接地气，与外界形成源源不断的互生共养格局，以打破生态学上的"局部生态环境效应"（严毛新，2015）。对于高校而言，区域内的创业实践企业既是知识源也是创新源。嵌入社会企业集群知识网络中的高校，通过嵌入社会企业的大量异质性知识网络，实现对创新思维的不断碰撞和现有模式的不断反思，探索学习中促进各类信息的分享与转移，从而获取与其他高校差异化的创业教育竞争优势。这类"探索式学习"中，高校创业教育能力的提升更多来自不同领域的全新知识和不易获取的隐默知识，即高校在原有的知识框架内通常不具备该类知识，而且高校也无法在短时间内依靠自身能力获得这类知识，需要嵌入外部的创业实践企业网络中，通过与企业的深度互动，促进具有不同知识背景的组织、人员的交流，以推动不同领域知识的转移与经验类化。高校通过社会企业集群知识网络中的扎根学习，获取自身所欠缺的技术、知识，激活实践中的隐默知识，促进知识的互补与创新，极大拓宽创业教育的战略视阈，从而有利于创业教育能力的突破式提升。但与此同时，在"探索式学习"过程中，由于大量未经仔细筛选的、看似符合现实的初创企业的实例信息"冲击"高校创业教育，使高校偶尔会出现局部性不适甚至会产生阶段性的整体性困惑。因此，高校进行创业教育仍需秉承教育的核心规律，遵循教学、教法的基本原理。

本研究认为，在社会企业集群知识网络中的"探索式学习"有利于高校创业教育能力的突破式提升，这一知识转化为能力的作用机理，从本质上看是企业集群网络中创业实践的"演绎式迁移"和原创性知识的"质变式突破"。创业的根本特征就是强烈的冒险精神、探索意志，运用多种资源匹配途径解决现实中的不确定性并创造新的社会价值的过程。高校依托社会企业集群知识网络，利于打破高校因学缘结构造成的弊端，利于解决高校创业人才培养供给与创业社会现实需求之间的信息不对称性。地域为根、互融为本，不同地区的高校与本地区企业的深度互动对创业教育具有显著的促进作用，各个高校在教育内容上将"嵌入本地区产业与企业集群"所需的知识作为重点发展的方向，与原有的"自由拓展"的教育内容实现有机对接，达到事半功倍的教育效果（严毛新，2015）。

《2017年中国大学生创业报告》指出，高校与平台型企业正在不断推进深度战略合作。例如,2017年浙江大学与腾讯携手共建"浙大紫金小镇·腾讯云基地",依托小镇内创业群落推进浙江大学人工智能与大数据等科研技术成果的快速聚集扩展。截至2017年,紫金众创小镇内已有创业企业3508家,其中国家级高新技术企业50家、国家级孵化器1家、省级重点实验室1家、博士后工作站2个、市院士专家工作站5个。2016年,该小镇实现总产值130亿元,税收总收入为11.81亿元,吸引就业人数达1.5万人。[①]我国高校创业教育经过多年的推动和发展,各个高校正在以更为开放的姿态融入社会创业生态系统中,结合社会企业集群知识网络创新知识创造方式,在探索式学习中寻求创业教育的突破式创新。

(三)当前高校创业教育中双重知识网络嵌入的重点

1. 增强高校集群知识网络嵌入的"精准度"

从20世纪90年代末开始,教育部、共青团中央等部门对创业教育教学越来越重视,对高校创业教育的制度引导不断加强。在我国高等教育体系中,公办高校占主体、教育行政主管部门对公办高校的经费资源分配和考核仍发挥主导作用的背景下,高校在高校集群知识网络中的学习效率较高。本研究认为,与美国、英国、日本等国家高校创业教育相比,中国高校在创业教育的具体举措方面,无论是在实施形式的一致度上,还是在推进时间进程的同步度上,都具有明显的相似性。比如,对"全校创业教育"的态度方面,尽管美国高校创业教育始于20世纪40年代,但直到现在,并非所有开设创业教育课程的高校都定位开展全校创业教育,而中国推行创业教育不到40年的时间,绝大部分高校都明确定位在全校开展创业教育,绝大部分高校都已经积极响应和落实把创业课列为学生的必修课。

高校之间关于创业教育的交流日益频繁,以联合国教科文组织中国创业教育联盟为例,该联盟成立于2014年,当时参与的高校为60余所,到2017

---

① 资料来源:紫金小镇官网,https://www.tronker.com/work/tronker/hatch/purple-town.html。

年参与的高校已经达到100余所。①各个省市对于高校创业教育也保持着积极的关注，以浙江省为例，教育行政部门积极鼓励高校开展创新创业教育工作，截至2018年7月，已有102所高校建立创业学院。我国高校创业教育具有明显的政府推动性的外部特征，即教育行政主管部门强力倡导，但高校内部自身动力不足，由此出现了高校在创业教育浅表层面上积极响应，在具体做法上却高度趋同，缺乏特色，实效不佳（陈会敏，2017）。在高趋同度的背景下，高校在比较创业教育成效中，常常将获得重要创业类赛事奖项的数量、实际创办企业的在校学生和校友、典型创业成功的校友作为重要的显性标志，无论是在校内外宣传中还是在具体创业教育中都作为主要的引用内容。教育行政主管部门对于高校创业教育的成效评估，采用的也是较为柔性的评价方法，但对其评价结果常常进行较为高调的宣传。比如，注重对创新创业示范高校、创新创业典型经验高校、创新创业实践育人高校等的项目的排名比较。本研究认为，过于注重创业教育显性指标这一导向，会产生闭环式的正强化激励效应，集体学习中，对于大家共同认可的方法、措施、手段接纳度比较高，这利于高校之间以标杆管理思维实施目标竞赶，但带来的问题是使高校更加注重显性的开办公司的学生和毕业生人数的增加，更加注重基于现有项目直接愿意进行创业实践的学生的鼓励，而对于内潜层面的非直接开办公司的学生的岗位创业意识的培养则不够重视，对于那些高技术含量的科技型创业教育的扶持深度也明显不够。由此形成的现象是高校创业园中，低水平层次的营销类的创业实践所占的比例很高，对地区经济有实际推动力的"高精尖"型创业实践所占的比例仍然偏低。

高校集群知识网络中的过度"借鉴式学习"在引发创业教育行为趋同的同时，还可能导致高校创业教育理念的趋同，具体表现为高校在创业教育中角色的错位，容易陷入"重精英""强全程"式教育的认知误区：高校在潜意识中认为应当在全面普及创业教育的过程中，把一部分具有创业基因和天赋的学生挑选出来，给予特殊的培养，并对其负责的创业项目实施全过程指

---

① 资料来源：浙江大学教育学院新闻报道，http://www.zju.edu.cn/2017/1101/c502a688685/page.htm。

导,乐于看他们从小微企业做起,逐步做大做强。高校在对自己挑选出来的所谓的创业方面的"精英"学生进行孵化培育中,很容易把关注点放在如何让创业项目"活得更久",于是,给这些学生提供经营管理类培训或资金资助或融资平台对接支持,常常把这些作为创业教育的重点。高校在创业教育中,把帮助和指导学生"全程创业"作为自己的工作重点,可见定位于"全程创业教育"的意图情有可原,上述创业教育工作对创业型人才培养与创业项目孵化也有积极的指导意义。但面面俱到的全程创业教育容易导致创业资源分配的过度均衡化,重点不突出、特色不明显,难以形成高校创业教育的差异化优势和核心竞争力。各个高校创业教育理念和行为的趋同也会导致高校集群知识网络内固有知识的往复循环,高校间借鉴式学习的提升效果就会非常有限。

如何破解当前高校创业教育的"高趋同"和"全过程"困局?本研究认为,各高校需要增强在高校集群知识网络嵌入的"精准度",即相对精准地把握高校在创业教育过程中对学生创业的介入度,进一步明确介入的合适时间与介入方式。在创业教育理念上,高校应当回归理性,放弃"自负",在能力域内谈教育。创业精神和动机的培养存在前置式影响,部分根植于地域经济、文化传统和行为习惯,但创业意愿的激活源于后续创业文化氛围的渲染和正向观念的引导,创业教育中播撒种子更具基础性作用,构建高层次创业的耕种平台,是高校创业教育区别于家族创业教育和企业创业教育的最大优势。在创业教育行为方面,如果高校不是定位于"全程创业教育",而是定位于在普及创业教育理念、推进创业文化的同时,结合各自的优势和特点,注重于某些"环节创业教育""专业创业教育""分段创业教育",那么创业教育的效果可能会更好。因此,放弃"全程创业教育"而转向"注重环节的创业教育"应当是高校创业教育的应有转向,即把高科技转让给企业,而这种转让是已经着眼于技术商业化的前端,利于推动高校知识实现资本化,构建"知识生产—知识扩散—价值创造"的完整价值链。在精准分工中,高校应不断调适自身的边界、功能与结构,在高校集群知识网络学习中能够强劲有力,而不是在"全程施教"中比谁能求全责备。

2.增强社会企业集群知识网络嵌入的"鲜活度"

高校创业教育的基础是创业文化氛围的营造,通过营造浓郁的创业文化氛围,使身处其中的师生耳濡目染,在潜移默化中提升他们的创新创业意识。而校园文化内嵌于地域社会文化之中,时刻与高校所处的外部环境互生共养,形成带有独特印记和脉络的文化网络。高校创业文化如果可以更多地顺畅对接外部的社会真实创业实践,校园内部的创业氛围就容易不断被强化;相反,高校的创业文化如果与外部的社会真实创业实践活动相对隔离,则容易导致校园内部的创业氛围由于给养不畅而营造不利,形成"花盆效应"。校园中封闭或半封闭的教育实践,使学生的创业知识、商业技能严重脱离真实的社会现实,因此在走出校园这一"庇护区"后,学生很难适应来自社会现实的挫折和挑战,导致创业自信心备受冲击,创业执行力大幅下降,这折射出学生创业逆商培养的重要性。即便在学校培养起来的创业观念、意识,由于过于理想化,也容易存在"叶公好龙"的现象。同样,经高校呵护孵化的创业项目在搬离校园这一"舒适区"后,往往无法快速适应来自社会的多重竞争压力和行业内商业模式的更迭节奏,对项目价值和商业前景的过高预期往往导致很多校园创业项目的中途夭折。

对于高校创业教育应当与外部社会实现多维度、深层次结合的必要性,大部分高校都十分认同,但在具体的合作方式和路径方面苦于无处着手、难以深入,导致"求路无门"的重要原因是创业教育的实践并不像常规的专业教育实践那样容易组织。高校无法让学生在修完创业教育课程之后集中性、大规模地同时开办公司以锻炼创业实践能力,而分散性地把大批学生输送到初创企业中去实习,其组织难度也非常大,因为大部分初创企业的规模较小,单个初创企业可接纳实习学生的数量非常有限,而且很多初创企业受自身经费限制,无法有效保障对学生的实习支持和物质补贴。此外,初创企业本身尚处于边试错边成长的摸索阶段,创业中途"死亡率"高、变化大,这些都造成了高校创业教育"学中做"的难度。

本研究认为,学生在创业实践中遇到的上述困境,与高校教师不自觉地把创业教育实践等同于其他课程实践的思维习惯有关。相当多的高校创业教育教师尚未意识到，其实高校创业教育与社会创业现实之间存在深度的相互需要，这一点是一般的专业课程无法比拟的。一般的专业课程实践中，实践基地或合作企业往往为学生提供的是实际岗位需求之外的学习型职务，更多是实践支持单位给予高校和学生的单方面付出。但是，在创业教育实践中，更容易出现实践支持单位与学生的双向互惠。社会企业集群知识网络中节点关系的建立源于需求（获取利益）的产生，即进行知识交流的意愿。在具有需求后，节点企业在联盟网络中搜寻潜在的关联对象，决定是否与其产生联结关系（陈会敏，2017）。由此可见，实践支持单位本身对实习学生存在一定的利益诉求，由此才会向意向性合作高校抛出"橄榄枝"。而合作关系一旦建立之后，下一时刻节点企业将根据未来的可能利益关系选择关系是否维系或者是否建立新的关系，创业教育实践中创业企业的这种价值导向和关系选择更为显著。

首先，对于大量的初创企业或者谋求二次创业的企业或者个人而言，寻找志同道合的创业团队合伙人及合适的初始员工，对于能否创业成功意义重大。一般来说，对创业团队合伙人和初始员工的寻找很难通过社会招聘渠道得以解决。因为前期没有深入的了解和接触，又缺乏有效的价值观筛查机制，通过社会招聘组成的创业合伙人团队和初创企业员工团队往往组织稳定性较差，很容易在碰到经营理念冲突或经营业绩困难时解体。高校中流动的学生群体是初创企业寻找理想的潜在创业团队合伙人及员工的优良"园地"，如果高校在创业教育过程中能将学生参与创新创业类活动及表现的数据进行适当记录和痕迹化管理，同时不定期地将外部创业企业的小型创业实践活动（如各类创意比赛、创业讨论沙龙）的信息向学生实时发布，则外部的创业企业和个人到校园里"找人"的成本就会大大降低。高校若能与所在区域的众创空间、创业孵化器展开深度合作，既有利于构建互利共赢的人才输送双向合作机制，又为校内创业型人才的成长提供了多种可能。

其次，对初创企业而言，很多一闪而过的商业创意往往蕴含着巨大的商机，而大学生群体思维活跃，不易受固有商业模式和既定商业习惯的限制与束缚。如果高校定期把一批批初创企业的潜在创意需求与在校学生的创意比赛进行深度对接，则学生的"金点子"很可能被企业采纳而直接转化为商业实践。对于社会初创企业而言,如果可以相对高效率地参与到这些创新创意对接活动中,显然有利于潜在商业机会的低成本获取。但目前这类活动在高校尚未广泛开展,有个重要原因是单个初创企业难以承受大型创新创意类比赛的组织成本。事实上,创业教育实践自身的规律,重点不是把学生组织到外部的创业教育企业中,而是要将初创企业主动纳入校内的创业园和各类创业实践活动中,使初创企业集群走进高校成为一种自身需要,而非外部推动。高校应当积极对接社会需求,寻求主动突破,依托社会企业集群知识网络"活化"校园创业氛围,让高校的创业教育成果不再止步于各类创新比赛获得的奖状与证书,让更多创意有转化为商业机会的可能,让更多学生有变身为创业团队合作人的可能,也让更多科技成果有转化为企业创业实践中核心技术的可能。高校要增强社会企业集群知识网络嵌入的"鲜活度",创新知识交流、知识联盟、知识一体化等网络嵌入方式,以便敏锐地回应社会创业生态系统的体系需求,从而更好地助推社会创业活动。

三、创业教育模式的迭代演进研究

2009年,义乌工商学院开办"义乌淘宝班",大胆地让在校学生边读书边在"网上做生意",尝试在部分学生中实行"上大学=开淘宝"培养模式,淘宝网店信誉度和经营业绩可充抵学分。短短一年间,该校出现了3位"90后"在校"百万富翁","淘宝班"第一届毕业生115人的平均月收入过万元。有报道称,"义乌工商学院1/4的在校生进行创业,60%的人生活费自理""阿里巴巴上市揭幕仪式上3张照片取景自义乌工商学院",上述独特现象值得我们思考:"义乌淘宝班"与义乌小商品市场之间有何深层联系?高校这一创业教育主体此时深度汇入创业教育的推进机制是什么?

2015年,由杭州市西湖区人民政府与浙江大学联合共建的"紫金众创小镇"闪亮登场,成为杭州城西科创大走廊的重要地标。该小镇采取"研发总部"的创新组织形式,依托浙江大学,发挥校企联合创新效能,打造以高端信息经济产业为导向的创新创业平台。截至2017年,小镇已有企业3508家,其中国家级孵化器1家、省级重点实验室1家、市级以上高新技术企业103家、国家扶持的高新技术企业50家,博士后工作站2个、市院士专家工作站5个、省市技术研发中心48家。2016年实现总产值130亿元,税收总收入为11.81亿元,吸引就业人数为1.5万人。①紫金众创小镇近3年时间内取得的显著效益引发我们进一步思考:紫金众创小镇的组织形式与"义乌淘宝班"和浙江各类"众创空间"之间有何内在联系?紫金众创小镇内部集聚的创业群落的互动机理是什么?除高校之外的其他创业教育主体汇入创业教育的推进机制是什么?

---

① 资料来源:紫金小镇官网,https://www.tronker.com/work/tronker/hatch/purple-town.html。

自改革开放以来,浙江省民营经济快速发展,民营企业众多,创业氛围浓厚,业已出现了包括"义乌淘宝班""紫金众创小镇"在内的大量创业教育的原生式典型案例。本研究拟纵观浙江省创业教育20年间(1999—2018年)的发展历程,深度分析以温州村、义乌淘宝班、紫金众创小镇等浙江省创业教育典型案例,探讨浙江省汇融式创业教育的本土发展特色,即不同主体分时期渐次汇入校·政·企等的多主体渐进融合(严毛新、厉飞芹,2018)。[①]

(一)渐次汇入:浙江近20年创业教育的演进特征

1. 多元主体渐次参与

从社会学角度看,家庭创业教育、社会创业教育、学校创业教育都是创业生态系统的重要组成部分,但是在不同历史时期、不同地区,它们各自发挥作用的力度和彼此间的互动形式是不同的。在浙江众多创业教育典型案例中,"义乌淘宝班"和"紫金众创小镇"是较为引人注目的两个,通过近距离观察上述两大案例可以发现,两者分别反映了浙江省在不同阶段,创业教育各类主体(如亲缘好友、企业、政府、高校等)不断汇入的鲜明历程。本研究认为,20年间,浙江省创业教育的演化路径明显呈现出不同主体渐次汇入的特点,按照主体汇入的先后顺序,可以基本划分为"家庭亲缘创业教育汇入期""企业衍生创业教育汇入期""公办高校创业教育汇入期""企业、民非组织创业教育汇入期""民办高校创业教育汇入期""中小学创业教育汇入期"等阶段。上述各阶段具有"汇融交叉,政府参与"的特点,越往后发展,参与主体的类型越丰富,互动也越复杂。本研究认为,当前浙江省创业教育可能处于"公办高校活跃同时企业和民非组织渐次汇入"的阶段。

第一,家庭创业教育主体汇入。

"义乌淘宝班"出现在义乌而不是浙江省的其他地方,一个很重要的原因是这个"淘宝班"是以义乌小商品市场为依托的,其表现形式是大学生直

---

① 该部分内容为作者业已发表的学术论文:严毛新,厉飞芹. 从"义乌淘宝班"到"紫金众创小镇":浙江"汇融式创业教育"演进[J]. 浙江社会科学,2018(11):68-77,158。

接从义乌小商品市场拿货,然后在淘宝网上销售,使传统的小商品市场的销售渠道得以更新和拓展。而义乌小商品市场中的大量创业者的创业意识、创业能力、创业技巧的主要学习渠道显然不是学校,对他们的创业教育发挥最大作用的往往是家庭亲缘网络。

浙江省自古以来就有浓郁的经商文化,即使在"文化大革命"期间和改革开放之初,浙江民间各类试图突破禁锢的从商经营活动仍层出不穷,浙江基层政府对于此类广泛活跃于民间的从商创业行为的"宽容"态度,也明显好于国内一般水平。比如,1982年初中央下发打击经济领域犯罪活动的紧急通知,温州以"投机倒把罪"抓了一批走在个私经济"风口浪尖"上的活跃分子,还出现了轰动一时的"八大王"事件。①但不久之后,温州市领导就敏锐地感到"八大王案不翻,温州经济搞活无望",于是很快进行了纠正处理。在相对宽松的创业氛围下,浙江多地以家庭亲属网络为联结的群体性创业现象蓬勃发展,如以血缘为纽带发展起来的温州商人群体就是家庭创业教育成功的典范。此外,义乌的小商品市场、全国各地的温州村等都与浙江民间传统创业文化的深厚传承有重要关系,而这其中家庭创业教育发挥了重大作用。

第二,高校创业教育主体汇入。

和全国高校创业教育一样,浙江省的高校创业教育起步于20世纪90年代末。但与全国其他很多地方相比,浙江地域的从商文化更加浓郁,因此在高校开展创业教育的过程中,无论是高校教师的心理响应度还是学生家长群体的自主接纳度都更高。此外,浙江省各大高校根植于区域化产业集群网络中,与本地创业者互动频度与深度的优势非常明显。特别值得注意的是,个体经济越是活跃的市县,高校创业教育的活跃度往往越高。比如,在创业者非常活跃的温州地区,温州大学早在开展创业教育之初就将专业教育与创业教育深度融合,2009年前后分别与全球最大软件公司微软、红蜻蜓集团合办了"微软IT班""红蜻蜓店经理成长班""创业先锋班"(翁浩、程婧、

---

① "八大王"事件:五金大王胡金林、矿灯大王程步青、螺丝大王刘大源、合同大王李方平、旧货大王王迈仟、目录大王叶建华、线圈大王郑祥青以及电器大王郑元忠等几人被列为重要打击对象。

2011）。成立于2007年的创业园已累计孵化120支创业团队，目前在园的创业团队年平均营业额达8000万元。温州大学特色的"专业创业工作室—学院创业中心—学校创业园区—社会创业平台"四级孵化机制已在全国范围内产生示范性影响（满德利，2016）。地处温州的浙江工贸职业技术学院也因"园区化产教融合"的创新创业人才培养模式入选"2016年度50所全国创新创业典型经验高校"。再如，依托中国最大的小商品批发市场，义乌工商学院从2009年起通过开办"淘宝班"为学生传授网店设计、营销、谈判、合同签订等实用技能，同时开设创业园，配以可供上网的教室和货物存储仓库以孵化学生创业项目。"淘宝班"培养了一大批"学生创业明星"，其中相当一部分学生毕业后还留在义乌创业，他们中的许多人由于分布在义乌工商学院周围一带的小区内，因而形成了一个很有特色的"淘宝创业带"。"义乌淘宝班"的出现是高校创业教育主体适应时代的需要，结合地域需求，适时有效汇入浙江省创业教育领域后积极作为的一个典型案例。

第三，企业创业教育主体汇入。

在"义乌淘宝班"之后出现的一系列众创空间，以及互联网时代的众多民间创业服务平台，如"百度云平台"、阿里巴巴集团的"百川创业"与"创客家"、腾讯的开放平台等，已经呈现出社会多元创业教育主体不断汇入的趋势。根据科技部火炬中心统计系统，截至2017年6月，浙江省共有各类孵化器200余家，其中国家级孵化器59家，国家级孵化器的数量位居全国第3；浙江省的众创空间共计256家，其中国家级众创空间80家。256家众创空间累计集聚大学生创业团队（企业）3472个，留学归国创业团队（企业）409个，科技人员创业团队（企业）1534个，大企业高管离职创业团队（企业）557个，连续创业团队（企业）1340个。[①]这些活跃的众创空间背后，是社会企业在市场需求和政策的引导下成为新的创业教育主体渐进汇入的生动写照。而2015年之后出现的紫金众创小镇，更是这种多类型企业深度参与创业教育的具体实践。其是浙江大学等高校、西湖区政府和其他多种社会组织深度互动融合，在创业实践中共同营造浓厚的"科技创业"主题性创业氛围，吸

---

① 资料来源：浙江孵化器在线，http://www.zjfhq.com/portal/home。

纳、培养各类创业教育人才的一种创业实践和创业教育综合体。

2. 多类型关系渐次形成

第一,家庭亲缘型创业教育:模仿跟随关系。

在多元主体渐次汇入浙江省创业教育的进程中,不同主体间融合互动,由此创业市场中多类型关系渐次形成(见表4-1)。20世纪90年代以前,家庭创业教育在浙江省创业教育中发挥主导性作用,出身于创业型家庭的孩子总是受到家庭创业氛围潜移默化的沉浸式影响。例如,很多温州商人的子女从小在创业家庭的环境中耳濡目染,在离开学校后,或主动或被动地尝试与父辈及其他亲属相同、相似或关联的产业,在亲属们的言传身教中,创业成为很多人很自然的选择(严毛新,2015)。在当时商品市场尚处于供不应求的大背景下,基于亲缘网络的创业教育衍生出大量的模仿型创业。创业教育的"施教者"与"被教者"往往从事的是同类甚至是完全同种性质的竞争行业,而且创业地点选择也时常相近或相同,由此呈现区域性的"集聚式创业"现象,全国很多地方的"温州村"就是这类创业的典型代表。

表4-1 浙江省创业教育四大关系类型及案例

序号	创业教育关系类型	关系描述	关系特点	典型代表
1	家庭亲缘型创业教育	模仿跟随关系	无偿、日常生活渗透、非专业教育、同类模仿	全国各地的"温州村"与义乌小商品市场
2	企业模仿裂生型创业教育	集群竞争关系	无偿、岗位实践学习、非专业教育、同类模仿	嵊州领带产业集群中的企业谱系
3	高校创业教育	从输出关系到互养关系	无偿、理论学习为主、专业教育、非同类模仿	义乌工商学院—义乌淘宝班 温州大学—红蜻蜓店经理成长班 浙江大学—创新与创业管理强化班 浙江农林大学—生态创业课程
4	社会平台空间型创业教育	专业服务及互融关系	有偿或互惠、实践学习为主、专业教育、非同类模仿、多类主体深度互融	浙江省各类众创空间、紫金众创小镇

第二,企业模仿裂生型创业教育:集群竞争关系。

当社会创业教育开始兴起之后,大量的企业出于提升本企业核心竞争力的需要,或被动或主动地对员工进行创业知识的传授和创业能力的培养,特别是一些地区的领军型企业通过内部培养形成了一批技术骨干、营销骨干。这些骨干在各自的岗位上逐渐积累了特定行业领域所需的创业知识和技能,他们很可能在某种机缘下变身为创业者,而这些创业者往往选择与先前企业相同或相似的行业。但是,与之前所述家庭亲缘型创业教育的"受教者"不同的是,这批社会创业教育的"受教者"所接受的创业教育更加系统、规范。因此,当他们"学以致用"时,所模仿的创业行为也更加专业、成熟。例如,作为我国重要的领带产销基地,嵊州市的领带产业集群网络组织内含了许多以不同强度构建起来的企业谱系,其中以佳友谱系最为典型。浙江佳友领带有限公司是嵊州第一家领带企业,曾在其中任职的管理人员、销售人员、技术人员等经过培训掌握了领带企业的运营经验和销售渠道后,跳出来独立创办领带企业,经过几代衍化形成了庞大的佳友谱系(杨轶清,2009)。

第三,高校创业教育:从输出关系到互养关系。

20世纪90年代之后,浙江省各大高校开始渐次汇入创业教育。对很多高校而言,在校内开设创业课程和创业活动的初衷是响应与落实教育行政主管部门关于"提升青年学生创新创业能力,以解决学生就业难问题"的号召。因此,在创业教育关系中,高校与青年学生之间总体体现为单向的"输出""给予"关系,即教师把创业知识传授给学生,帮助其增强创业意识和技能。但在创业教育的深度推进和互动过程中,越来越多的浙江高校逐渐意识到,在校教师与在校学生一样需要接受创业教育。在校师生共同参与创业教育活动,两者之间的知识传递由"单向输出"转变为"双向互养",师生间关系的高度互融不仅能提升学生的综合能力,也大幅度提升了高校的创新创业嵌入度。例如,浙江农林大学于2010年明确提出建设"生态性创业型大学"的发展战略目标,学校通过搭建教学、实训、竞赛、孵化四大平台,形成了贯穿各个学院的平台生态分布(王康、卢晶、李锦威等,2017)。浙江大学以培养"时代高才"为核心,构建了以"IBE"(Innovation-Based Entrepreneurship,以创新为基础的创业)为特色的"全链条式"创新创业教育体系(林伟连、吴伟,2017),通过多年创业教育为社会输送了大批创新创业人才,培养了浙江创业"新四军"中的浙大系。2015—2017年,浙江大学相继入选"全国首批高校实践育人创新创业基地""全国首批创新创业典型经验高校""全国首批深化创新创业教育改革示范高校""第二批双创示范基地"。

第四,社会平台空间型创业教育:专业服务及互融关系。

除了企业的模仿裂生型创业教育之外,社会创业教育系统中还涉及另外两类主体:一类是结合创业者的现实需要,为创业者提供知识培训的各类培训机构。这些机构以收取高额培训费为主要盈利模式,培训时间一般以一天到几天的短期培训为主,培训方式为教师主讲、学员分享、企业参观考察相结合。另一类是以某类平台型企业运营的方式存在,具体表现为众创空间、创客空间及各类创业孵化器,它们中大部分得到政府直接或间接的补贴和支持。这类平台型企业扶持本平台上的创业企业成长,它以获取租金收入、股权投资收入、政府补贴等作为主要盈利模式。与家庭亲缘型创业教育和企业模仿裂生型创业教育不同,这两类社会创业教育的"施教者"与"受教者"更明显地是通过双向自愿选择结合在一起的。同时,"施教者"的创业教育内容也更加专业、高效,创业教育的实施过程更多体现出"双向获利"的特征。根据科技部火炬中心统计系统,浙江省256家众创空间于2016年全年举办创新创业活动7959场,开展创业教育培训4773场,平均每天各类活动和培训多达35场,催生了一批知名品牌的创业活动,如六和桥投融资路演、罗汉创学院"观潮会"、楼友会Big Demo等。[①]

3.多重性网络渐次构建

社会网络理论指出,"社会网络是由某些个体间的社会关系构成的相对稳定的系统"。网络由若干节点和连线构成,节点代表个体,节点间的连线代表个体间的特定关系(蒋海曦、蒋瑛,2014),因节点之间联结方式的复杂性和多维性,构成了多重关系叠加的网络结构。在创业教育语境中,随着多元创业教育主体(节点)的渐次参与,由不同主体之间交互形成的多类型关

---

① 资料来源:浙江孵化器在线,http://www.zjfhq.com/portal/home。

系(连线)渐次嵌入,创业教育的网络结构也由相对单一变得错综复杂。从创业教育的参与主体视角看,网络结构主要可分为亲缘关系网络、产业集群网络、高校集群网络、众创空间网络等;从关系属性看,网络结构又可基本分为知识网络、交易网络、竞争网络、合作网络等。上述网络在创业教育的推进过程中渐次嵌入、交叉重叠、动态演变,形成了特定阶段下立体、多维的关系网络耦合体,进而构建起符合特定情境的创业生态系统。

在创业生态系统中,创业教育各主体产生剧烈"化学反应"的过程,呈现出在核心层、联结层、汇聚层、要素层的跨层次发展特点,不同主体在不同时期汇入并形成汇融合力的过程中,主体结构发生多维度、多层次的改变。创业教育网络中主体性质越单一,网络属性就越简单,嵌入网络中的知识体系也就相对固化与趋同,此时创业教育知识的溢出和共享以经验式知识为主。例如亲缘关系网络、产业集群网络内的主体因亲缘、地缘在创业教育方面往往属于"强联结"关系,而知识网络的同质性又致使主体间的学习以借鉴式为主。适度地进行社会网络关系嵌入、获得社会资本可以使组织更容易获取创业资源和知识,但是社会网络的关系嵌入过度会导致组织产生创业认知偏差(杨震宁、李东红、范黎波,2013)。高校集群网络若局限于高校主体,则同样容易陷入创业教育行为趋同的困局,以开放姿态拥抱地方产业、融入地方市场的高校易吸引不同主体的汇入,从而构建相对复杂的创业教育网络。如图4-3(a)所示,义乌"淘宝班"是义乌工商学院基于小商品市场优势、融入电子商务经济的结果性输出,其以创业者为核心、以创业过程为联结,汇聚了高校、小商品市场、家长等多元主体,主体交互过程中产生的情感关系、交易关系、支持关系渐次汇入形成具有义乌地方特色的创业教育网络。整体而言,汇入创业教育的主体的异质性越强,其知识结构差异性就越大,主体碰撞过程中便会无限拓宽知识域、合作域、创新域,由此构成利于激发多重网络效应的创业教育网络。如图4-3(b)所示,与义乌"淘宝班"相比,紫金众创小镇除高校外,还汇入了政府、企业、民非组织等不同主体,主体间异质性大且交互方式和嵌入模式错综复杂,交易关系中新增投资、孵化等关系,高校的创业导向关系和科研驱动关系替代了原有相对薄弱的支持关系。此外,政策、场地、资金、技术、人才等创新创业要素也得到进一步保障,由此构成的复合型创业教育网络进一步衍生为涵盖社会、经济、文化效益的多重价值网络。值得注意的是,浙江省于2014年首推特色小镇概念,截至2018年8月已相继公布3批省级特色小镇创建名单(共计108个),与强调生产功能的产业集群相比,特色小镇集聚产业、文化、旅游、社区等多种功能,是多主体聚合、多要素集聚的创新空间体,由此进一步增加了创业教育网络结构的复杂性。

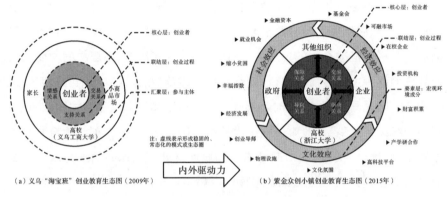

图4-3 从义务淘宝班到紫金众创小镇的创业生态系统演进

如上所述,浙江省创业教育实践的突出经验,在于根据时代发展背景,适时用政策手段、组织保障、文化引导等方式,让各主体以恰当方式参与进去,并促使各主体发挥所长、有机融合,形成"汇融式创业教育"的本土特色。

(二)需求诱致:浙江"汇融式创业教育"演进诱因

1. 创业市场中创业教育要素短缺的需求诱致

制度变迁理论指出,"新的收入流是制度变迁的一个重要原因"。在创业市场中,当某类创业元素较为活跃后,相关创业活动的现实和潜在收益就会日益凸显,由此带来滞后性创业元素的主动补齐或者变相补齐。浙江省如火如荼的创业实践活动引发多元创业教育主体的主动汇入,本研究认为,创业市场中要素短缺的需求诱致是浙江省"汇融式创业教育"演进的核心机理。这种要素短缺的需求所产生的内生变量,导致非均衡力量自发地进展。因此,浙江省高校在落实上级教育行政部门的创业教育要求过程中,会主动对接市场需求,突破性地在不同阶段做出大胆尝试。

2009年"淘宝班"出现在义乌工商学院而非浙江省其他高校,因在中国互联网营销初生时代,义乌小商品市场中的大量创业者并不具备网络营销知识,而传统的家庭亲缘创业教育在网络创业项目学习中往往"无能为力",在创业市场中这一教育需求无法得到满足的情况下,很自然地诱致了毗邻的高校加快汇入,以填补空白。于是紧贴义乌小商品市场的义乌工商学院很自然地承担起这一阶段性的历史使命。基于同样的原因,多年前,温州当地企业主动与温州大学合作提升企业中管理人员的创业素质,从而开办了包括"红蜻蜓店经理成长班"在内的各类特色班。浙江大学则早在1999年就开办了创新与创业管理强化班,2002年成立未来企业家俱乐部,旨在培养潜在的商业领袖和管理精英。高校的上述做法在实践中得到了企业的积极响应,因为在"跨边界网络整合是全球化背景下集群企业获取能力提升源泉的关键途径"的大背景下(徐蕾、魏江,2013),与高校等各类创业教育主体深度互动,很容易成为企业拓展知识网络、实现多维边界突破的低成本举措。在社会创业教育方面,因满足创新创业的各类需求而衍生出了多种组织服务模式,如浙江省众创空间以市场需求为导向,形成了培训辅导型、投资驱动型、媒体驱动型、专业服务型等发展模式。其中,服务创业、创新、创造的"三创汇"每月举办两次创客与投资者的交流活动,其间用"拍砖"的方式对创业者提意见,形成了特有的"拍砖文化"。综上,创业市场中创业教育要素短缺的需求诱致性变迁,充分体现出个人、高校、企业与社会组织的力量对创业教育的原始推动作用。

2. 高校创业教育实用性强化的需求诱致

中国高校创业教育的历史作用是伴随着中国高等教育毛入学率的持续提高而不断提升的。2017年,我国高等教育毛入学率已达到45.7%[①],正处于大众化迈向普及化的快速发展阶段。青年人是当今社会中最具创新意识的群体,也是最贴近时代脉搏的群体,当越来越多的青年群体在大学里度过

---

① 资料来源:教育部,《2017年全国教育事业发展统计公报》。

4年青春甚至更长时间的时候,他们之中有关创业问题的想法和行为就不再是个体问题,而成为一个非常重要的社会问题。本研究在近几十年的高校工作实践中发现,在入学时就有明确的创业意向或者有家族生意要"接班"的学生的比例越来越高。在此形势下,"如何让高校教授的知识更实用"这一命题,在很多高校的创业教育语境下衍生出了"高校教授学生的创业知识和技能也应更实用"的内容。显然,由于我国高校治理体系相对封闭,高校与市场主体的接触相对较少,高校内具有创业经历的师资也较为匮乏,而在世纪之交的高校管理体制改革中,原行业部门所属的行业办高校大部分都被纳入教育部或省区市教育机关主管范围,改制之后的行业办高校打破了依托行业办学的传统模式,却并未及时形成与地方经济社会发展相适应的新的人才及技术供需体系,高校与行业之间因失去相互依托而更为疏离(李轶芳,2010),由此,高校承担的创业教育任务就难以完成。

本研究认为,浙江省在破解这一难题方面有自己独到的做法与成效,其重要推动力在于浙江省高校系统实用性难题破解的需求诱致。2017年,浙江省高等教育毛入学率为58.2%[①],这意味着适龄青年每百人中就有58人在读大学。与国内诸多省份相比,浙江省民营经济相对发达,除了公务员和事业单位工作人员之外,国企员工"铁饭碗"的数量少。因此,当大学生入学率日益提高,大学生"天之骄子"光环渐渐褪去的时候,毕业之后的去向和出路问题就越发明显地摆在浙江百姓面前。受高校实用性欠缺难题破解的需求诱致,在内生变量的影响下,浙江高校不自觉地更加愿意与各种可能的外部创业教育主体展开合作,然后沿着各自特色的非均衡的发展路径前进,从而形成一种持久性的外部推动力,使得源自高校外部或者学生群体中的变革性需求高效地转化为高校创业教育的改革措施并得以迅速扩展。本研究认为,无论是义乌工商学院当年顶住各方争议在校内开办"淘宝班",还是浙江大学在紫金众创小镇中大胆推出的很多具有创新性的创业教育做法,其内在的深层机理都是源于高校实用性难题破解的需求诱致所产生的高校与外部主体主动合作的持久性推力。通过对国内部分省份高校的对比性访谈和

---

① 资料来源:浙江省统计局,《2017年浙江省国民经济和社会发展统计公报》。

问卷调查,本研究总结了如下概要结论:浙江省高校在开展创业教育过程中更加重视对大量群体的普适性辅导而非对重点创业者人群的集中性投入;对于活跃在学生中的校园"微创业"行为更具包容度和支持度;通过创业实践获得盈利以维持其日常生活的学生人数比例相对较高;大学生在创业过程中主动与校外人士展开合作的意愿和执行力也相对较强。从省内视阈看,各地高校在开展创业教育过程中的地域差异也非常明显,如杭州、温州、宁波、金华等地高校的创业教育实践清晰地呈现出各自深度扎根于区域产业经济的特征。

浙江省高校在创业教育的务实管用性方面虽已取得阶段性成效,但仍存在过于关注比赛获奖等外在显性的指标和项目,使创业教育易陷入"盆景化""指标化"误区。首先,在创业大赛中,高校普遍对获得省级、国家级荣誉的学生及指导教师的奖励过大,导致很多高校出现为获奖而参赛的现象,创业大赛的过程和目的明显异化。其次,在创业园建设方面,存在过度与考核加分指标和专项拨款挂钩的情况,使得部分大学生创业园徒有其名,实效性作用有限。同时,教育行政部门过于看重对创业学生比例的统计和宣传,致使部分高校偏向于从增加统计数字的角度促进大学生创业教育,这在一定程度上导致大学生创业的"低层次性"和"弱持久性"。此外,部分高校对于"吸引眼球"性质的学生创业项目关注过多、投入过大,常常给予全程式的指导以助其持久运行;相对而言,在学生创业意识的群体性培育和特色创业教育项目实力的全方位提升方面则投入不足。资源投入的相对失衡使得很多高校的创业教育陷于低效、重复、非专业困境,在大量的借鉴式学习过后容易出现高度趋同、"多校一面"的情况。

3. 行政部门多重复合性互动的需求诱致

在推进创业教育的进程中,各级政府扮演间接主体的角色,其主要作用是帮助家庭、学校、社会组织等直接主体获取必要的制度安排,推动创业教育制度供给积极变迁,实现创业教育的良性发展。由于直接主体的行为易带有自发性、趋利性的特点,甚至出现搭便车、外部效应及寻租等现象,从而不利于创业教育制度变迁的良性发展,此时需要各级各类政府部门结合不同地区不同时期的具体问题进行适当的制度调适。在我国市场经济的基础性作用尚未得到完全发挥，产业转型升级的任务使命压力巨大的现实背景下，各级各类政府部门的需求明显存在差异化、多变化、动态化等，而各类需求的多重复合互动对家庭、学校、社会组织等创业教育直接主体的行为会产生深刻影响。

在各类创业教育政策供给中，本研究认为，共青团中央、教育部和各地市县出台的政策相对而言最为有力。20世纪90年代末，共青团中央首先吹响了中国高校创业教育的号角。1999年，首届"挑战杯"全国大学生创业计划竞赛开始举办。随后，高校创业教育进入教育行政部门引导下的多元探索阶段；2002年教育部在清华大学等9所大学开展创新创业教育试点工作；2008年教育部通过"质量工程"项目，又立项建设了32个创新与创业教育类人才培养模式创新实验区。自2010年开始，高校创业教育步入全面推进阶段，教育部相继颁发了《关于大力推进高等学校创新创业教育和大学生自主创业工作的意见》《普通本科学校创业教育教学基本要求（试行）》等重要文件以推动创业教育规范化、制度化发展，2012年创业教育课程被列为高校必修课。2015年，国务院颁布《关于深化高等学校创新创业教育改革的实施意见》，这也标志着我国高校创业教育迈入国家统一领导下的深入推进阶段（王占仁，2016），2017年1月与6月教育部相继公布了首批99所和第二批101所"深化创新创业教育改革示范高校"的认定工作情况。本研究认为，解决高校连年扩招带来的就业难问题是推动教育部持续多年开展创业教育工作的重要影响因素，世界各国的实践均已证明，创业活动具有解决创业者自身就业及创造社会就业的双重功效。高校创业教育的教育对象在指向性上非常明确，最初为在校大学生，随后扩展到一定年限范围内的毕业生，部分高校已逐渐扩展到本校教师，还有少部分高校尝试面向社会上的创业者。

在推进创业教育的进程中，发挥重大作用的另一类政府主体是基层市县的地方政府，尤其是民营经济发达的市县。由于地方政府在长期实践中已深刻体会到鼓励民众创业对于促进本地经济发展、增加税收等方面的巨大价值，当国家部委对创业活动和创业教育推出明确政策之后，他们会自然而然地做出积极响应，推出更为细化、更具针对性的相关政策，并将创业教育和引导本地区产业发展与转型升级工作深度结合。在此过程中,浙江省作为一个创业民风坚实、创业市场发育完善的省份,其响应的热度明显更高。例如,杭州自2008年就开始实施《杭州市大学生创业三年行动计划》,已取得了显著成效。配合三年行动计划(2017—2019年),《杭州市大学生创业资助资金实施办法》于2018年5月正式发布,实施办法详细解释了获得无偿资助和扶优资助的政策细则。此外,绍兴于2011年发布《关于进一步促进以创业带动就业的实施意见》,2018年发布《关于进一步促进高校毕业生就业创业工作的实施意见》加快培育创新发展的中坚力量。温州于2016年发布《温州市区支持大众创业促进就业实施细则》,2018年公布"温州创十条",全面推行创业就业福利。[①]整体而言,浙江省各市县在扶持创新创业方面不遗余力,充分体现了对浙江省"八八战略"与以"创新"为首的五大发展理念的积极响应。

随着国家各部委关于支持创业、推进创业教育的各项政策持续推出,浙江省各级政府分别从各自实际推出相应具体政策后,多重复合性需求导向对家庭、学校、社会组织等创业教育直接主体很自然地发挥出了积极的影响。这些复合性的制度供给促使浙江省各类创业教育直接主体积极作为,化解创业教育现实困境,从而不同程度地降低了现行成本,获得了现实或潜在的收益。各主体在复杂互动关系中实现了一种共赢共生的合力效应。例如义乌"淘宝班"在不断孵化淘宝电商的同时,也反哺了义乌小商品市场的发展,义乌工商学院也因其出色的创业教育被评为"创业型大学"试点院校。再如,紫金众创小镇在为创业企业提供平台的同时,还促进了浙江大学校科研成果的积极转化,当地政府也因此交出了产值、税收、就业方面的亮眼成绩。

---

① "2018温州创十条":办好2018创博会、打造高校毕业生创业工坊、提升家政服务水平、加大创业担保贷款力度、派送创业就业大礼包、开展创业大赛、开展创业巡回宣讲、营造创业文化氛围、开展创业课题研究、强化失业保险支出。

（三）融合共振："汇融式创业教育"演进展望

1."去中心"主体架构的针对性培育

回首中国创业教育发展历程,中心化特征一直非常显著。在各个阶段的创业教育生态系统中,存在以某一主体为核心,其他主体为节点,中心决定节点、节点依赖中心的情况。例如,在改革开放后至20世纪90年代末的相当长的时间里,家庭创业教育一直占据着中国创业教育的中心地位。在该阶段,相当比例的创业者受亲戚朋友影响走上创业之路,这些创业者或自行摸索,无师自通,或跟随学习,模仿而为,创业群体则常常表现为集聚而为、相互帮衬。而在20世纪90年代初之后至21世纪初的很长时间里,随着一大批中大型生产或服务型民营企业的兴起,家庭亲缘网络之外的社会创业教育开始在创业教育中心化结构中扮演重要角色。在该阶段,很多民营企业中的优秀骨干将自己在岗位上的实践工作心得,直接转化为个体的创业学习心得,把握机会,在离开企业后走上自主创业的道路。这些创业者通过深度模仿、局部优化,与原企业形成一种既相互竞争又有序合作的关系,客观上共同推动了本地区产业的良性发展。本研究认为,浙江省部分特色小镇正是在家庭创业教育、社会创业教育共同占据中心地位的背景下孕育和发展起来的。

从21世纪开始,高校创业教育的作用开始显现,部分高校成为促进本地区创业的有力主体并逐渐发挥出独特价值。比如,义乌工商学院的"淘宝班"对互联网创业模式的探索式贡献,温州大学等高校校内创业园对传播创业理念和知识的引导式贡献,浙江大学对促进项目与资本互融以实现科技创业的突破式贡献。整体而言,我国创业教育发展历程中的政府推动性特征较为明显(严毛新,2011)。但是在政策强势导引的背景下,高校创业教育与社会对接深度不足,即浙江高校虽已取得显著成绩,但在创业生态系统中的整体作用还十分有限。随着创业教育的持续深化,更多主体汇入并形成多元驱动、并行发力的格局,其中民非组织的力量不容忽视。民非组织尤其是行业协会、校友会等因其组织特性,组织成员之间往往存在以信任为强联结的情感纽带,这利于创业氛围的营造。另外,民非组织也是信息中心,汇集各类产业信息、企业信息等,利于促进创业要素市场中信息不对称问题的解决,利于创业机会的捕捉。

如上所述,创业教育的发展历程同时也是创业教育主体"中心"的迁移过程,"家庭中心—社会企业中心—高校中心—民非组织中心"的演进脉络根植于不同阶段的社会经济现实情况。随着网络服务形态的多元化,创业教育网络结构中的每个节点都具有高度自治的特征,每个节点都可能成为一个"小中心"。从"去中心化"的演进趋势看,创业教育将经历从单一中心到多中心再到平台化的发展过程,各主体在创业教育网络中的分工将越发专业。

2."并行式"协同结构的互通性完善

在以往的创业教育历程中,囿于时空限制,各类主体汇入创业教育时存在先后时滞,嵌入创业教育网络时也存在程度差异,同时创业信息孤岛问题较为常见。随着信息技术的发展,创业教育主体存在的网络空间呈现扁平化趋势,这也意味着主体之间的接触渠道不断缩短,要素之间的耦合概率大幅提升,传统"递进式、时序式"的创业教育操作被一再打破,由此"汇融式"创业教育在网络结构上呈现"并行式"发展趋势,具体表现为两个方面:一是主体并行,即创业教育主体汇入的速度加快,同一时期存在多个主体中心的可能,即家庭创业教育、高校创业教育、社会企业创业教育等并行发展。例如,2017 年 10 月,浙江大学牵手腾讯实施战略合作,共建浙大紫金众创小镇·腾讯云基地人工智能与大数据众创空间[①],高校主体和社会企业主体实现并行与互融。二是程序并行,即创业项目在实施步骤上有多环节"并行"展开的可能。例如,技术研发与项目融资可同时进行,由此优化了项目推进的流程,降低因等待产生的时间成本。

兼具"主体并行"与"程序并行"的创业教育网络结构客观上要求存在异

---

① 资料来源:浙大牵手腾讯云,在紫金众创小镇打造了个超酷的众创空间! http://www.sohu.com/a/201260435_166896。

质性的多元主体和多个项目实现目标协同,这就需要加强主体间的信息互通,丰富沟通场景,创新沟通媒介。自组织理论指出,系统各要素之间的协同是自组织过程的基础,系统内各序参量之间的竞争和协同作用是系统产生新结构的直接根源。当创业生态系统走向稳定有序的状态时,创业教育主体以自组织的常态化形式存在,创业团队也更多地表现为自组织团队,团队成员的组合与退出机制相对灵活,主体间的沟通方式常以自发、短频、直接、高效为主导价值取向,如众创空间内各种自发形成的项目路演。在紫金众创小镇项目路演中心,创新创业沙龙因需而办,既为各位创业者提供了政策解读、经验分享、项目展示的平台,也为创业者嵌入紫金众创网络提供了着力点。从演进趋势看,"并行式"结构应以扁平化机构和自组织团队为基础,以共创、共享、共治为核心理念,以涨落与突变的互变关系为发展动力,建立健全竞争与协同的运行机制(陈建录、李瀑菲,2018)。从沟通媒介看,需要推动新技术、新范式在网络群体互动中的高频应用,例如,区块链技术因其"去中心化、开放性、自治性"等特征,与"汇融式创业教育"的演进趋势不谋而合,加快区块链等新技术在创业教育中的深度运用是新时代创业教育的内在要求。

3."共享型"服务平台的开放性建设

本研究认为,在今后20年中,其他主体(如民办高校、中小学、民非组织等)将渐次深度汇入中国创业教育领域,并发挥重大作用。在此过程中,要更好地发挥出不同创业教育主体各自的活力,从家庭、学校、社会组织多个角度全面影响不同年龄阶段公众的创业意识,使不同个体可以根据内在需要更为方便地获取创业知识和技能,则创业教育服务公共平台的建设就显得非常必要。"共享型"创业教育服务平台建设应当与现有的区域性企业集群发展进一步融合,由于集群企业知识网络地理边界拓展有助于获取、吸收地理边界外部网络内的异质性、互补性知识以实现创新能力跃迁(徐蕾、魏江,2014),因此,"共享型"创业教育服务平台的建设将会进一步提升集群企业中创业者成长的持续贡献度。从主体分工专业化的发展趋势看,创业教育服务公共平台建设有利于实现"整体趋同型创业教育"向"差异分化型创业教育"的积极转向,有利于有效解决如何鼓励引导民非组织汇入、如何实现各类创业孵化器与高校深度互动融合、如何逐步将中小学创业教育纳入创业教育体系、如何从制度层面构建行政机构与各类机构在创业教育中的新型互动关系等多种问题,在此基础上制订有本土特色的开放互动式内涵发展方案。

目前,创业教育服务平台已渐有雏形,具体表现为省级教育行政主管部门及各类创业孵化器。但现有服务平台在运行过程中仍存在以下问题:一是缺乏针对共性资源的互通机制。因平台呈分散式碎片化存在,导致高校需要创业教育实务导师时缺乏供给保障,企业需要理论指导时缺乏有效对接。二是缺乏针对核心资源的共享机制。例如在当前制度下,社会公民的个体创新思想无法在国家公共财政投入的实验室内得以尝试和实现。因此,建立公办院校和科研院所实验室的开放性使用制度,会对鼓励创新创业产生重大意义。三是缺乏支撑创业项目的高效融资机制。当前各类融资诈骗案件的高发使公众的投资选择变得更为谨慎,由此影响了创业项目资金的持续输入。本研究认为,从培育创新创业社会角度来看,应当在加强社会信用体系建设的基础上,逐步建立起鼓励社会公众投资各种新创企业或新创项目的机制。通过拓宽社会融资渠道,创业者更容易以较低门槛获得资金支持,个体投资者也因"聚少成多"实现投资风险最小化。从社会效益看,更多公众借投资创业项目间接参与到创业队伍中,这也意味着全社会创业意识的大幅度提升。鉴于上述问题,可知实现"汇融式创业教育"亟待开放型公共服务平台的建设,从而在推动资源共享的同时保障创业教育服务的精准供给。

四、创业教育主体的关系重构研究

2020年,习近平总书记在向世界互联网大会致贺信时指出,互联网对促进各国经济复苏、保障社会运行方面发挥了重要作用,要把握信息革命历史机遇,培育创新发展新动能,开创数字合作新局面。中国互联网络信息中心(China Internet Network Information Center,CNNIC)发布的《中国互联网络发展状况统计报告》显示,2020年我国互联网用户规模为9.89亿,互联网普及率达到70.4%。[1]我国互联网用户数量已位居全球第一,网络大国向网络强国的迈进同时也带来了互联网创业的蓬勃发展。阿里研究院发布的《创新飞跃的五年:十大关键词解读中国互联网》报告指出,在全球十大互联网上市公司中我国占据3席,独角兽企业数量占全球的近3成,我国已跻身全球互联网第一层级。[2]随着互联网经济与实体经济的深度融合,互联网及其相关软硬件正日益成为社会经济活动的基础设施,并不断为社会个体创新创业活动赋能,可见互联网已经成为新时代社会个体创业的重要途径(赵振,2015)。

随着互联网创业时代的到来,以培养创业人才为目标的创业教育也在对此做出积极响应,如"互联网+"大学生创新创业大赛、创青春大学生创业大赛等众多赛事有效激发了大学生的互联网创业热情。值得注意的是,我国互联网创业正逐步由"模仿创新"走向"自主创新"重要阶段,在此过程中,知识与技术迭代加速、商业模式创新周期缩短、市场信息的对称性加强、人才对组织的依附性降低,上述变化对我国创业教育在主体构成、组织方式和

---

① 资料来源:图解|一图读第47次《中国互联网络发展状况统计报告》,https://www.thepaper.cn/newsDetail_forward_11304902。

② 资料来源:阿里研究院,《创新飞跃的五年:十大关键词解读中国互联网》,http://www.ebrun.com/20171009/249017.shtml。

内容输出等方面都提出了更高要求。基于互联网背景的创新创业行为往往需要得到技术、知识、人才、资金等多元要素更为快速的积极响应,而家庭、企业、高校等单个创业教育主体已无法有效满足互联网创业对要素类型和响应速度的双重诉求,各类创业教育主体产生深度、多样的互嵌交融将是必然趋势。在此背景下,创业教育主体之间需要打破原有界域,根据新的创业市场诉求重构网络关系,在主体能力域范围内找到新的关联方式以共创价值。基于上述认识,本研究重在探讨互联网背景下创业教育主体关系的重构动力、重构趋势和重构价值,以推动我国创业教育真正赋能互联网经济的健康发展。

(一)重构的动力:创新创业市场的驱动变迁

从社会学角度看,教育生态系统本身是由多元主体构成的,我国创业教育在近30年的发展历程中也呈现了家庭、企业、高校等主体渐次汇入的特征(严毛新、厉飞芹,2018)。各主体在不同的历史阶段发挥了创业教育的作用力,由此形成了具有主体差异性的创业教育模式和网络关系。市场需求激发形成价值网络创新的动力(易开刚、厉飞芹,2017),正是创新创业市场的需求驱动使得该阶段的创业教育产生时代价值。互联网创业时代是一个"技术为核、知识迭代、人才高能、模式裂变"的时代,原有经验熏陶型创业教育模式(以家庭为主体)、模仿跟随型创业教育模式(以企业为主体)、知识讲授型创业教育模式(以高校为主体)正面临低效的困境。

1."技术驱动"削弱家庭创业教育的经验优势

从完整的教育体系看,家庭是子女的第一所学校,家庭教育是孩子各项意识的启蒙源。对于大部分青年创业者来说,来自原生家庭的阶层背景是重要的参照标准,朋辈群体是主要的参照对象(邢超、祝仁涛,2018)。改革开放初期,原有经验熏陶型创业教育模式在我国创业教育中发挥了主导性作用,出身于创业型家庭环境中的孩子容易受到家庭创业氛围潜移默化的沉浸式影响。例如,很多温州商人的子女从小在创业家庭的环境中耳濡目染,在亲属们的言传身教中,创业成为很多人自然而然的选择(严毛新,2015)。家庭创业教育依赖于亲属朋友之间高交集、高密度的"血缘"与"地缘"关系(吕静、郭沛、程健,2018),因此往往具有自发性、内隐性等显著特征,通过"血缘""地缘"关系获取的经验优势衍生出了大量如"温州村"类的创业群体,他们行业选择相近、地点选择集中、创业过程中彼此简单模仿学习的特征明显。在改革开放初期"供不应求"的市场环境下,市场机会多、创业空间大,源于家庭创业教育的经验优势充分发挥了创业驱动力作用。

随着互联网创业时代的到来,市场信息的透明度加强、资源的可获取渠道加宽,原有家庭亲缘式的经验创业、人脉创业的竞争力大幅降低。进一步分析看,随着"互联网+"的深度发展,线上流量红利(互联网用户增速放缓)和线下人口红利(劳动力成本迅速提升)正逐步消失,基于革命性技术进步或者进化性技术改善的技术性创业在互联网创业时代迎来历史机遇期。比如,时任阿里巴巴集团副总裁刘松于2018年指出,从全球看,除了中东和马来西亚,其他地区的创业公司80%都是由技术创业驱动的。在阿里巴巴集团于2017年举办的"诸神之战"大赛中,国内65%的参与者都是技术创业者。[1]可见,技术性创业已经成为一种新的趋势,人工智能、云计算、混合现实、量子计算、3D打印等互联网新技术的应用范围和深度将进一步加强,而新技术交叉点上也将涌现出大量的创业机会。在此背景下,传统家庭创业教育下获取的经验优势已无法有效满足互联网创新创业市场的技术诉求,显然,拥有创新技术的创业者将拥有更大的市场机遇,而丧失技术优势的创业者则很难分享新兴市场的蛋糕。

2."模式驱动"削弱社会创业教育的模仿优势

随着我国改革开放的深入,市场经济的活力被大幅度激发,大量的企业出于提升本企业核心竞争力的需要,或被动或主动地对员工进行创业知识的传授和创业能力的培养,特别是一些地区的领军型企业通过内部培养形

---

① 资料来源:常皓靖,李双宏.阿里副总裁刘松:技术创业将成为下一个互联网风口,https://baijiahao.baidu.com/s?id=1604163543661659637&wfr=spider&for=pc。

成了一个技术骨干、业务骨干队伍,这些骨干在积累了特定行业领域所需的创业知识和技能后变身为创业者,成为该领域产业集群网络中的一分子。例如,作为我国重要的领带产销基地,嵊州市的领带产业集群网络组织内含了许多以不同强度构建起来的企业谱系,其中以佳友谱系最为典型。浙江佳友领带有限公司是嵊州第一家领带企业,曾在"佳友"任职的管理人员、销售人员、技术人员等经过培训掌握了领带企业的运营经验和销售渠道,跳出"佳友"后独立创办领带企业,经过几代衍化,形成了庞大的佳友谱系(杨轶清,2009)。类似佳友谱系的创业群落是社会创业教育的结果,由于市场供给未达到饱和,由企业知识和技术溢出产生的模仿跟随型创业尚存在大量市场机会,相似企业犹如细胞分裂般不断增加,逐步形成了存在竞合关系的产业集群网络。

随着互联网创业时代的到来,大数据打破了诸多行业的信息不对称情况,商业模式创新周期大幅缩短(罗珉、李亮宇,2015),上述变化使得模仿跟随型创业的利润空间和市场空间都被大幅压缩,"模式"取代"模仿"成为创新创业市场的重要驱动力。例如,在"共享"这一创新理念下,互联网创业市场快速响应并裂变出了共享出行、共享医疗、共享空间、共享金融等新型模式,由此在短时间内造就了OFO等一批独角兽企业。然而,值得注意的是,商业模式快速迭代在创造市场机会的同时也大大缩短了"复制粘贴型"创业企业的生命周期,提高了模仿跟随型创业的市场淘汰率,例如,"共享出行"领域的大量单车品牌在市场容量达到急剧饱和的情况下被迫退出市场。互联网行业看似一片蓝海,实则小型企业的生存空间已经非常狭窄,真正的市场大蛋糕早已被行业领军企业快速抢占与分割。

在互联网创业语境下,除了单个企业较难通过模仿获得市场机会之外,传统的产业集群网络也因互联网虚拟市场的存在而逐渐"式微";依靠产业集聚获得的区域品牌优势、交易成本优势被削弱,由相似或相同创业项目形成的产业集群走向以某一核心企业为主体、周边或上下游企业为补充的圈层式创业系统,企业间的网络关系在"竞合"的基础上增加了生态链互补。在此背景下,依靠单项学习实现的模仿跟随型创业面临被专项能力整合后的互联网平台式创业取代。例如,从阿里巴巴离职后创业的员工不是模仿原有业务再造一个阿里巴巴,而是通过模式创新积极融入阿里巴巴的商业生态圈,成为业务合作伙伴以共创、共享价值。

3."实用驱动"打破高校创业教育的知识优势

我国高校创业教育起步于20世纪90年代末,在实践方面可以追溯到1998年清华大学举办的第一届创业计划大赛。一直以来,高校都是我国创业教育的核心主体。中国知网数据库显示,2010—2020年10年间,以"高校创业教育"为主题的中文学术论文达12660篇,其中近5年论文数量增幅显著,总占比约为79%,课程体系、建构模式、实现路径等是高校创业教育的研究热点。整体而言,我国高校创业教育以知识讲授型模式为主,施教者(教师)通过实习、调研将企业实践升华为知识后传递给受教者(学生),这些创业知识和技能具有一定的稳定性、普适性,需要受教者在实践中将知识具体转化和应用。与家庭创业教育和社会创业教育相比,高校创业教育向学生输出的知识更为显性、全面、规范,在一定程度上弥补了"经验式创业"和"模仿式创业"存在的系统知识缺陷,但同时也存在着"纸上谈兵"过多、贴近现实不足的问题。

知识传授型教育是建立在工业化时代,知识短缺的基础上的教育模式。随着互联网时代的到来,知识的更新迭代速度加快,知识和技能的稳定性在不断被打破,短频式、裂变式的创业实践层出不穷,互联网经济的应用导向使得创新创业市场对高校创业知识的实用性和变现能力提出了更高诉求。在此背景下,高校知识讲授型的创业教育囿于两大困境:一是知识更新的相对滞后,二是知识体系的相对趋同。随着高校之间互动交流的加强,在创业教育领域逐步形成了高校集群知识网络。高校在集群网络中的学习模式主要为借鉴式学习,吸收的创业教育知识与已有的知识具有较大的相似性,常常体现为对已有知识的深化和已有能力的拓展,如优化创业课程教育设置、改善创新活动开展方式等。借鉴式学习的强度如果过大,容易引发集群内高校创业教育发展模式的集体趋同和路径锁定,从而降低创业知识的鲜活度和异质性(严毛新、厉飞芹,2019)。在互联网创新创业市场的实用驱动导向下,高校创业教育的知识优势正被逐步打破,高校原有"实践到理论再到实践"的长周期教育模式急需转变为对接互联网市场需求的前置式、实效性的创业教育,云存储、云计算、大数据应用、可穿戴移动设备、物联网等议题应深度融入高校创业教育中。仅仅在杭州,已有的湖畔大学、量子大学、阿里商学院、西湖大学,以及一批蜂拥而入的海外商学院,正是对实用性诉求的众多现实回应形式之一。

(二)重构的趋势:创业教育主体的多样式关联

创新创业市场驱动力的变迁,使得原有创业教育主体的传统优势被逐步削弱,各类创业教育模式中的经验优势、模仿优势、知识优势已无法有力支撑互联网时代的创业实践。为适应互联网创业市场新诉求,创业教育主体要主动打破边界,找到与其他主体的结构关联点和互动交集区,并以核心资源与优势嵌入创业教育关系网络中,重构深度融合的网络关系(见图4-4),由此呈现出更为多样的关联形式,其中以下3类关联形式最为突出。

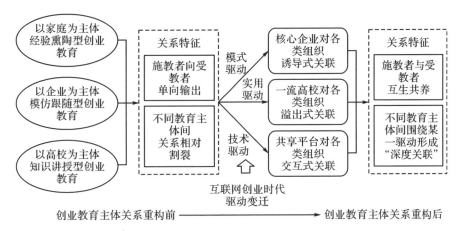

图4-4　互联网创业时代创业教育主体的关系重构前后对比

1.核心企业对各类组织的诱导式关联:集聚

信息技术的充分应用使得B2B、B2C、C2C等虚拟市场得到快速发展,由此改变了部分企业的组织形态,即企业可以借助互联网平台实现虚拟空间上的形式"集聚",从而淡化了在物理空间上进行产业集聚以达到市场共享的诉求。在此背景下,以前"产业集聚"(业务同质型集聚)模式的优势,逐渐被"生态圈集聚"(业务互补型集聚)模式的优势所取代,企业间因业务相似而产生的互引式关联演化为互联网创业生态圈中核心企业对各类组织的诱导式关联,在模式诱导中形成创业教育主体的集聚趋势,其作用过程表现为:在互联网领域实现首发模式创新的核心企业往往获得超常规发展并快速建立创新壁垒。为得到创新要素的快速响应,在很多行业中经常会出现在一定的时期里"赢者通吃"的现象,核心企业迅速构筑起以自己为中心的生态圈。在此过程中,如果核心企业能够基于生态位优势充分发挥好创新极的扩散功能,就能对其他相关主体产生强大的辐射力和带动力,诱导一批高校、企业、政府部门等各类组织嵌入其网络体系中,从而形成受"模式驱动"的创新创业生态圈。在该生态圈中,核心企业作为创业教育主体对其他组织实现商业模式和市场机会的双重输出,而各类组织也将通过平台式学习成为互联网商业模式裂变的获利者,多主体在生态圈上重新建立了交互协同的网络关系。

在新的发展阶段,一部分互联网平台企业很容易扮演创新创业生态圈中"核心企业"角色,其中一些处于领导地位的平台企业以构建价值平台为基础,撬动生态圈内其他相关主体的资源和能力等优势要素,营造出一个由平台提供经营活动场所和众多支撑服务的动态结构系统,通过协调用户之间的关系,优化平台企业内外部要素配置,实现跨界竞争和创新发展(Abbott et al.,2016)。以阿里巴巴集团旗下的阿里云平台为例,阿里云以提供全方位的云计算服务为核心模式,为实现全网用户覆盖,建立以阿里云为核心的"云生态圈",阿里巴巴集团于2014年主动推出并实施"云合计划",诱导各个云服务商嵌入阿里云体系。"云合计划"推出至今,我国大型IT公司大多与阿里巴巴集团有深度合作,信息技术提供的服务商及用户与阿里云电子商务平台形成了互补(杨灼明,2017)。值得注意的是,在发挥核心企业作用的同时要注意对核心企业专项支持与反垄断的平衡把握,鼓励建立不同模式的多样化生态圈,以避免企业逐利带来的互联网健康状态失衡。

2.一流高校对各类组织的溢出式关联：扩散

2020年，我国高等教育毛入学率已达到54.4%，高校创业教育仍是培养创新创业人才的重要途径。世界高等教育的经验表明，从全球范围看，世界一流大学的一流学科必然能够产生一流的科技知识，创造一流的知识资本。拥有一流学科的一流大学不仅学科水平领先，还会成为一流科学研究的重要基地及高科技成果的转化基地，如斯坦福大学的电子工程学科因成就了"硅谷"而闻名世界（王志强、李菲，2016）。在互联网创业时代，一流高校聚焦于互联网领域前沿知识的研发与应用是推动互联网创业项目孵化的有力保障。在硅谷，高校仍是互联网创新力量的重要源泉，如加州大学伯克利分校为硅谷培养了英特尔创始人戈登·摩尔、苹果公司创始人斯蒂夫·沃兹尼亚克。如今高校聚焦于人工智能的革命性创新，如斯坦福大学孵化的Subtle Medical（深透医疗）利用AI技术将癌症诊断与检查的成像速度提高了4—10倍。[①]

鉴于硅谷高校创业教育的有益经验，在创新创业市场的"实用驱动"下，我国高校需要更为深度地嵌入互联网创业网络，在与市场主体的频繁互动中加速知识的迭代升级，推动"知识讲授型创业教育"向"前沿知识开发应用型创业教育"转化。尤其随着我国"双一流"大学建设工作的推进，一流高校更应该充分发挥优势积累效应，承担起互联网前沿知识创新源头的重要责任，造就一流的学术创新生态系统，从而使互联网领域大量的高科技、应用型知识的溢出成为可能，由此形成一流高校对各类组织的溢出式关联，在应用型知识的扩散中强化创业教育主体的互动。

一流高校对各类组织的溢出式关联具体表现为：一流高校聚焦互联网领域应用型知识的持续积累和重大突破，由此形成该领域独一无二的学术权威；互联网领域高水平应用型知识的溢出和扩散将吸引企业、政府等相关组织加入，促进互联网创业项目的孵化，构建起以一流高校为核心主体的产

---

① 资料来源：硅谷密探.硅谷密探：探秘全球科技精华[M].北京：电子工业出版社，2016。

教融合创新生态圈。在产教融合创新生态圈里,知识创造的主体和技术创新的主体之间实现了资源的快速整合,从而产生系统叠加的非线性效用协同创新关系(王秋玉,2018),突破原有同质化的高校集群知识网络。目前国内一些地区已经在这方面进行了有益探索,比如成立于2015年的紫金众创小镇是使用一流高校溢出式关联模式的典型代表,该小镇依托浙江大学的研发力量,采取研发总部的创新组织形式,聚集产、学、研、政、金等多要素资源,打造以"Information+Computer+X"高端信息经济产业为导向的产教融合创新生态圈,在发挥一流高校前沿知识溢出创新效能方面发挥了很好的作用。

3. 共享平台对各类组织的交互式关联:整合

"推动互联网、大数据、人工智能和实体经济深度融合"[①]是大势所趋,面对创新创业市场越发显著的技术驱动力,单靠企业、高校、政府中的某一类主体的力量已无法独立实现互联网领域重大技术的研发和应用,而国家网络安全战略的落实更有赖于互联网技术的自主创新,由此对建立以互联网重大技术攻关为导向的共享型平台提出了诉求。与此同时,互联网技术在办公领域的应用使得员工的工作方式与时间更为弹性化,大幅降低了员工对组织的依附性,员工"身兼数职"也为共享型平台这类新的组织形式的诞生提供了可能。共享型平台打破了组织界域,围绕以某项互联网重大技术攻关为目标,整合了企业、高校、政府等多主体力量,利于实现不同创业教育主体的交互式关联,实现关键核心技术突破后的价值共享。在此过程中,形成了以共享型平台为核心主体,整合企业、高校、政府等各类组织的新型网络结构,组织间的交互式关联体现在共享型平台向相关主体实现互联网核心技术的输出,而其他主体为实现技术共享不断向平台输入优势资源。

各类组织的交互式关联中,价值链的重建问题就显得格外重要,如何使参与其中的不同主体发挥出"1+1>2"的效应,如何使不同主体在参与整合的

---

① 资料来源:习近平.中国共产党第十九次全国代表大会报告[EB/OL]. (2017-03-05) [2018-05-15]. http://www. china. com. cn/cppcc/2017-10/18/content_41752399. htm。

过程中,各自获取到高于其单独行动的更大回报。这些都是不可回避的问题,因为只有解决这些问题,交互式关联才会产生长期的内在驱动力。不断出现的互联网核心技术的突破能够为这些机制的建立提供越来越强有力的支撑,传统单一主体的分割式作业的优势将面临越来越多的挑战。国内一些地区已在这方面进行了尝试和探索,比如2017年9月成立于杭州的之江实验室,致力于推动数字经济产业链、创新链、资金链和政策链的深度融合(朱世强,2018),协同各类主体强强联合,长期进行深度整合和互动。

(三)重构的价值:创业教育效用的良性提升

在新的市场驱动力下,创业教育多主体之间在新的网络关系中进一步放大互动优势,通过优势的叠加助力形成协同互动的创新创业生态圈,由此获得网络经济、风险对抗、速度效应等优势(周煊,2005),同时在重塑关系中可以实现创业教育效用的良性提升。

1. 快速响应的网络结构优势

互联网创业环境的不断变化,要求创业教育主体能做出快速响应。随着信息技术的发展,创业教育者与受教育者互动的网络空间呈现扁平化,这也意味着各主体之间的联结渠道不断缩短,要素之间的耦合概率大幅提升。重构中的创业教育关系网络将会逐步打破各主体原有的路径依赖,在技术、模式、实用三股驱动力下,建立了以核心主体为支撑、节点主体为补充的协同式网络结构,其快速响应能力主要体现在创业教育网络结构的柔性化方面。"柔性"是对市场变化的一种快速反应能力(朱华晟、盖文启,2001),柔性化成为以互联网技术为特点的商业时代最突出的特质,重构后的网络结构将更为柔性,能快速响应网络上不同主体的创新创业要素需求。

在核心企业对各类组织诱导式关联的网络结构中,互联网核心企业和上下游关联企业能通过网络实现对生产、物流、金融等多类要素的快速响应。在一流高校对各类组织溢出式关联的网络结构中,高校应用型知识的溢出能被周边创业主体快速吸收并转化为互联网创业项目,而高校也能得到更为快速的市场应用反馈,从而形成"知识—应用—反馈—更新"的良性循环,产学研用之间的转化效率会更快。在共享平台对各类组织交互式关联的网络结构中,以某项重大技术攻关为中心,快速涌现和聚合一批能够协同工作的企业或个人,每个角色都类似于各有专长的特种兵,任务完成后参与者迅速退出,临时性的柔性共同体自动解散。此外,快速响应的网络结构还使得创业项目在实施过程中实现了多环节"并行"展开的可能,如模式设计、技术研发、项目融资可同时进行,由此优化了项目推进的流程,降低了因等待产生的时间成本和机会成本。

2.共生互养的生态圈层效应

传统的家庭创业教育、社会创业教育、高校创业教育都存在施教者向受教者"单向输出"为主的问题,具体表现为家庭中的子女单向接受父辈的创业经验,企业中的员工单向接受公司的技能、业务培训,高校中的学生单向接受学校的创业知识传授,最后把教育内容转化为创业行为。"单向输出"的网络关系简单却缺乏竞争力和抗风险力。重构后的创业教育关系网络由多类创业教育主体构成,知识网络、交易网络、竞争网络、合作网络等多层关系网络的叠加构成了主体复杂的创新创业生态圈。当创业教育形式不再囿于经验传授、课堂教学,生态圈内创业教育的施教者和受教者不再是单向输出的关系,而是围绕技术、模式、应用知识等创新要素补给形成的"互生共养"关系,由此构建的生态圈兼具稳定性和抗风险性。

因核心企业对各类组织诱导式关联形成的创新创业生态圈中,核心企业向关联企业输出互联网创业模式和市场机会,关联企业则以配套、外包承接等形式补给核心企业,良性互动中促进了模式的裂变和优化,进一步强化了生态圈的规模效应。互联网平台企业联结着多边市场的供应方、需求方及第三方,是整个生态圈的建群种和关键种,也是联结整个生态圈网络的价值平台,在需求导向的驱动下,互联网平台企业与多主体进行价值共同创造,形成生态优势。生态圈中的多物种在互联网平台企业这个关键种和领导种的配置与整合下,通过互利共生的价值创造和价值分享机制,实现多物种协同发展、跨界创新、互利共赢(张镒、刘人怀、陈海权,2018)。因一流高校对各类组织溢出式关联形成的创新创业生态圈中,一流高校向社会输出应用型知识和创新创业人才,社会则以成果转化、政策支持、项目资金等形式反哺高校。要实现这种关系重构,需要高校内部在进一步加强基层学术组织话语权的同时,增强市场导向,使外部市场需求能以更高频度与高校内部基层学术组织实现互动。近年来,国家各级教育行政主管部门在目标导向方面非常明确,但是对内生的动力机制仍然缺乏足够的力度。在互联网时代,社会创新模式正在发生巨大调整,高校与社会互动的机制也将会顺势而为进行重构,在这种重构中,高校相对封闭的难题将会被进一步破解,高校与其他社会主体在创业教育生态圈中的结构将不断优化。

3. 多重叠加的价值共创体系

从价值共创视角看,关系重构后的创新创业生态圈同时也是协同价值共同体,多主体通过共同参与创新活动实现多重价值的共创,由此形成"以经济加速提升价值为基础的第一圈、以社会公益价值全面嵌入为延展的第二圈、以文化扬弃优化价值为扩展的第三圈"的渐次叠加的价值同心圆。

第一层叠加的是经济加速提升价值。重构后的创业教育主体关系实现了更高效的商业价值,帮助更多处于集散状态的潜在创业者获得更高效实用的创业教育知识。这些知识的获得过程也是他们在创业市场中高效互动的过程,从而完成了各自前所未有的价值提升。目前已经出现的大量的互联网创业实践,还只是互联网创业时代的初级层次的创业形态,当更多的主体在创业教育关系重构中发挥出各有侧重的作用后,社会实践中的创业形态将更加多样、创业结构层次将更加优化、创业活动创造的额外价值将更加丰厚,这就是重构后的创业教育主体关系所能带来的经济加速提升价值。例如,腾讯于2011年开始联合地方政府、运营方、服务机构等多方社会资源搭建腾讯众创空间,打造线上线下一体化创新生态系统,为中小企业与初创企业提供全方位资源服务。截至2017年,腾讯众创空间的数量已达到31个,腾讯开放平台上合作伙伴的总数超过了1300万个,孵化项目达100个,估值超过600亿元,其为社会直接和间接创造就业岗位已超过2500万个。[①]
在"双创"背景下,类似腾讯众创空间的创新创业生态圈正在不断涌现,并助力我国创业教育的新发展。

第二层叠加的是社会公益价值。因为互联网经济天然具有互联、开放的特征,共享是大部分互联网创业活动的重要特点之一。在重构后的创业教育主体关系中,处于核心点和扩散端上的高校、核心企业、共享平台,只有以分享的理念构建自己的发展基础,才能与潜在的创业者更有效地获得商业共赢。这明显有别于以往时代的创业合作机理,也正是这种新的机理,使得重构后的创业教育主体更容易实施公益性的社会导向。因为更多的创业者很容易接纳这样的理念,即在谋求自身商业利益的同时,应当更多地追求社会公益价值,否则自己的创业之路也很难真正做大做强。这样,社会公益价值更容易得到深度开发,从而实现商业创业与公益创业更多的无缝对接,大量具有公益性质、准公益性质的社会型企业应运而生。

第三层叠加的是文化扬弃优化价值。社会对于从商者的尊重,很多时候与从商者群体的经济地位及个体经济实力有很大的关系。这也导致了从商者群体对自身所应承担的社会责任认识不足。在创业教育主体关系重构后,不同主体在深度互嵌关系网络中,对于创业活动的社会价值将会产生越来越深度的理解,在第二层叠加的社会公益价值的基础上,崇商、敬商的观念会自然形成,商人群体的荣誉感、使命感会更容易被激发,全社会对于"何谓成功创业者""何谓成功创业"的观念认知也会随之转型升级,商业活动的社会贡献越来越多地成为全社会评判成功创业者的核心标准,因此创业教育关系重构所带来的文化扬弃优化价值的影响,对我们整个国家和民族的积极作用将会是巨大与长久的。

---

①资料来源:林松涛,腾讯众创空间已孵化100个项目,估值超600亿,http://news.
jstv.com/a/20171108/1510132851615.shtml。

五、大学生创业执行力的提升研究

创业是人的一种生存状态（马成荣，2011）。而随着"大众创业、万众创新"时代的到来，创新创业正日渐成为公众工作和生活的一种"新常态"。在"双创"营造的良好创新创业氛围中，越来越多的大学生选择以创业为就业形式，他们也成了我国创业大军的重要力量。然而，不容忽视的是，面对日渐高涨的创业热情，大学生创业过程中的"三分钟热度"现象仍然普遍存在。面对创业困境和压力，能坚持创业理念、实现创业梦想、达到创业目标的学生非常少。这一现象是大学生创业执行力不足的集中表现，由此造成创业成功率低的不争事实。作为大学生创业思维的策源地，高校在培养学生创业执行力的过程中肩负着主要责任，其创业教育的目标定位应是培养应用型、复合型创业人才，主要任务是激发学生创业意识、培养学生创业心理品质、完善学生创业知识和提升学生创业能力（林刚、周晓进，2010）。因此，"双创"背景下从高校创业教育视角思考提升大学生创业执行力的环节和机制具有现实意义，高校要在创业教育过程中强化对学生创业执行力的关注与培养，在"选苗、育苗、护苗、助苗"的全过程中关注学生创业意识、创业精神和创业知识培养的同时，也要关注学生真正将创业理念和创业动机转化为现实的能力与方法，全方位提升学生的创业执行力，提高创业成功的效率与概率。①

---

① 该部分内容为作者业已发表的学术论文：易开刚，厉飞芹."双创"背景下提升大学生创业执行力的环节与机制研究[J].教育发展研究，2016,36(21):22-28。

（一）大学生创业执行力的内涵与表现

随着创业教育的普及化,公众日益淡化了对"创业是否可教"这一问题的质疑。但是,是否每一位学生都能被培养成合格的创业者？是否每一位学生都需要被培养成创业者？这些问题的解答在一定程度上决定了创业教育的目标定位和实施对象,决定了学校在创业教育内容设置和方法模式上的思考。面对当前创业教育过程中"广谱式培养容易,个性化培养难;知识传授容易,内化为能力难;自成体系容易,对接社会需求难"的现实困境(杨晓慧,2013),提升创业教育的针对性和有效性,需要先厘清大学生创业者成为创业型人才应该具备的特质,明确大学生创业执行力的内涵与重要意义。

1. 大学生创业执行力的内涵

教育的本质是在学校的引导下,培养具有创新精神的对社会有用的人才,而最难得的人才是创新创业型人才,创新创业型人才对社会的价值是一般人才价值的几何级倍数。高校通过课程体系、教学内容、教学方法的改革及第二课堂活动的开展,不断增强大学生的创业意识、创业精神和创业能力,并将其内化成大学生自身的素质,以催生时机成熟条件下的创业人才(卢娜,2011)。从创业教育的内涵可知,创业教育旨在培养大学生成为创业型人才。显然,创业型人才具有一般人才不具备的特质,高校在创业教育过程中需要充分考虑大学生的素质特征。总体而言,创业型人才应该具有5个主要特质:成就动机、控制力的运用、冒险精神、解决问题的能力和操纵欲。从创造力理论角度看,创业型人才应具备3种创造能力:特殊创造能力,包括获得有关领域的知识、必要的技能;一般创造能力,包括认知风格、运用创造方法的能力;创造动机,包括工作态度和对动机的理解(艾曼贝尔,1987)。由此可见,不同于一般的就业型人才,创业型人才需要具备强烈的创业意识、优秀的创业品质、良好的创业心理、扎实的创业能力、全面的创业知识、丰富的创业经验,是将创业意愿变为创业行为的复合型人才。从这一层面上来说,高校培养大学生创业者应以塑造创业型人才为目标。

显然,执行力是创业型人才必备的素质,也是决定创业企业组织链条的完整程度和企业经营效率的关键要素(Raab,2005)。曾任IBM中华区董事长兼总裁的周伟焜认为,企业成败"三分在战略,七分在执行"。由此可见,执行力对企业运营的成败起着决定性作用。大学生创业者要进阶为真正的创业型人才,重点在于培养大学生形成将创业理念落实为创业实际的能力,即创业执行力。大学生创业者只有拥有了强劲的执行力,才能将创业动机转化为创业行动,将创业理念付诸实践。执行力不仅是一种行为,更是一个将各要素互相联系的完整体系,其主要内容是将目标和意图转换为行动并保质保量完成的操作能力,是企业竞争力的核心要素。结合创业情境,大学生的创业执行力具体是指大学生创业者为贯彻并落实创业战略和具体目标的实际操作运营能力,主要由创业者的知识储备、能力储备、领导魅力等要素构成,同时,各要素之间相互联系、相互影响。可见,大学生的创业执行力是一个复杂、系统化的操作体系。面对动态变化的市场环境和不断增大的社会压力,大学生创业者不仅要具备掌握创业知识、创业技能等的"硬性能力"及抗压力、抗风险、抗挫折等"软性能力",还必须依靠实际的行动,将创新理念付诸实践,将创业意识转化为创业行动。

2. 大学生创业执行力缺失的表现

从大学生创业执行力的内涵分析过程中可以发现,创业执行力不仅表现为大学生将创业意愿转化为创业行为的能力,还表现为将创业行为有序推进并实现创业目标的能力。因此,大学生创业执行力缺失的现象体现在创业活动的全过程,也体现在创业组织生命周期的各个阶段。

从创业活动的全过程角度看,高校大学生创业执行力缺失的表现可以概括为"两低一短":一是"行动率低",即创业意愿转化为创业行动的概率低。许多大学生创业热情高涨,但往往表现出"三分钟热度",尚未开始创业行动就轻言放弃。这一表现同样体现了"二八原理",普通学生中有过创业想法和具备相对坚定的创业意愿者的比例高达80%,但只有不到20%的学生尝试着去创业。二是"成功率低",即创业行动转变为可行且可运营项目的概率较低。受到资金、场地、市场、人脉等因素的影响,大学生创业成功率仅为2.4%,远低于国际平均水平(李剑平,2015)。三是"创业寿命短",即创业项目的生命周期较短。与初创企业相同,大学生创业项目启动后同样面临着"萌芽—成长—成熟—衰退"的发展路径。而很多创业项目往往无法挺过"三年周期",在尚未摸索出自己的商业模式与成长路径时就过早地步入了衰退阶段,如昙花一现。

从创业不同阶段角度看,高校大学生创业执行力缺失具体表现为(见表4-2):在创业活动的孕育阶段,大学生创业者的核心任务是从纷繁复杂的市场信息中有效识别"想做、能做、可做"的创业机会,合理定位自己的创业目标和方向。在该阶段,由于缺乏创业的实际经验和综合能力,大学生容易因产生"创业妄想"或"方向迷茫",选择错误的创业方向。在初创阶段,大学生创业者的主要任务是寻找到合适的创业团队和资源,将创业意愿落实为有效行动,构建起创业组织的初步框架。在该阶段,需要真正考量学生整合多方资源的执行能力,大部分学生会因为遇到了实际中的创业难题而放弃创业想法,由此导致诸多创业项目尚未开始运作就已被扼杀。在创业项目的成长阶段,大学生创业者的主要任务是将初步建立的创业模式稳固化,在已有成果的基础上制定中长期发展战略,进一步吸引资源、扩大市场,将项目规模扩大化以实现经济效益。在该阶段,综合考量创业者的战略思维和眼光、市场拓展能力等,大学生创业者难以把握企业的发展速度,易陷入发展过快或过慢的困境。在创业项目的成熟阶段,创业企业应该迈入规范化发展阶段,该阶段最易产生的问题是已有创业模式的僵化,导致企业无法适应快速变化的市场,从而难逃创业组织生命周期短的厄运。

表4-2　创业不同阶段大学生创业执行力缺失的表现

创业不同阶段	该阶段的主要任务	创业执行力缺失表现
孕育阶段	识别创业机会,定位创业方向	创业方向迷茫
初创阶段	整合创业资源,意愿落实行动	创业行动缺失
成长阶段	制定发展战略,扩大项目规模	发展能力不足
成熟阶段	规范经营管理,创新创业模式	持续创新不足

（二）大学生创业执行力缺失的成因分析

　　创业执行力表现在创业活动的各个阶段,它需要满足面对多重创业困境和挫折时的能力需求,因此,创业执行力是一种综合性能力,受多方面因素的影响。而导致高校大学生创业执行力缺失的原因也来自多方面,对这些要素进行系统分析,是有针对性地提出解决方案的前提。引发大学生创业执行力弱的原因基本可以归为两类(见图4-5):一类是由创业氛围、创业政策、创业教育三维度构成的客观环境;一类是由大学生创业者心理素质、知识能力等要素构成的主观环境。

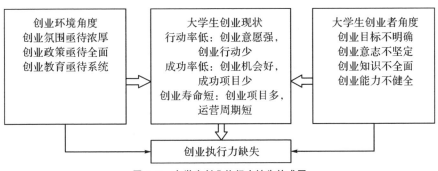

图4-5　大学生创业执行力缺失的成因

　　从整个创业大环境看,与大学生创业相关的政策措施、法律法规、金融服务等设施并不完备,创业的社会文化基础和氛围相对薄弱。一是社会环境的缺乏。大学生创业仍然面临许多政策门槛,诸多创业政策浮于表面、可操作性不强,税收减免政策、融资优惠贷款等亟待有效落实;创业服务机构不健全,在数量和质量上均无法满足创业者需求,尚且缺乏"一站式"创业服务,导致创业程序复杂紊乱。二是创业资金的缺乏,资金不足仍是困扰大学生创业的关键性难题。三是在现有渠道中,"为高校毕业生提供小额创业贷款和担保"政策的实际贯彻力度低,银行等金融机构针对大学生创业的贷款业务还处于起步阶段;创业风险投资制度也有待完善,风险投资机构的观望态度明显,用于大学生创业方面的风险投资比例较低。从创业教育视角看,国内创业教育仍处于引进和摸索阶段,在创业教育体系、机制、培养方式等多方面仍存在问题。在思想观念上,国内创业教育存在"主体纯粹化、对象精英化、内容务实化、目的功利化、定位形式化、认知过度化"等问题;在实际操作上,教育课程、"第二课堂"、管理制度等方面都存在着发展的制约因素;在创业教育研究上,"研究内容表层化、研究队伍兼职化、研究方法单一化"等问题尚未得到有效解决(周霖、朱贺玲,2010)。由此可见,创业氛围、创业政策、创业教育的不足在一定程度上弱化了大学生的创业意愿与能力。

创业环境的限制解释了大学生创业的"可做"区间,而内部因素则解释了"想做"(创业意愿)与"能做"(创业能力)的区间。一是创业目标不明确。许多大学生创业存在"跟风"心理,盲目选择行业和规模,在市场需求、创业定位、企业选址、人员配备、成本收益等方面缺乏系统的调研、科学的预算和规范的管理,导致创业活动缺乏计划性、战略性和预见性。二是创业意志不坚定。当前大学生缺乏良好的创业心态和理念,创业初期往往仅凭一腔热血决定创业,充满自信和激情,但遇到挫折和失败时缺乏韧性,极易打退堂鼓、一蹶不振,抗打击能力较弱。三是创业知识不全面与创业能力不健全。大学生创业态度积极,但与创业相关的知识(管理知识、财务知识、运营知识等)、能力(概念技能、人际技能、技术技能等)明显不足。在创业教育普及度和深入度不够的现实情况下,大学生对创业的了解仅局限于在校期间的创业竞赛或者是名人的创业成功案例等,创业知识和经验的缺乏使大学生的创业之路走得更加艰难。

上述成因剖析过程显示,导致大学生创业执行力缺失或弱化的原因呈现复合状态,不甚良好的外部创业环境制约了大学生创业执行力的发挥空间,易使学生半途而废;不甚全面的创业素质极大弱化了学生创业执行力的发挥程度,易使学生有心无力。政府、高校、行业企业、投资人、创业者等多元主体构成了创业生态系统。在该系统里,高校是大学生创业思维的萌芽地,是创业项目的孵化园。无论是创业意愿的引发、创业知识与技能的培养,还是创业意志与精神的磨砺,都离不开高校对大学生开展的创业教育。因此,大学生创业执行力提升这一问题归根结底还需回归到高校的培养上,通过创业教育内容与模式的创新来改善当前大学生创业执行力弱的现状。

（三）"双创"背景下提升大学生创业执行力的环节

大学生创业执行力培育的着力点归于高校创业教育这一路径中,此时高校应将创业教育的重点放在培养将才,即具备执行力,能将理想转变为现实的人才上。创业精神是创业教育的核心,创业技能是创业竞争力的基础(徐小洲、张敏,2012)。"双创"时代的到来对高校创业教育提出了高标准的内涵式培养要求,同时也为创业教育工作开展明确了方向,营造了包含众创空间、创业融资等多元要素在内的良好创新创业氛围。高校应当根据大学生创业执行力的组成要素、创业执行力缺失的多重原因及阶段性特征,充分发挥自身的生源优势、社会资源优势、平台优势、专业优势,全方位、全过程做好大学生创业执行力的培育工作。大学生创业执行力的培养过程体现全方位、全过程的特点,急需改变当前面临的以下现状:忽视对大学生创业者的需求发现与创业实际能力的培养;忽视大学生创业理念与创业行为的对接转化,忽视教学过程中的互动有效性与针对性;忽视对大学生创业活动开展后的后续关注与指导。因此,大学生创业执行力的培养需要渗透到高校创业教育的"前期教学"和"后续指导"全过程中,根据"选苗+育苗+护苗+助苗=优秀大学生创业者"的过程式,塑造符合"双创"内在要求的抗压力、践行力、自组织力强的有效创业型人才(见图4-6)。

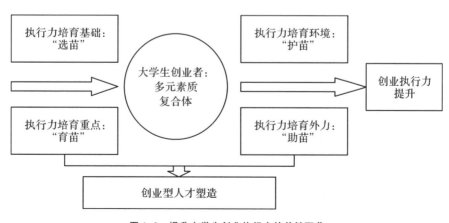

图4-6　提升大学生创业执行力的关键环节

选苗过程:高校要充分对接生源需求,做好大学生创业者的甄选工作。创业教育可以分为普适性教育和精英式教育,前者强调创业基础知识和技能的大范围传播,后者关注未来创业家和企业家的培养。事实上,创业执行力是相对于创业实际行为而言的,创业执行力的培养对象应该集中于真正渴求创业成功的创业型人才。因此,在实施创业教育之前,要做好大学生创业者中创业型人才的甄选工作,以避免创业教育的"无用功"现象。近年来,高校的生源情况发生了显著变化:一方面,学生本身的思维更加活跃,性格更加鲜明,尤其是"90后"学生对创新创业的接受度和认知度较高;另一方面,受互联网等技术手段影响,学生更易接触到创新创业的信息和知识。此外,部分学生本身来自创业型家庭,对创业活动耳濡目染,或者业已成为创业网络中的一分子,具有良好的创业基础,创业意愿强,而且创业的目的性也较为明确。这部分学生被称为"创二代",是创业执行力培养的重点对象。因此,高校应该充分利用本校学生的特殊优势,做好大学生创业者的甄选工作,可以通过面试、笔试等环节,考量学生的真实创业意愿和面对挫折的逆商指数等要素。例如,温州大学就以岗位创业为导向,培养区域经济社会发展急需的既懂专业知识又善于创业管理的高素质岗位创业型人才。通过甄选工作,过滤掉部分陷入"创业妄想"的学生,帮助学生理性判断创业的真正价值和自身合适性,从而树立正确的创业价值观。

育苗过程:高校要合理创新办学机制,做好大学生创业者的教育工作。创业执行力的培养关键集中于创业教育的实施过程中。高校要在办学机制和专业设置上对接"双创"内在需求,围绕以提升创业执行力为目的,做好创业教育的理念革新、内容设置、模式创新等工作。一方面,要加强创业教育课程体系的创新工作,注意将创业心理、创业逆商等与创业执行力相关的内容引入课程教学中;要加强创业教育与专业教育的融合,在人才培养方案中将创业教育理念融入专业教学主渠道;优化知识结构,建立与专业核心课程相融合的创业教育课程体系,围绕通识核心课程、专业核心课程和复合型应用性创新人才培养开设3个层面的创新创业教育课程。另一方面,要加强创业实训和模拟工作,帮助学生提前认识到创业的各种困境,积累学生的创业经验,着重加强学生的创业执行力培训。在此过程中,高校要利用校企合作、众创空间等资源,帮助学生搭建与专业实践教学相衔接的创业教育平台,包括创新创业项目研究、基地实践、竞赛实训等平台。此外,高校要充分利用场地和资金优势,实现"创业实验班—初级孵化器—高级孵化器"3个基点联动,服务于不同学生群体对创业的合理定位与个性化需求。例如,义乌工商职业技术学院创新"学分转换制"培养模式,"以课堂为市场,以业绩抵学分",给予学生创业充分的时间和空间。

护苗过程:高校要深入挖掘社会资源,做好创业优环境的营造工作。创业执行力不足,在一定程度上受创业资金不足、创业设施不完善、创业服务不全面等因素的影响。因此,创业执行力的培养还需要创业生态系统里其他主体的积极配合,尤其要发挥高校周边各类众创空间的平台作用。高校应该充分发挥社会资源丰富的优势,通过资源汇聚机制、价值交换机制、平衡调节机制,为大学生创业活动营造良好的创业环境。一方面要积极对接社会资源,设立专门的部门以向学生提供获得政策服务、金融服务、信息服务、技术服务等的渠道;另一方面要积极对接市场需求,协同行业上下游组织包括领头企业、供应商、销售商等,帮助大学生搭建市场平台。例如,浙江大学城市学院创新"项目驱动型"培养模式,帮助大学生把创业梦想转变为创业行动,把创业项目付诸创业实践。该创业教育模式的核心是以创业项目为依托,学院设立项目评估委员会对项目进行综合审核,批准优质项目入园,从而大幅度提升了创业项目的成功率。在具体实施过程中,学院以培养学生创业精神为核心,在操作层面上指导学生参与创业竞赛、经商、创办企业等活动,同时以"项目化实施,团队化运作,成果化结果,学分化管理,体系化组织"为目标,以"孕育、教育、孵化"为节点分阶段培养,注重课程体系、实践体系和师资队伍3个模块的建设。

助苗过程:高校要灵活创新管理模式,做好大学生创业者的辅导工作。提升创业项目成功率的一个重要手段是加强对创业项目的持续追踪,加强对大学生创业者的长期指导。尤其在创业活动的成长期和成熟期,大学生容易面临发展战略的迷茫、创业模式僵化的困境,迫切需要有外部力量"指点迷津"。因此,高校应该充分发挥灵活的管理优势,做好大学生创业者的后期辅导工作,尤其要针对大学生创业者面临的问题和危机进行思想教育与心理辅导。高校要专门对大学生创业者进行艰苦创业、持续创业和科学创业的思想教育,同时开展对大学生的心理辅导和疏导,提高他们的环境适应能力、抗挫折能力和心理承受能力。比如浙江工商大学就设有"心理梦工厂"心理咨询机构,对化解大学生创业过程中可能遇到的挫折、痛苦、郁闷等发挥了积极的作用。同时,要帮助大学生辨识社会创业过程中的风险和危机,协同行业领头企业、政府部门帮助学生突破不同阶段的多种瓶颈,尤其要发挥行业企业的引导作用,与学生共享创业经验,避免该过程中的陷阱和误区。此外,基金类众创空间、互联网金融机构、风险投资机构、银行等组织要加大对大学生创业项目的金融支持,充分释放大学生创业者的活力和创造力,帮助大学生成为职业创业者。

(四)"双创"背景下大学生创业执行力的提升机制

大学生始终是创业活动的主体,创业执行力的培养只有真正内化为学生的内在素养和心理品质,才能外化为学生在创业活动中的行为和能力。因此,在大学生创业执行力的系统培养过程中,需要以高校为主导,协同众创空间、校友企业、政府部门、行业协会、服务机构等多个部门共同努力,围绕以大学生创业执行力需求为中心,充分发挥学生的主观能动性,强化各个模块的有机搭配与合作,提高培养大学生创业者的效率与效益,强化大学生创业者的核心竞争力。只有在能动过程中,大学生才能对不断产生的新问题进行思考和解决,并经过多次重复的锻炼才有可能形成较强的解决实际问题的才能,并成为创业人才(罗晓芳、张旭亮,2010)。

一是构建注重创业执行力的责任意识培养机制。创业执行力的缺失集中表现为创业行为的中断和对创业项目的放弃,对已投入大量人力、物力的创业活动而言,放弃从本质上意味着大学生创业者对自己、对高校、对合作者及其他利益相关者的"失责"。因此,创业执行力培养的第一步工作应是提升大学生在创业过程中的责任意识。让大学生在面对创业的挫折和失败时,克服内心的阻力,对自己负责,对创业行为和创业团队负责,不轻言放弃。高校大学生由于涉世未深,本身的责任意识和坚持不懈的意志品质相对薄弱,因此,对大学生创业者进行责任意识的培养显得尤为重要。在此过程中,逆商培养应该成为责任意识培养的核心,高校要强化学生的抗挫折能力,引导学生自立、自强、创新,全面提升大学生创业者的创新心理素质,要提高大学生创业自我效能感,激发大学生创业热情(徐小洲、叶映华,2010)。挖掘、训练大学生创业者的过程中,应将逆商培养作为着力点,使具备强烈创业意识、娴熟专业技能和卓越管理才华的人才能在逆境面前形成良好的思维反应方式,从而提高大学生的创业执行力。

二是完善共同面对创业困境的创业团队合作机制。能力不足、人际摩擦是影响大学生创业者执行力低的重要因素。弥补能力不足的关键是形成一个分工合理、高效团结的创业团队,通过团队合作与沟通来破解创业过程中的多重困境,通过互相鼓励与扶持来减少面对挫折时放弃的可能。因此,高校在培养大学生创业者的过程中,要根据创业项目,辅助学生做好创业团队建设工作,全面提升整个创业团队的实践能力,以及开拓创新、组织领导、协调协作、沟通、创造和社会交往等创业能力。在此过程中,高校要做好制度执行力建设、领导执行力建设和创业执行文化建设。对于制度执行力建设,侧重制度化、专业化的建设,倾向于创业管理的科学化运作,降低了相应的"人为"因素干预程序,有利于创业团队规律化运营。对于领导执行力建设,主要包括领导权力和非领导权力。一方面强调领导和战略对团队执行的重要引导作用,另一方面强调执行者的个人魅力及人际关系对创业运营的"润滑剂"作用。关于创业执行文化建设,这就要求培养大学生在创业过程中自主探索合理的激励机制,促使团队成员达成高度的共识和忠诚。

三是创新应对各类危机的创业活动风险预防机制。环境的限制和执行的盲点给大学生创业活动带来了诸多显性或隐性的风险因子,影响了创业项目的成功率。因此,一方面,大学生创业者要加强对创业项目的自我检查,建立风险预防机制,根据创业活动的全过程和创业企业不同生命周期阶段可能存在的风险,不断反思和总结,减少创业危机发生的可能;另一方面,高校要协同其他组织特别是行业企业对大学生创业者加强监督管理,给予创业型人才充分的支持,营造良好的创业生态系统。在此过程中,要鼓励学生积极参与创业实习,提前体验企业运营模式,掌握创业过程的各个步骤和关键环节。高校通过让大学生参与企业实习、社会调查、访谈等各种方式,直接让大学生参与广泛的社会实践,了解现有市场经济体制和企业运营的规则,发现现有的机遇和威胁,扬长避短,提升自身创业的创新能力、实践能力、协调能力、应急能力及发展能力。通过实地参与,提前为大学生提供实践基地进行实战,让大学生直观感受创业的艰难与不易。这将促使大学生将知识与能力、理论与实践相结合,提高创业的成功率。

四是强化鼓励大学生创新创业的多元化激励机制。对大学生而言,创业是实现自我价值的一种方式,但并非唯一方式。因此,面对挫折,大学生往往容易放弃创业意愿,以降低失败的风险和成本。针对这一现状,大学生创业者和高校都应该积极探索多元化的激励手段。一方面,大学生要加强自我激励和自我管理,强化对创业行为的价值认知,面对挫折能自我鼓励、自如应对;另一方面,高校要创新激励机制,借助正强化手段鼓励学生创新创业,辅以负强化手段适当惩罚创业执行力缺失的行为。在此过程中,高校要加强平台建设,搭建适合创业型人才的学习平台(教室、实验室、活动室等)、信息平台(市场与政策信息、技术专利信息、兼职实习信息等)、项目孵化平台(学校孵化器、社会孵化器)、团队平台(高校内跨专业团队、高校间合作团队、高校与企业间合作团队)。此外,还可以在大学生的专业学分制中引入"创新创业学分",以鼓励学生积极参与创业活动;结合高校情况、生源情况及兄弟院校的经验,确立大学生创业活动的支持模式,向打造大学生创造和创新能力方向重点提升。

五是对接"双创"内在要求,协同众创空间帮助大学生创业者顺利"过渡"。高校为社会培养"准创业型人才",更需协同社会力量做好大学生创业者到社会型创业者的过渡。在此过程中,要加强与各类众创空间平台的深入合作,根据不同创业阶段的学生需求对接合适的创业平台。例如,协同培训辅导型众创空间,共同举办创业大赛、创业大擂台活动等;邀请政府机构工作人员、知名创业家等为学生举办创业大讲堂;针对某一专题邀请相关专业人员进行免费培训;建立固定导师制,聘请专家担任学生创业导师,定期对学生进行指导。高校也应该协同投资驱动型众创空间,对大学生创业者路演活动进行辅导,提高其路演项目的质量;定期举办科技金融相关主题的交流会、培训会等,邀请专家为大学生创业者介绍各类金融产品及相关知识;对接众创空间内的网络融资超市,以创新的"互联网+"投融资服务模式服务大学生创业者。

参考文献

[1]ABBOTT K W, GREEN J F, KEOHANE R O. Organizational ecology and institutional change in global governance [J]. International organization, 2016, 70(2):247-277.

[2]BRASS D J, GALASKIEWICZ J, GREVE H R, et al. Taking stock of networks and organizations: a multilevel perspective[J]. Academy of management journal, 2004, 47(6):795-817.

[3]COLIN J, JACK E. A contemporary approach to entrepreneurship education [J]. Education & training, 2004(6):416-423.

[4]MARCH J G. Exploration and exploitation in organizational learning[J]. Organization science, 1991, 2(1): 71-87.

[5]RAAB G. Entrepreneurial potential: an exploratory study of business students in the U.S. and Germany[J]. Journal of business and management, 2005(2).

[6] ZHAN J, DESCHOOLMEESTER D. "Exploring Entrepreneurial Orientation (EO) in 3 Dimensions: A New Perspective for Analyzing the Value of A Company" was presented at Rencontres de St - Gall, and published by "Value Creation in Entrepreneurship and SMEs"-the proceedings of Rencontres de St - Gall, 2004. Swiss Research Institute of Small Business and Entrepreneurship at the University of St. Gallen. 2004.

[7]艾曼贝尔.创造性社会心理学[M].上海:上海社会科学院出版社,1987.

[8]陈会敏.企业集群间知识网络演化模型研究[J].科技创业月刊,2017(15):88-89.

[9]陈建录,李瀑菲.基于自组织理论视角的高职创业教育管理平台构建

[J].中国职业技术教育,2018(14):22-27.

[10]董世洪,龚山平.社会参与:构建开放性的大学创新创业教育模式[J].
中国高教研究,2010(2):64-65.

[11]冯盈.知识网络视角下的企业集群形成机制研究:以宁波为例[J].商
场现代化,2014(23):164-165.

[12]葛莉,刘则渊.基于CIPP的高校创业教育能力评价指标体系研究[J].
东北大学学报(社会科学版),2014,16(4):377-384.

[13]硅谷密探.硅谷密探:探秘全球科技精华[M].北京:电子工业出版社,
2016.

[14]胡宝华,唐绍祥.高校创业教育课程设计探讨:来自美国百森商学院
创业教育课程设计的启示[J].中国高教研究,2010(7):90-91.

[15]黄兆信,王志强.高校创业教育生态系统构建路径研究[J].教育研
究,2017(4):37-42.

[16]黄兆信,曾尔雷,施永川.高校创业教育的重心转变:以温州大学为
例[J].教育研究,2011(10):101-104.

[17]蒋海曦,蒋瑛.新经济社会学的社会关系网络理论述评[J].河北经贸
大学学报,2014,35(6):150-158.

[18]李剑平.大学生创业将破除成功率"魔咒"[N].中国青年报,2015-
05-15(03).

[19]李明章.高校创业教育与大学生创业意向及创业胜任力的关系研究
[J].创新与创业教育,2013(3):1-13.

[20]李时椿,常建坤,杨怡.大学生创业与高等院校创业教育[M].北京:国
防工业出版社,2000.

[21]李轶芳.地方行业特色型高校的困境与出路[J].中国高等教育,2010
(9):57-58.

[22]李政,唐绍祥.地方综合性院校创业教育模式的研究和实践[J].中国
高教研究,2011(4):64-66.

[23]林刚,周晓进.独立学院创业教育的目标定位与体系构建[J].教育探
索,2010(11):143-145.

[24]林嵩.创业生态系统:概念发展与运行机制[J].中央财经大学学报,2011(4):58-62.

[25]林伟连,吴伟.以"IBE"为特色的全链条式创新创业教育体系构建:浙江大学创新创业教育与人才培养实践[J].高等工程教育研究,2017(5):154-157,180.

[26]刘林青,夏清华,周潞.创业型大学的创业生态系统初探:以麻省理工学院为例[J].高等教育研究,2009(3):19-26.

[27]卢娜.高校创业教育的内涵及相关概念辨析[J].成人教育,2011,31(1):74-75.

[28]罗珉,李亮宇.互联网时代的商业模式创新:价值创造视角[J].中国工业经济,2015(1):95-107.

[29]罗晓芳,张旭亮.大学生创业孵育支撑体系理论及评价研究[J].中国高教研究,2010(7):84-87.

[30]吕静,郭沛,程健.社会关系、风险偏好异质性与家庭创业活动[J].金融发展研究,2018(10):22-28.

[31]马成荣.创业、创新、创优:职业教育的新视界[J].教育研究,2011,32(5):58-62.

[32]梅伟惠.创业人才培养新视域:全校性创业教育理论与实践[J].教育研究,2012(6):144-149.

[33]木志荣.中国大学生创业研究[D].厦门:厦门大学,2006.

[34]潘海生,周志刚.高校集群:高校集聚的本质与研究视角[J].未来与发展,2009(11):78-81.

[35]沙迪.关于大学集群的思考[J].高校教育管理,2007(4):1-5.

[36]王康,卢晶,李锦威,等.高校创业教育生态化运行机制研究:基于浙江农林大学的实践探索[J].创新与创业教育,2017,8(5):34-37.

[37]王秋玉.基于三重螺旋理论的产教融合生态圈建设路径研究[J].淮海工学院学报(人文社会科学版),2018,16(9):126-128.

[38]王占仁.中国创业教育的演进历程与发展趋势研究[J].华东师范大学学报(教育科学版),2016,34(2):30-38,113.

[39]王志强,李菲.创新系统视野下美国大学变革的维度、特征与趋势[J].中国人民大学教育学刊,2016 (1):119-132.

[40]翁浩,程婧.高校"特种部队"人才培养模式的探索:以温州大学为例[J].新一代,2011(3):82,84.

[41]邢超,祝仁涛.家庭资本对大学生创业的影响机制研究[J].唯实(现代管理),2018(12):83-85.

[42]徐蕾,魏江.集群企业跨边界网络整合与二元创新能力共演:1989—2011年的纵向案例研究[J].科学学研究,2013,31(7):1093-1102.

[43]徐蕾,魏江.网络地理边界拓展与创新能力的关系研究:路径依赖的解释视角[J].科学学研究,2014,32(5):767-776.

[44]徐蕾,魏江,石俊娜.双重社会资本、组织学习与突破式创新关系研究[J].科研管理,2013(5):39-47.

[45]徐小洲,张敏.创业教育的观念变革与战略选择[J].教育研究,2012,33(5):64-68.

[46]徐小洲,叶映华.大学生创业认知影响因素与调整策略[J].教育研究,2010,31(6):83-88.

[47]许进.高校创业教育模式:基于案例的研究[J].教育研究,2008(4):99-102.

[48]严毛新.从社会创业生态系统角度看高校创业教育的发展[J].教育研究,2015,36(5):48-55.

[49]严毛新.走向差异:高校创业教育的应有格局[J].高等工程教育研究,2015(2):48-52.

[50]严毛新.政府推动型创业教育:中国大学生创业教育的历程及成因[J].中国高教研究,2011(3):45-48.

[51]严毛新,厉飞芹.双重知识网络的嵌入与高校创业教育能力提升[J].中国青年社会科学,2019,38(2):85-92.

[52]严毛新,厉飞芹.从"义乌淘宝班"到"紫金众创小镇":浙江"汇融式创业教育"演进[J].浙江社会科学,2018(11):68-77,158.

[53]杨利军.关于高校创业教育的目的与定位问题的探讨[J].中国电力

教育,2011(8):5-7.

[54]杨晓慧.中国大学生就业创业发展报告·2010[M].北京:人民出版社,2013.

[55]杨轶清.企业家能力来源及其生成机制:基于浙商"低学历高效率"创业现象的实证分析[J].浙江社会科学,2009(11):26-30,125-126.

[56]杨震宁,李东红,范黎波.身陷"盘丝洞":社会网络关系嵌入过度影响了创业过程吗?[J].管理世界,2013(12):101-116.

[57]杨灼明.阿里巴巴的演进及其商业生态圈的协同与构建[D].成都:西南交通大学,2017.

[58]易开刚,厉飞芹."双创"背景下提升大学生创业执行力的环节与机制研究[J].教育发展研究,2016,36(21):22-28.

[59]易开刚,厉飞芹.基于价值网络理论的旅游空间开发机理与模式研究:以浙江省特色小镇为例[J].商业经济与管理,2017(2):80-87.

[60]张海生,吴保根,黄利利.大学城知识共享动因分析研究[J].科技管理研究,2010(4):243-244,231.

[61]张镒,刘人怀,陈海权.商业生态圈中平台企业生态优势形成路径:基于京东的纵向案例研究[J].经济与管理研究,2018,39(9):114-124.

[62]赵振."互联网+"跨界经营:创造性破坏视角[J].中国工业经济,2015(10):146-160.

[63]曾尔雷,黄新敏.创业教育融入专业教育的发展模式及其策略研究[J].中国高教研究,2010(12):70-72.

[64]周霖,朱贺玲.试析我国高校创业教育的主要问题[J].现代教育科学,2010(9):90-93.

[65]周煊.企业价值网络竞争优势研究[J].中国工业经济,2005(5):112-118.

[66]朱兵,张廷龙.产业集群知识共享机制的演化博弈分析[J].科技与经济,2010(2):48-50.

[67]朱华晟,盖文启.产业的柔性集聚及其区域竞争力实证分析:以浙江大唐袜业柔性集聚体为例[J].经济理论与经济管理,2001(11):70-74.

[68]朱世强.之江实验室:志在高端突破[J].信息化建设,2018(10):37.